GONGDIANQIYE XIANSUN BIAOZHUNHUA GUANLI
JI YINGYONG FENXI

供电企业
线损标准化管理
及应用分析

安阳供电公司　组编　贾学法　主编

中国电力出版社
CHINA ELECTRIC POWER PRESS

内 容 提 要

本书基于对供电企业线损管理现状的分析，综合运用现代管理学理论，通过对供电企业线损管理经验的总结归纳，科学地提出了进行供电企业线损管理标准化建设的原则及具体方法，对供电企业线损标准化管理、持续提高管理绩效具有较强的参考和借鉴意义。

本书介绍了供电企业线损标准化的管理、技术、保证三大体系建设，引入企业管理的理念，从战略、制度、文化三个方面结合三大体系分析供电企业线损管理，以实现供电企业线损科学管理的标准化和精益化，从而创造更大的经济效益和社会效益。

本书可供供电企业各级营销管理人员和广大电力工作者参考使用，也可作为供电企业开展线损标准化管理工作的实用培训教材。

图书在版编目（CIP）数据

供电企业线损标准化管理及应用分析 / 贾学法主编；安阳供电公司组编. —北京：中国电力出版社，2011.9（2022.11重印）
ISBN 978-7-5123-2113-7

Ⅰ. ①供⋯　Ⅱ. ①贾⋯　②安⋯　Ⅲ. ①电力系统－线损计算　Ⅳ. ①TM744

中国版本图书馆 CIP 数据核字（2011）第 186579 号

中国电力出版社出版、发行
（北京市东城区北京站西街 19 号　100005　http://www.cepp.sgcc.com.cn）
北京九州迅驰传媒文化有限公司印刷
各地新华书店经售

*

2011 年 10 月第一版　　2022 年 11 月北京第三次印刷
787 毫米×1092 毫米　16 开本　14.75 印张　391 千字
印数 3501—4000 册　　定价 **42.00** 元

编 委 会

前　言

为深入学习实践科学发展观，认真落实国家节能降耗的工作部署，统筹推进"大营销"和智能用电体系建设，切实降低线损率，积极开展线损管理标准化建设活动，以线损标准化促进经营精益化管理，推动企业管理再上新台阶，安阳供电公司特组织编撰了《供电企业线损标准化管理及应用分析》一书。本书通俗易懂，内容全面，可作为供电企业开展线损标准化管理工作的实用培训教材。

本书从供电企业生产实际出发，较为全面地总结了全国供电企业线损管理的现状，系统地研究了线损管理标准化体系，创新地提出了线损战略、制度、文化和科学管理等诸多观念和实现方法。

线损管理的综合体系包括管理体系、技术体系和保证体系。本书从战略的高度，提出了线损管理综合体系的战略思想，必须严格遵循"综合体系、科学管理、全员参与"的基本原则，坚持以人为本，制定长期的降损规划，建立线损技术体系、保证体系以及指标管理体系的基本方法；提出了线损综合体系的制度建设方法，强力执行线损制度的标准化运行激励机制，指出以考核为基础，强化日常降损，保障最佳线损的常态运行，形成强有力的降损支撑体系，挖掘线损的节能潜力，提升供电企业经营效益；提出了线损管理文化建设的创新思想，探讨了供电系统线损综合体系文化建设的内涵，指出了线损文化标准化建设的具体方法，促进价值观体系的形成，强化人本管理对于供电企业经营的重要性。

在我国政府大力倡导科学发展、资源优化、节能降耗、保障经济可持续性发展的政策和思想的指引下，通过线损管理的战略、制度、文化的标准化探讨和实施，系统化地将线损科学管理的标准化建设和用电信息采集计算机信息支持实时系统有效地结合起来，可以在先进的项目管理理论和技术的基础上，形成一套行之有效的标准化线损管理体系，实现供电企业线损科学管理的标准化和精益化，创造更大的经济效益和社会效益。

本书在编写过程中得到了河南省电力公司营销部、各地市供电公司及农电系统等有关同志的大力支持和帮助，书稿呈河南省电力公司领导审阅，并对书稿提出了许多宝贵的意见，在此一并表示感谢。

由于作者水平有限，不当之处在所难免，恳请广大读者批评指正。

编　者

2011 年 8 月

目　录

第一章

概　　述

　　电能在电力网的输送、分配、管理等环节造成的损失称为线损。线损是供电企业一项重要的技术经济指标，降低线损率是供电企业所面对的一项主要工作和长期任务。线损涉及输电、变电、配电、用电等各个环节，其水平的高低是对供电企业的计划管理、技术管理、运行管理、营业管理、计量管理等诸多方面综合规划和管理水平的考验。积极地降低线损率，不仅直接影响电力事业的发展，而且对社会经济、工农业生产、居民生活有着积极的现实意义。

　　城乡电网存在基础薄弱、管理难度大、涉及面广、综合性强、新旧体制交替等制约因素。这些都决定了供电企业线损管理不能完全照搬电网线损管理标准，需要在电网线损管理成功经验的基础上探索一套适合供电企业的新型管理标准。

　　随着当前电网改造和体制改革的深入进行，供电企业的管理水平、装备水平、技术水平得到较大提高；管理机构、机制、电价关系基本得到了理顺。抓线损、促效益已成为供电企业最基本的管理行为。

　　线损管理就是通过明确管理范围、管理内容，采取合理的技术和管理手段减少不可控因素，最大幅度地降低可控损失。因此，建立一套完善、科学、严密的线损管理体系，是供电企业降低线损率、提高经济效益的重要途径和手段。

　　本书以城乡电网线损管理为平台，以管理软科学和技术硬科学在线损管理中的应用为基础，综合研究电网线损管理工作，从而归纳总结出了一套适用于供电企业强化线损管理、降低电能损耗、具有推广意义的管理标准。

　　本书以企业管理的战略、制度、文化创新管理研究线损管理的战略、制度、文化标准化建设，其本质是把线损不单单看成一个指标，而是作为一个系统，研究其投入、转换、产出和反馈，真正把管理的概念和要素引入线损，从而提升线损管理的品质。

第一节　供电企业线损管理现状

　　按照建设节约型社会、环境友好型企业的要求，供电企业作为国家能源战略的实施主体，承担着保证能源资源实现优化配置、满足经济社会快速增长对电力需求的责任。供电企业应遵循电网发展规律，改善电网结构，加强企业管理，降低电网能耗，积极采用节能、节地、节材、节水技术和设备，提高能源利用效率，服务和谐社会建设。我国供电经营区域覆盖全国各个省、自治区、直辖市，担负着工农业生产和居民生活供电任务。全国共有 2460 个县级供电单位，县及以下总用电量为 12212 亿 kWh，占全国社会总用电量的 53.7%，综合线损率为 6.53%。

一、线损管理现状分析

　　自从实施城网和农网改造工程以来，我国电网结构、管理水平有了显著提高，管理体制得到基本理顺,全国大部分地区实现了城乡居民生活用电同价,用电量增长迅速,年均速度递增15%以上,高低压线损率大幅降低,社会效益和经济效益显著。

(1)电网改造为合理降低供电企业线损提供了技术基础:

1)电网结构得到优化;

2)电网技术装备水平得到空前提高;

3)无功配置按规划进行了初步建设;

4)节能技术和节能设备得到了广泛应用;

5)低压配网改变了乱、差、旧的状况。

(2)体制改革为合理降低农网线损提供了管理基础:

1)趸售体制下的供电企业实行了代管或股份制改革;

2)县供电企业直接管理的供电所取代了原乡镇电管站机构;

3)对电工实行了统一管理;

4)低压用电实现了抄表到户;

5)供电企业内部进行了积极的机构整合。

随着电网改造工作的开展,各级管理部门越发认识到线损管理的重要性和紧迫性,都进行了积极的探索,采取了具体的管理方式和手段,如"分级、分压、分线、分台区"线损指标考核体系、低压用电的"异地抄表制度和抄管分离制度"、"理论线损计算制度"、三相负荷就地平衡措施、远抄集抄技术应用、营销管理信息系统应用等。这些新观念、新技术的尝试,以及管理人才的不断成长,有力地促进了全国电网线损管理水平和线损指标的不断提高。

二、线损管理存在的问题

随着电力事业的发展,新的电网矛盾、新的机制运转以及管理层面的优化等诸多问题,仍然在一定程度上制约着线损管理水平的提高。

(1)发展不均衡。我国地域辽阔,各地区的自然、地理条件和经济水平发展差异很大,各地的电网结构、用电结构、用电水平、管理水平的差别,使得我国各地的线损管理、线损率水平有一定的差距,发达地区与欠发达地区、东部与西部有较大的差异。

(2)线损管理标准化的多样性。管理体制的多样性决定了各种体制下的线损管理标准化的多样性。供电企业的管理方式存在直供直管、趸售代管、股份控股、自供自管四种形式,因此在线损整体管理上有巨大差异。

乡镇电管站的上划、农村电工的统管、农村集体资产的移交、抄表到户等一系列的改革带来了新的线损管理问题。有的供电企业在遵循旧有线损管理制度,有的在进行变革的尝试,缺乏统一性。

各供电企业对线损管理认知程度的差异决定了线损管理水平和管理标准的差异:管理机构和管理方式不统一、统计分析口径不统一、指标体系不统一、电工的队伍管理不统一、技术应用思想不统一等。

(3)电网结构和经济运行还不尽合理。虽然国家投入了大量资金对电网进行大规模的建设与改造,使得整个电网的设备状况和运行状况有了根本性的改善。但由于对网改的认知程度、资金不足、技术水平以及规划等方面的原因,使得网架结构、新技术应用、无功优化、台区改造等一定程度上还不到位,管理人员、技术人员总体素质还不满足高水平专业管理的需要,当前在系统中还相当程度地存在着不经济运行现象。

(4)低压线损管理粗放。电网改造以前,多数供电企业对农村供电管理仅到配电变压器,并不直接管理0.4kV线损;电网改造以后,供电企业抄表到户,管理范围得到了大幅度延伸,0.4kV

低压线损成为管理的重点之一。但由于长期管理混乱的遗留影响、新机制运转不到位等主观原因，以及低压供电量小、电网覆盖面大、用电户分散、用电环境复杂、管理难度大等客观因素，造成在部分地区并没有将其作为管理重点，而是简单地采取线损指标包干、重罚不重管、监督不到位、制度不健全等粗放性管理；出现了指标制定缺乏科学性、个别低压电网负荷率低、三相负荷不平衡、临时用电管理混乱等诸多问题。

（5）复杂的供用电环节和环境。供用电环节的多层次、多范围、多对象决定了线损管理的综合立体性，而复杂多变的外部用电环境又决定了其广泛性和不确定性。线损管理要适应这一复杂特性，就要全方位提升生产、用电、营业、计量、监察的整体管理水平，以面对诸如经济运行问题、抄收问题、窃电问题、临时用电问题、电力设施盗窃问题、边远地区线损问题、计量准确问题等，同时要对各线损管理部门的职责、职权、职能进行全面整合，以有效的管理标准积极应对复杂的供用电环节和环境的考验。

第二节　供电企业线损管理标准化建设

一、供电企业线损管理范畴

线损按其产生的原因主要分为技术线损和管理线损两大类，技术线损按损耗的变化规律和负载运行特点又可分为固定损耗、可变损耗；管理线损主要由电能计量装置的误差及管理不善、失误等原因造成。衡量线损管理水平高低的主要依据是线损率，线损率的高低与电网结构的合理性、运行的经济性、技术设备的先进性以及管理的科学性等有密切的关系。

线损按电压等级分为高压损耗和低压损耗。高压损耗指 10（6）kV 及以上输变电设备电能损耗；低压损耗指配电台区 380/220V 线路损耗。

线损管理涉及电网规划建设管理、生产运行管理、营销管理、乡所及电工管理、电能计量管理等各个环节，其管理内容包括：

（1）线损管理组织网络及职责分配；

（2）线损管理制度及相应的考核激励机制；

（3）指标管理和统计、分析工作；

（4）用电营销、电能计量、电工等环节的管理；

（5）在理论线损计算工作基础上的电网规划建设、技术改造及经济运行工作；

（6）新型节能降损技术的应用；

（7）监督制约机制；

（8）强化培训，提供良好素质的人力资源保证等。

二、线损管理标准化应遵循的原则

依据国家电网公司农管〔2006〕16 号《关于印发〈县供电企业电能损耗规范化管理标准〉的通知》，根据现代管理学的相关理论，本书通过对电网的特点及其线损管理特性的了解，结合供电企业在具体管理实践中的经验教训，构建一个科学、合理的线损管理标准化建设应遵循"三项原则"，即综合体系、科学管理、全员参与原则。

1. 综合体系原则

综合体系原则是指线损管理工作要从供电企业管理整体角度出发，综合运用管理、技术、保证等诸多因素，从生产、经营、技术管理等各个环节，建立一套全方位、全过程、综合性、系统性的管理体系，从根本上提高电网线损管理水平。

具体而言，综合体系就是指"管理体系、技术体系、保证体系"，要求供电企业建立和完善电网线损管理的各种体系，各个体系要有机结合、相辅相成。如指标管理工作，就要很好地体现综合体系原则，要建立一套涵盖所有相关管理环节的综合性的指标体系，并依托其他体系支撑作用，更好地提高整体指标管理水平，降低线损率。

2. 科学管理原则

科学管理原则是指电网线损管理工作应不断引入科学管理方法、运用科学管理手段、使用先进科技技术，变传统的经验管理为科学管理，实现线损管理的科学发展。具体应包括三层含义：

（1）建立科学的领导体制和组织管理制度，优化组织机构，简化管理层次，保证管理信息传递的通畅、快捷，实现领导协调层、管理层及执行层职责分配科学合理，权责利相一致，使各个管理环节既密切配合，又相互监督和制约，最大限度地实现整个管理体系良性运转。

（2）在管理工作中应注意综合运用现代管理理论和科学管理方法，提高管理水平。如运用PDCA（计划、执行、检查、评价）循环的方法，调动全员参与线损管理工作；采用先进的线损理论计算软件开展线损理论计算、分析，并应用于电网规划建设、指标管理等方面。运用现代管理理论建立行之有效的监督制约机制和激励手段，激发一切积极因素提高管理水平等。

（3）不断引入、运用先进的技术手段和设备，如变电站及大用户远抄系统、线损在线监测等；在电网的规划建设、节能降损技术改造、经济调度和运行等方面加大新型节能技术及设备的推广运用等。

3. 全员参与原则

全员参与原则是指电网线损全过程管理中全员参与的原则；电网线损管理工作涉及诸多部门、专业和环节，渗透到供电企业生产、经营及技术管理的每一个角落，其得失成败取决于企业每一位管理、生产、运行人员及每个电工的认知、参与和落实。

同时，供电企业的线损管理制度、工作程序和标准，要有利于促进线损管理全员参与的积极性、可行性、科学性。线损管理组织、职责体系的设计要做到各尽其责、各施所能，责、权、利相一致；在线损分析中，要组织开展多层次、多范围的线损分析，使所有相关的人员都能找准管理中的薄弱环节，明确努力方向等。

三、线损管理标准化体系的构建

供电企业的线损管理是一项十分复杂的系统工程，其标准化建设的构建基于"三全管理"与"三大体系"的建立。"三全管理"即线损的战略、制度、文化管理，线损战略为管理行动的思路、规划、计划，线损制度为管理行动的执行、检查、考核，线损文化为管理行动的总结、提升、思想；"三大体系"即一个科学、规范、开放的线损管理标准化建设应包含科学完善的管理体系、技术体系和保证体系。

1. 管理标准化的主要内涵

标准化建设是国家电网公司深化"两个转变"、建设"一强三优"现代公司的重大举措，也是"三集五大"管理体系的重要支撑，对提升公司综合竞争能力、强化运营质量与效率具有深远的意义。

线损标准化建设有助于规范企业管理，推动公司和电网科学发展。一是有利于集团化运作，标准化为集团化提供坚实的技术和管理平台，线损标准化管理是企业经营的重要组成部分；二是有利于推动精益化管理，在推行统一的管理标准和技术标准过程中，逐步细化工作流程，形成表单，有力推进线损精益化的管理；三是有利于消除制度不严、分工不明、缺乏规范引起的忙乱现象；四是有利于推广先进实践经验，提高整体的技术和管理水平，实施严格精细的管理；五是推进线损标准化建设，通过废、改、立，打破制约公司发展的管理瓶颈，能够建立适应坚强智能电网发展的技术标准体系。

线损标准化管理就是作业流程化、流程合理化、工作标准化、标准表单化、管理人性化、发展和谐化（简称"六化"），建立"制度管人、流程管事、评价提升"的管理机制，形成企业有序经营的良好态势。有序经营就是指预算变成计划、计划变成行动、行动变成产品、产品变成资金、资金变成预算。

（1）作业流程化是企业界常用的一种作业方法，其目的在使每一项作业流程均能清楚呈现，任何人只要看到流程图，便能一目了然，有助于相关作业人员对整体工作流程的掌握。

（2）流程合理化是流程的每个环节分工合适、作业恰当、运转流畅，保证最终工作质量的顺利完成，避免费工、费时、效能低下，每个环节任务均为最终的结果负责。也是 ERP 项目成功实施后在改善企业管理效率方面的重要表现，这里涉及一个业务流程重组的问题。ERP 是以信息技术和管理技术为基础的企业资源规划系统，它规划和监控企业的销售预测、订单、采购、制造、财务和人力等资源。作为企业资源的信息规划系统，ERP 实施本身就对企业业务流程提出了改造的要求，ERP 系统本身就定义了相对标准的流程模型。

（3）工作标准化就是以国内、国际先进水平为标准，以典型设计、典型造价、通用设备为基础，建立健全各类标准体系，夯实管理基础，提高效率效益。部门和岗位工作标准、管理标准、规章制度、工作流程、统计表单齐全、清晰，责、权、利明确，确保工作自转高效。

（4）标准表单化是使用一张张简单明了的表单，以直观的图形或简洁的文字将制度执行中的关键节点以表单的方式予以体现。表单的制定过程本身就体现了对制度的理解和对过往经验的总结，它是制度的另一种表现形式。表单化管理是以工作表单为载体，将文本制度要求转化为表单的执行内容和顺序，是制度规范的一种表现形式。

员工作业时，只需要严格执行表单，照表单既定的步骤和内容执行就可以了，不需要靠记忆和对文本制度的理解执行，使复杂问题简单化。表单化管理突破了企业基础管理的传统思维逻辑，通过降低遵章（执行）成本，解决了长期困扰管理者的制度如何"落地"的问题，实现了决策者满意、执行者愿意的多赢目标。表单化管理无疑是当前企业基础管理工作的着力点。企业员工学习的是文本制度，执行的是表单，再通过学习文本制度理解表单。从实践到制度，再回归实践，周而复始，符合人类认识事物的规律。

（5）管理人性化就是一种在整个企业管理过程中充分注意人性要素，以充分开掘人的潜能为己任的管理模式。至于其具体内容，可以包含很多要素，如对人的尊重，充分的物质激励和精神激励，给人提供各种成长与发展机会，注重企业与个人的双赢战略，制订员工的生涯规划等。

"人性化管理"是由现代行为科学演变出来的一种新的管理概念。它是一种以围绕人的生活、工作习性展开研究、使管理更贴近人性，从而达到合理，有效地提升人的工作潜能和高工作效率的管理方法。

（6）发展和谐化是社会生态系统的竞争、共生和自生机制的完美结合，环境合理、经济高效、行为合拍、社会文明、系统健康地发展。和谐发展强调系统物质、能量、信息的高度综合和合理竞争，共生与自生能力的结合，生产、消费与还原功能的协调，社会、经济、环境的耦合，时、空、量、构、序的统筹，以及哲学与工程学的完美结合，实现社会关系和生态关系的协调。

和谐发展可以归纳为：资源共享，适时协同，按需生产，和谐共荣。和谐内涵的本质是共同发展，只有关系和谐，才能实现共同发展，这就是和谐发展。它既明确了目标，又明确了实现目标的途径。目标是相关事物和谐发展，而不是自由发展。和谐发展的途径是相同相成、相辅相成、相反相成、互助合作、互促互补、互利互惠的和谐关系。

（7）"六化"的关系：工作标准化是标准化管理的核心，作业流程化和流程合理化是工作标准化的基础条件，标准表单化是工作标准化的具体体现，管理人性化是工作标准化的基本要求，发展和谐化是工作标准化的根本需求，见图 1-1。

2. "三全管理"的主要内涵

（1）线损战略管理。线损战略是从事线损管理员工的行动纲领，是决定企业经营管理活动成败的关键性因素；是供电企业长久高效发展的重要基础，是线损管理充满活力的有效保证。线损战略是指企业所有线损活动的方略和策略，以及企业线损活动所采取的方式、方法和手段。

（2）线损制度管理。线损制度是线损管理的行为准则，是线损管理赖以存在的体制基础，是员工的行为规范，是企业高效发展的活力源泉，是有序化运行的体制框架，是经营活动的体制保证。线损制度是线损管理活动应遵守的规章，保证线损管理各单位及员工有章可循、遵章守纪，促进线损管理常态有序的发展。

（3）线损文化管理。线损文化是管理的价值体现。线损文化是管理的灵魂，是线损制度与线损战略得以实现的重要思想保障，是线损制度与战略创新的理念基础，是线损管理活力的内在源泉，是线损管理行为规范的内在约束。线损文化是线损制度和线损战略在人的价值理念上的反映，是员工所信奉拥有的价值理念，是员工管理线损的重要思想指南。

3. "三全管理"的关系

对于电力企业线损管理来说，线损战略、线损制度、线损文化，三者缺一不可。一个供电企业线损管理要充满活力，同时又能够可持续地长期有序发展，就必须要有良好的制度安排、战略选择和企业文化，这三者是密不可分的，见图 1-2。

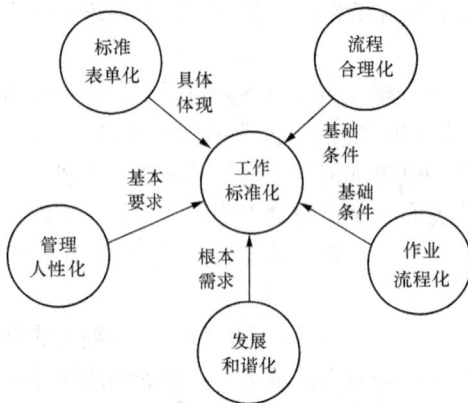

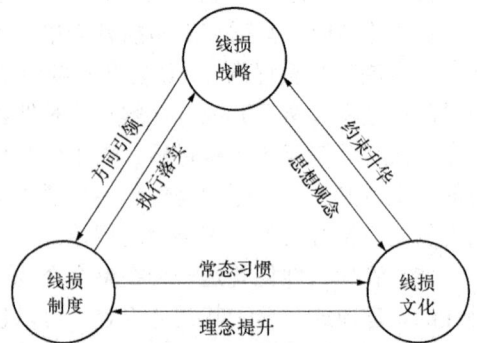

图 1-1　"六化"的关系　　　　图 1-2　"三全管理"的关系

研究线损问题必须从战略、制度、文化这三个方面来考虑企业的问题，线损文化必须反映管理的核心价值观，并与线损战略相匹配，线损文化的凝聚力作用，同时取决于制度的匹配，三者并用，才能相映生辉，珠联璧合，效果显著。

4. "三大体系"的主要内涵

（1）管理体系。其范围包括建立组织体系、指标管理体系、线损波动的分析及控制。

管理体系是以建立组织体系为基础，以指标管理体系为核心，以线损波动的分析及控制为关键点，最终目的是降低管理线损。即以形成的管理网络架构为基础和依托，借助指标体系的链条使各个管理环节形成紧密联系、相互制约的有机整体，依靠对具体指标的统计、分析，找出各个环节存在的问题，通过考核、激励调动各个管理环节的积极性，采取行之有效的管理、技术措施（技术体系）以实现线损管理目标；线损波动控制则通过用电营销、电能计量等环节的科学、规范管理，提供准确、完善的统计分析信息，并通过有效的控制措施不断降低线损。

（2）技术体系。其范围为电力网的规划和建设、经济运行、线损理论计算、节能降损技术的应用等。

　　技术体系的基础是电网规划和建设，一个良好的电网结构和布局，在很大程度上决定了电网的理论线损水平；电网的经济运行是技术体系中的关键，通过科学、合理的运行管理，可以在最大限度上降低电网损耗；线损理论计算则是科学分解下达线损指标的依据，根据理论计算结果，可以发现电网中的薄弱环节，为下一步节能降损工作的开展指明方向；节能降损技术的应用是供电企业不断降低电网线损的有效技术途径。

　　（3）保证体系。其范围包括有力、合理的组织保证；科学、规范的线损管理制度体系；完善的监督、制约机制；科学、有效的考核和激励措施；人员素质的强化培训等。

　　其中，组织保证是强化线损管理工作的前提，制度保证是规范线损管理工作的依据，人员素质保证是不断提高线损管理水平的基础，建立完善的监督激励机制是调动线损管理各环节的积极主动性、保证线损管理全过程有序进行、控制运行偏差的重要手段。

　　5．"三大体系"的关系

　　"三大体系"中，管理是核心、技术是手段、保证是支持；管理体系是开展线损管理的中心和主线，为保证体系提供相关信息，并根据需要对技术体系不断提出更高的要求；技术体系为管理体系和保证体系提供必要的技术手段支持；保证体系为管理体系、技术体系的有效运行提供良好的人员素质保证、组织保证、监督制约和激励机制；三大体系协调一致、彼此依托、相互作用，共同确保线损管理目标的顺利实现。如图1-3所示。

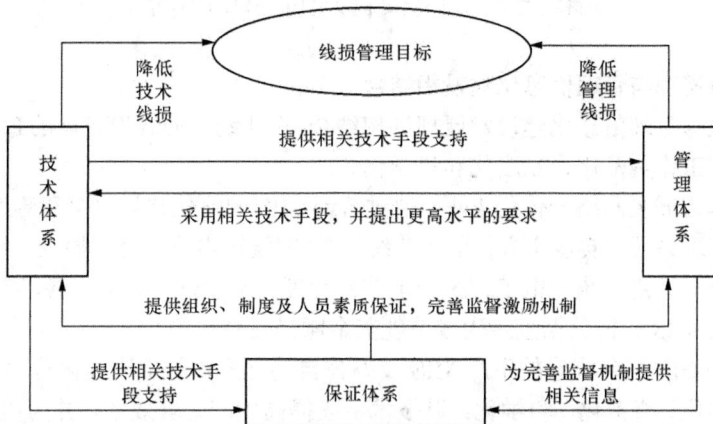

图1-3　"三大体系"关系图

第二章

线损的战略管理及应用

在社会主义市场经济逐步完善、电力体制改革不断深化的新形势下，供电企业应坚持以经济效益为中心，以节能降耗为重要经营环节，努力寻求利润的最大化。

节能降耗是电力企业提高经济效益的重要途径，降低线损需采取科学的措施，从而实现以最小的电能消耗取得最大的经济效益的最佳管理追求。线损管理必须遵循综合体系、科学管理、全员参与的基本原则，通过系列措施的有效实施，形成线损的管理体系、技术体系和保证体系，真正体现"安全第一，效益优先"的"大营销"理念，全员降损，全员营销。

第一节　线损管理体系的战略

一、线损战略管理与管理信息化建设相结合

线损战略管理与管理信息化建设发展规划相结合，实现统一的线损管理的 PDCA 信息化运行，才能促进线损管理工作规范化、制度化和科学化。

MIS 建设应作为城乡网络一体化工程，通过营销 MIS 网络化建设直接管理乡所用电营业，从而构成整个用电管理系统，实现全方位的"八统一"（即统一电价、统一抄表、统一发票、统一核算、统一线损、统一计量、统一电工、统一考核）管理，减少营业漏洞，各环节实现流程式的闭环管理，例如利用 MIS 线损数据直接生成节能奖金额当月兑现等。

通过安全生产 GIS 平台构建的生产 MIS 及办公自动化系统的全流程化管理，生产设备和办公管理更进一步标准化、规范化、科学化，以技术手段提高生产管理效率，并为电网的安全、优质、经济运行提供保证，形成安全生产"五统一"（即统一规划、统一设备、统一安全、统一调度、统一考核）管理。从而提高供电可靠性，节能降损，降低设备故障维修成本，降低事故率及事故赔偿额，增加供电量，减少非必要开支，提高企业经济效益。

经济活动分析及考核管理系统的信息化建设，电量、线损、均价、电费回收等分析数据淋漓尽致而提供主营决策，提高了工作效率，数据同期和标杆对比的有效提示，分析原因和应对措施的明朗化，经济活动分析报告的自动化，工资奖金与工作业绩挂钩的合理化、透明化，促进了工作规范化、制度化和科学化，形成同业对标的评价体系，实现电力企业最佳经济效益和社会效益。

二、线损战略管理与指标体系相结合

线损战略管理的节能降损指标体系与电网线损理论计算相结合，才能实现可行的降损指标分析体系。

使用"电量法"、"容量法"进行线损理论计算，明确降损方向。根据现有电网接线方式及负

荷水平，对各元件电能损耗进行计算，为电网改造和考核线损提供理论依据。不断收集整理理论线损计算资料，经常分析线损变化情况及原因，为制定降损方案和年、季、月度计划指标提供依据。

第二节　线损技术体系的战略

一、线损战略管理与电网发展规划相结合

线损战略管理与电网发展规划相结合，才能消除电网瓶颈。

进行电网的合理布局，首先应该对 110kV 变电站合理布置，缩短 35kV 线路供电半径，降低 35kV 线损。35kV 变电站按每乡或两乡一站布置，极大程度缩短 10kV 线路半径，降低 10kV 线路损耗。10kV 配电变压器布置接近负荷中心，缩短低压供电半径，降低 400V 线损。同时为适应负荷日益增长的需要，把高压引入乡镇或工业负荷中心，减少电力网络的供电半径，以保证供电电压质量和减少线损。

对电力网进行升压，提高线路电压，简化电压等级。如在负荷中心直接采用 35kV/0.4kV 配电方式供电，减少 10kV 电压等级线损。

将截面小的导线改为截面较大的导线，尽量减小等值电阻。农村低压电网尽量采用 LGJ—120 及以上导线，满足电网十年规划。

减小线路的迂回供电。在城乡电网中，有些地方缺乏规划，出现 10kV 及 400V 线路越拉越长以致出现线路迂回供电情况。采用调弯取直的办法，对降低线损大有好处。

二、线损战略管理必须与无功优化相结合

线损战略管理与无功优化管理规划相结合，才能实现电力网络及设备的经济运行。

积极推广成熟适用的"四新"技术，加速电网科技成果转化，提高科技进步对电网发展的贡献率，发挥科技创新的整体优势，电网技术进步实行统一规划、统一目标、统一资源配置，实现人员、资本的有效利用。发挥科技在技术与设备引进、设备更新与改造、建设施工与系统运行中的作用。积极推广应用节能、降损、环保技术，实现高耗能变压器淘汰率 100%，推广使用 S11 型卷铁芯变压器和非晶合金配电变压器。

提高线路的经济运行水平。在一定阶段，理论线损率的极小值及经济负荷电流值是一定的，但当某一种因素发生重大变化时，可以根据线路的实际情况，改变线路结构和供电条件，以提高线路经济运行水平，最大限度地降低线损，具体措施是：

（1）合理调整线路配电变压器位置，降低线路等值电阻。

（2）提高线路负荷率，减少峰谷差，降低负荷形状系数 K 值。

（3）采用各种手段，减少电压波动，使线路电压经常接近额定电压运行，以免增加变压器铁损。用电高峰季节，线路运行电压偏高于额定电压，比较有利于降低线损，因用电高峰季节铜损占比重大，铁损比重小；用电淡季，线路运行电压偏低于额定电压，比较有利于降低线损，因用电淡季铁损占比重大，铜损比重小。

（4）架设双回线路或增设新线路，以减少超负荷运行的负荷电流。

（5）调整负荷率小于 0.3 的轻载配电变压器的运行方式，以缩短配电变压器轻、空载运行时间，降低配电变压器的铁损。

（6）变压器安装空载、轻载自动调节控制装置。

（7）调整变压器容量，推广试用调容变压器。

（8）编制并联变压器负荷曲线，根据负荷变化进行投切。

（9）配电变压器低压侧安装电容器以及电容器自动控制装置。

（10）配电变压器低压三相应尽量保持平衡运行。

变电站采用有载调压变压器，合理调整电压输出，保证供电质量。对变压器进行调压，应监看无功负荷。

充分利用电容器进行合理补偿。安装电力电容器，实施就近无功补偿、合理投切，以提高送电的功率因数，减小线路损耗。变电站集中补偿电容器组采用两组或三组，实现自动投切，提高变电站的功率因数及电容器的投运率。10kV 线路分散补偿电容器采用一组、两组、三组，适时投切，便于用电淡季和用电高峰季节合理补偿。配电变压器低压采用自动补偿装置，灌溉电动机采用随机补偿。

积极推广变电站自动无功静态和动态补偿新设备，加强配电变压器的随器补偿、10kV 及以下线路分散补偿及用户侧无功补偿，大力推广节能型、可调容、环保型配电变压器，提高农网节能降损水平。

三、线损战略管理与配网自动化建设相结合

线损战略管理与配网自动化管理发展规划相结合，才能实现线损管理的理论损、实时损的自动化运行。

在实现配网自动化的同时，应充分利用共享资源，推进自动化抄表管理的速度，对变电站和大中小专用变压器用户通过远程监控终端实施自动抄表和控制，杜绝用户窃电，达到整个配电网的实时线损管理。

与配网自动化相结合的远抄系统应基于完整、准确的基础数据，分线路和台区计算实际线损、理论线损，为考核提供准确的依据。监测变电站母线实时电量，平衡分析计量回路故障信息，监测计算主变压器和配电压器变损，极大程度降低变压器铁损和铜损，提供实时数据便于计算实时线损。

第三节　线损保证体系的战略

线损战略管理与企业管理、文化发展、人力资源规划等相结合，才能实现线损的综合管理，赢得全员的参与；才能实现以现代管理为基础、有效的线损管理的科学体系。

企业文化与企业管理具有天然的、密不可分的联系，企业文化是在企业内部管理不断创新的过程中概括、总结、提炼而成的，企业内部管理是企业文化建设的基础，不可能抛开企业管理谈企业文化建设，不可能为文化而文化。进行企业文化建设，必须加强企业管理和创新为载体，以市场为导向，以全员需求为目的，以经济效益为中心，以人性化管理为手段，着力塑造具有企业特色的企业文化，提高企业管理中的文化含量，把企业管理与文化建设紧密结合起来，在企业中营造管理文化的氛围。

企业价值观要与人力资源管理紧密结合，充分调动员工的积极性；企业服务理念要与服务管理工作相结合，以诚待人，真正体现"用户至上"和"为业主创造最大价值"宗旨；企业的经营理念要与市场竞争相结合，倡导争创一流的企业精神；企业的管理理念要与管理目标相结合，力求管理规范、高效；企业文化建设要与职工思想政治工作相结合，树立学习创新的理念。

线损管理应属于企业管理、文化发展、人力资源管理所重点考虑的范畴，企业方方面面皆考虑经营，全员营销，通过管理创新促进企业文化建设水平的提高，通过企业文化建设推进企业管理上档次，通过人力资源的管理促进职工整体工作水平的提高，真正构造线损管理的科学体系。

第四节　线损战略管理的标准化应用

一、电网规划管理应用分析

1. 业务简介

电网规划又称输配电系统规划，以负荷预测和电源规划为基础。电网规划管理应用是指在何时、何地投建何种类型的输电线路及其回路数，以达到规划周期内所需要的输电能力，在满足各项技术指标的前提下使输电系统的费用最小。

2. 业务流程

3. 环节参与分配

编号	流程环节	环 节 描 述	环节参与者
1	组织规划	组织相关生技、调度、营销、农电编制本单位的专业发展规划	发展策划部
2	审定	生产副总经理主持审定后交发展策划部	生产副总经理
3	汇总编制	汇总编制供电区电网发展规划报告	发展策划部
4	审批	经总经理批准，上报上级单位和政府，由上级单位批准	总经理
5	规划执行	网内新建、扩建工程必须按发展规划执行	企业各相关部门

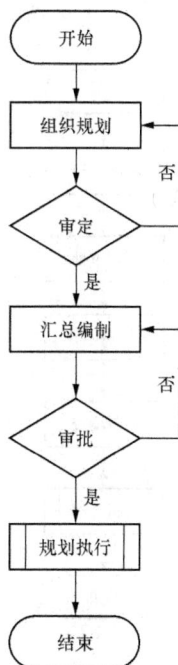

4. 工作表单

填报单位：

序号	电 压 等 级	单位	完 成 情 况	修 改 情 况
1				
2				
3				

5. 工作要求

（1）发展策划部是供电企业电网规划综合管理部门，设规划专责一人。

（2）发展策划部负责 35kV 电网及以上的规划管理；营销部负责 10kV 配网的规划管理；农电工作部负责农网的规划管理；调度中心负责通信网及调度自动化规划管理。

（3）新建输变电工程由发展策划部向设计院申请设计书，公司生产副总经理主持有关单位参加选定变电站站址，发展策划部与土地管理规划局商定站址后，由发展策划部负责办理规划选址意见书。新建线路由发展策划部协同有关单位拟定线路走径。

（4）营销部、发展策划部、生技部负责 35kV 及以上电网建设规划和 10kV 专线客户、10kV 增容、800kVA 及以上客户供电方案的认定。

（5）发展策划部要经常收集、掌握国家对国民经济发展的方针政策、地理环境资源情况、国民经济短期发展计划和长期发展规划、拟建的大型工程、老企业大型改造计划、建设大型工程设施等情况，掌握地区 3000kW 及以上客户的用电地址、产品、产量、单耗等基本情况。

（6）发展策划部根据电网变化情况，每年初绘制一次上一年底的电网地理接线图，报有关部门。

（7）电网发展规划中所列工程项目，属供电企业执行部分，由发展策划部负责组织编报可研报告及工程计划，按程序逐年向上级申报，当年未获批准的项目，均按滚动规划原则延续到下一年继续申报，凡新增或削减的工程项目必须说明理由，报公司总经理批准。

（8）公司电网发展规划与上级发展规划有抵触时，按上级的规划执行。

二、电网运行方式管理应用分析

1. 业务简介

在充分合理利用能源和运行设备的前提下，尽可能安全、经济地向电力用户提供持续、数量充足、符合一定质量标准的电力和电能，称为电力系统运行。为使电力系统安全、经济、合理运行，或者满足检修工作的要求，需要经常变更电力系统的运行方式，称为电网运行方式的管理。

2. 业务流程

3. 环节参与分配

```
开始
  ↓
检修计划
  ↓
计划审批
  ↓
计划执行
  ↓
全面检查
  ↓
编制管理
  ↓
结束
```

编号	流程环节	环节描述	环节参与者
1	检修计划	统一计划检修是保证电力系统安全经济运行的有效措施，因此对系统内一切发、送、变、配电设备一律实行计划控制	各检修维护单位
2	计划审批	经主任审批并报主管领导	主任、分管副总经理
3	计划执行	各检修维护单位有关人员按照检修计划执行	各检修维护单位
4	全面检查	运行专责每月对电力系统运行方式进行全面检查分析	调度运行专责
5	编制管理	编制系统正常运行方式、检修、节假日及特殊情况下的运行方式	调度中心

4. 电网运行方式管理应用工作表单

检 修 计 划 统 计 表

填报单位：

序号	线路名称	电压等级	停电设备或范围及停电原因	停电时间	送电时间	责任单位
1						
2						
3						

5. 工作要求

（1）系统运行方式的编制和管理：

1）电力系统运行方式的编制，应能满足电力系统安全经济运行的需要，保证供电质量和对客户的连续供电。

2）编制系统正常方式的原则：

a. 根据设备检修计划、供电设备的输送能力搞好电源与负荷的综合平衡。

b. 根据电力网技术特性编制电力系统的最佳运行方式。

c. 能迅速消除对正常运行方式的破坏，防止事故范围扩大，保证系统稳定。

d. 电力系统在最经济方式下运行，保证系统的电能质量。

3）运行专责每月对电力系统运行方式进行全面检查分析，可在公司月度停电计划会上提出存在问题和改进意见，经主任审批并报主管领导。

4）系统运行方式的控制参数主要包括负荷潮流、频率、电压，各单位应按规定上报。

5）遇有特殊情况，当值调度员可临时变更运行方式，但应充分考虑设备状况、潮流变化以及继电保护等要求，并应尽快通知运行方式和继电保护专责。

（2）检修管理：

1）统一计划检修是保证电力系统安全经济运行的有效措施。因此对系统内一切发、送、变、配电设备一律实行计划控制，做到统一安排、互相配合，避免重复停电。

2）设备的检修应从设备健康状况出发，根据电力检修规程规定周期和时间进行，并逐步达到状态检修，使设备经常处于良好状态，以保证安全经济发供电。

3）设备检修或试验虽已有批准的计划，但未按规定报工作票，未被列入调度计划的检修定为临时检修，各检修维护单位有关人员应认真对待，加强管理，减少临修。

三、农村电网建设与改造应用分析

1. 业务简介

由于现有农村电力线路及设备老化、陈旧，供电能力不足等原因，导致电能损失增大，所以要新建供电线路或对现有线路进行改造，称为农村电网建设与改造。

农村电网建设与改造（以下简称农网改造）工作，可以使农村电网达到技术先进、安全可靠和节能的目的，满足农村用电增长的需要，提高供电质量和农村配电网的现代化管理水平。

2. 业务流程

3. 环节参与分配

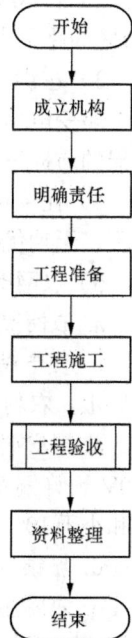

编号	流程环节	环　节　描　述	环节参与者
1	成立机构	由供电企业经理负责领导，建立由生产、运行、营销、计划、调度、农电、计量等部门负责人组成的农网改造领导小组	企业各相关部门
2	明确责任	农网改造领导小组根据有关部门的业务职能，明确各单位责任	农网改造领导小组
3	工程准备	工程施工单位接到施工任务，应实行目标管理，制定详细施工计划的形象进度表，确保在规定工期内保质保量完成施工任务	工程施工单位
4	工程施工	工程开工后，工程管理、生产技术、调度等部门有关人员应到现场进行安全、技术指导和监督，并做好工程施工单位与物资供应等部门的关系协调，保证工程的施工进度	工程施工单位
5	工程验收	工程施工单位在工程结束，经过自验整改，完善工程施工结束的各种技术资料、竣工图纸等验收资料后，向工程主管部门提出验收申请。然后由工程主管部门组织调度、生产、安全、设计、运行等有关部门进行验收，并将验收资料移交线路管理部门	企业各相关部门
6	资料整理	工程主管部门组织各施工单位进行资料整理、归档	工程施工单位

4. 工作表单

填报单位：

序号	项　目　子　项	计　划　完　成	实　际　完　成
1			
2			
3			

5. 农村电网建设与改造应用工作要求

（1）农网改造规划：

1）农网改造工程要注重整体布局和网络结构的优化，应把农网改造纳入电网统一规划。

2）农网线路供电半径一般应满足下列要求：400V 线路不大于 0.5km；10kV 线路不大于 15km；35kV 线路不大于 40km；110kV 线路不大于 120km。

3）在供电半径过长或经济发达地区宜增加变电站的布点，以缩短供电半径。长远目标为每乡 1 座变电站，以保证供电质量，以满足发展。负荷密度小的地区，在保证电压质量和适度控制线损的前提下，10kV 线路供电半径可适当延长。

4）在经济发达和有条件的地区，电网改造工作要同调度自动化、配电自动化、变电站无人值班、无功优化结合起来。暂无条件的也应在结构布局、设备选择等方面予以考虑。

5）农网改造后应达到：

a. 农网高压综合线损率降到 10% 以下，低压线损率降到 12% 以下。

b. 变电站 10kV 侧功率因数达到 0.95 及以上，100kVA 及以上电力用户的功率因数达到 0.9 及以上，农村用户的功率因数达到 0.85 及以上。

c. 用户端电压合格率达到 90% 以上，电压允许偏差值应达到：220V 允许偏差值 ＋7%～－10%；380V 允许偏差值 ＋7%～－7%；10kV 允许偏差值 ＋7%～－7%；35、66、110kV 为正负偏差绝对值之和小于 10%。

d. 城镇地区 10kV 供电可靠率应达到国家电网公司提出的标准。

e. 农网主变压器容量与配电变压器容量之比宜采用 1:2.5，配电变压器容量与用电设备容量之比宜采用 1:1.5～1:2.0。

6）输电线路路径和变电站站址的选择，应避开行洪、蓄洪区和沼泽、低洼地区，在设计中宜采用经过审定的通用设计或典型设计。

7）农网改造工程应尽量利用现有可用设施。

（2）110kV 输变电工程：

1）110kV 输变电工程的建设应满足 10～15 年用电发展需要。

2）工程建设必须严格执行国家现行有关规程、规范，设计深度必须符合规定的要求。

3）变电站的建设应从全局利益出发，结合国情，符合农网特点，采用中等适用的标准，严格控制占地面积和建筑面积，不搞豪华装修。

（3）35kV 输变电工程：

1）农村变电站的建设应坚持"密布点、短半径"的原则，向"户外式、小型化、低造价、安全可靠、技术先进"的方向发展，设计时考虑无人值班。

2）设计标准可考虑 10 年负荷发展要求，一般可按 2 台主变压器考虑。

3）变电站进出线应尽量考虑 2 回及以上接线，线路应采用环网线方式，开环运行，或根据情况采用放射式接线方式。

4）高压侧选用新型熔断器做主变压器保护方式，相应的 10kV 侧保护宜采用反时限重合器配合。

5）新建变电站保护宜采用微机保护装置，淘汰综合集控台。

6）新上主变压器必须采用新型节能变压器，高耗能变压器 3 年内全部更换完毕。

7）设备选择应符合相关要求，城镇和经济发达地区宜选用自动化、智能化、无油化、少维护产品。

8）导线应选用钢芯铝绞线，导线截面根据经济电流密度选择，并留有 10 年的发展余度，但不得小于 70mm²。

9）线路杆塔应首选预应力混凝土杆，在运输和施工困难的地区可采用部分铁塔。

10）标准金具采用国家定型产品，非标准金具必须选用标准钢材并热镀锌。

（4）10kV 配网：

1）农村配电变压器台区应按"小容量、密布点、短半径"的原则建设改造。新建和改造的台区，应选用低损耗配电变压器（目前主要是采用 S11 型和非晶合金配电变压器）。高耗能配电变压器要全部更换。

2）变压器容量以现有负荷为基础，适当留有余度，新增生活用电变压器，单台容量一般不超过 200kVA。

3）容量在 315kVA 及以下的配电变压器宜采用杆上配置，容量在 315kVA 以上的配电变压器宜采用落地式安装。宜选用多功能配电柜，不宜再建配电房。

4）新建和改造配电变压器台应达到以下安全要求：

a. 柱上及屋上安装式变压器底部对地距离不得小于 2.5m。

b. 落地安装式变压器四周应建围墙（栏），围墙（栏）高度不得小于 1.8m，围墙（栏）距变压器的外廓净距不小于 0.8m，变压器底座基础应高于当地最大洪水位，但不得小于 0.3m。

5）配电变压器的高压侧宜采用国家定型的新型熔断器和金属氧化物避雷器。

6）低压侧出线导线截面不得小于 35mm²（铝线），总开关应采用自动空气开关，并加装漏电保护器。

7）城镇配网应采用环网布置、开网运行的结构，乡村配网以单放射为主，较长的主干线或分支线装设分段或分支开关设备，应积极推广使用自动重合器和自动分段器，并留有配网自动化发展的余地。

8）导线应选用钢芯铝绞线，导线截面根据经济电流密度选择，并留有不少于 5 年的发展余度，但应不小于 35mm²，负荷小的线路末段可选用 25mm²。一般选用裸导线，在城镇或复杂地段可采用绝缘导线。

9）负荷密度小、负荷点少和有条件的地区可采用单相变压器或单、三相混合供电的配电方式。

10）线路杆塔在农村一般选用 10m 及以上、城镇内选用 12m 及以上预应力水泥电杆。

11）未经电力企业同意，不得同杆架设广播、电话、有线电视等其他线路。

12）标准金具应采用国家定型产品，非标准金具必须选用标准钢材并热镀锌。

（5）低压配电设施：

1）低压配电线路布局应与农村发展规划相结合，考虑村、镇建房规划，严格按照《农村低压电力技术规程》要求进行建设、改造。

2）低压主干线路按最大工作电流选取导线截面，但不得小于 35mm²，分支线不得小于 25mm²（铝绞线）。禁止使用单股、破股线和铁线。

3）线路架设应符合有关规程要求。电杆一般采用不小于 8m 的混凝土杆，主干线应采用裸导线，但在村镇内，为保证用电安全，通过经济技术比较，可采用绝缘线。电杆拉线应装瓷绝缘子。

4）排灌机井线路推荐使用地埋线。

5）接户线的相线、中性线或保护线应从同一电杆引下，档距不应大于 25m，超过时应加接户杆。

6）接户线应采用绝缘线，导线截面不应小于 6mm²，进户后应加装控制刀闸、熔丝和漏电保护器，进户线必须与通信线、广播线分开进户。进户线穿墙时应装硬质绝缘管，并在户外做滴水弯。

7）未经电力企业同意，不得同杆架设广播、电话、有线电视等其他线路。

（6）无功补偿：

1）农网无功补偿，坚持"全面规划、合理布局、分级补偿、就地平衡"及"集中补偿与分散补偿相结合，以分散补偿为主；高压补偿与低压补偿相结合，以低压补偿为主；调压与降损相结合，以降损为主"的原则。

2）变电站宜采用密集型电容补偿，按无功规划进行补偿，无规划的可按主变压器容量的 10%～15%配置。

3）100kVA 及以上的配电变压器宜采用电动跟踪补偿。

4）积极推广无功补偿微机监测和自动投切装置。应采用性能可靠、技术先进的集合式、自愈式电容器。

5）配电变压器的无功补偿可按配电变压器容量的 10%～15%配置，线路无功补偿电容器不应与配电变压器同台架设。

（7）低压计量装置：

1）农户用电必须实行一户一表计费，村镇公用设施用电必须单独装表计费。

2）严禁使用国家明令淘汰及不合格的电能表，宜采用宽量程电能表，电能表要定期校验。

3）电能表应按农户用电负荷合理配置。经济发达地区一般按不小于 2kW/户考虑。

第三章

线损的制度管理及应用

制度建设是企业发展的重中之重，决定企业的生死存亡，是任何一个希望永远立于不败之地的企业不可忽视的基础建设。企业制度是企业赖以存在的体制基础，是企业构成机构的行为准则，是企业经营活动的体制保证。严格遵守线损管理制度是体系闭环管理、常态运行、可持续发展的保障。线损战略管理充分与制度标准化建设相结合，以考核为基础，强化日常降损，保障最佳线损的常态运行，挖潜线损经营效益的最大化，形成线损强有力的保证体系。

第一节　线损管理体系的制度建设

一、用电营业普查制度化运行

降损坚持"四勤"、"八大封"制度。"四勤"指勤查、勤抄、勤算、勤分析。

(1) 勤查：①查计量装置误差；②查装置与台账是否相符；③查窃电，查看箱、计量装置封闭情况；④查电流、电压互感器变比变化；⑤查电能表接线和私增用电容量；⑥查有无其他窃电嫌疑；⑦查线路泄漏；⑧查影响线损的其他因数，如空载变压器等。

(2) 勤抄：抄电能表指示，应有记录，防止计度器损坏、烧表、盗表。

(3) 勤算：①电量计算；②测算电流是否与电量相符；③计算高压线损、低压线损是否正常。

(4) 勤分析：线损高低是否合理、最佳，同等线路对比、同期对比找线路线损最佳值，制定降损措施。

"八大封"指：①封电能表外壳；②封电能表表尾；③封表尾二次线；④封电流互感器电流接线端子；⑤封电能表电压接线端子；⑥纸封计量箱门；⑦铅封计量箱门；⑧锁封计量箱门。以大用户为重点，采取定期普查与抽查相结合，坚决消灭无表用电和违章用电。

二、计量装置制度化运行

加强计量管理，定期轮换，定期效验，提高计量准确性，降低线损。配电变压器的电能表使用 1.0 级普通型的电子表，互感器选择 0.5S 级，下限负荷为 2.5VA；100kVA 及以上工业用户的电能表必须配备有、无功合一普通型的多功能电子表，互感器选择 0.2 级，下限负荷为 2.5VA；315kVA 及以上工业用户的电能表必须配备有、无功合一的多功能电子表，互感器选择 0.2 级，下限负荷为 2.5VA。配电变压器计量装置全部安装在综合配电箱中，变压器低压嘴加装防窃电箱，连接线使用铠装电缆。

高低压用户全部配置经招投标中标厂家的电子表，所有表计使用条形码管理，否则供电所及电工不能受理。线损管理继续坚持"四勤"、"八大封"制度，杜绝用户窃电发生。

三、抄表和核算制度化运行

加强抄表和核算工作，以提高电力网售电准确性。严格抄、核、收制度，防止错抄、漏抄、不抄、少抄、估抄等现象，以提高抄见准确率。对用户的抄表应固定日期、固定路线进行抄录。

营业抄核收工作坚持标准化、集约化、信息化管理原则，通过管理创新和技术进步，对抄核收工作过程实现量化监控和流程优化，不断提高工作质量、工作效率和自动化管理水平。

坚持标准化管理原则。建立抄表、电量电费核算、电费收取、电费账务、营业稽查、营业责任事故追究等管理制度，制定抄核收业务流程规范、作业程序、工作标准，并完善质量监督管理体系。

坚持集约化管理原则。优化整合抄核收工作流程，组建电费管理中心，对电量电费核算、电费收缴、电费账务、电费资金实行集中监管，有效实现对抄核收管理过程的可控、在控。

坚持信息化管理原则。积极推进营销现代化建设，采用信息化技术提高抄核收作业及管理手段，逐步取消传统的手工作业方式，不断提高抄核收工作的自动化管理水平。

四、反窃电管理制度化运行

加强反窃电的技术措施和组织实施。严格控制：①绕越计量装置窃电；②破坏电能计量装置的计量准确性窃电；③技能窃电；④篡改计量结果窃电；⑤破坏计量装置窃电。

防止窃电的基本方法为：①采取专用计量箱或专用电表箱；②封闭变压器低出线端至计量装置的导体；③采用防撬铅封；④采用双向计量或止逆电表；⑤规范电表安装接线；⑥规范低压线路安装架设；⑦三相四线用户改用三只单相表计量；⑧三相三线用户改三元件电表计量；⑨低压用户配置剩余电流动作保护开关；⑩计量 TV 回路配置失压记录仪或失压保护；⑪采用防窃取电表或在表内加装防窃电器；⑫禁止在单相用户间跨相用电；⑬禁止私拉乱接和非法计量；⑭改进电表外部结构使之利于防窃；⑮防窃电新技术、新产品应用动态。

检查窃电应遵守一定步骤：

（1）先易后难。即容易查的先查，较难查的后查，例如现场时一般先作直观检查，必要时才用仪表检查；采用仪表检查时通常也是先用钳形电流或电压表检查，必要时才用其他仪表检查。

（2）先外后里。即先查表箱外部，后查箱内计量设备，然后才根据需要考虑，检查电表本身。

（3）先卡账后装置。即先查用户卡、账，后查计量装置。

（4）查电手续要完备。即在用户现场查电时要按《供电营业规则》履行手续，查出窃电行为要在现场做好笔录，办好签字手续，必要时还需现场拍照等。

现场检查确认有窃电行为的，用电检查人员应当场予以中止供电，制止其侵害，并按规定追补电费和加收电费。拒绝接受处理的，应报请电力管理部门依法给行行政处罚；情节严重的，违反治安管理处罚规定的，由公安机关依法予以治安处罚；构成犯罪的，由司法机关依法追究刑事责任。

供电企业对查获的窃电者，应予制止，并可当场中止供电。窃电者应按所窃电量补交电费，并承担补交电费三倍的违约使用电费。拒绝承担责任的，供电企业应报请电力管理部门依法处理；窃电数额较大或情节严重的，供电企业应提请司法机关依法追究刑事责任。

窃电量确定原则一般为：①在供电企业的供电设施上，擅自接线用电的，所窃电量按私接设备额定容量（千伏安视同千瓦）乘以实际使用时间计算确定；②以其他行为窃电的，所窃电量按计费电能表标定电流值所指的容量乘以实际窃用的时间计算确定。窃电时间无法查明时，窃电日数至少以 180 天计算，每日窃电时间：电力用电按 12h 计算；照明用户按 6h 计算。

五、履行线损管理部门的职责制度运行

从总体上看，各部门应具有全面性和系统性，应能涵盖线损管理的各个部门、专业、层次，且部门之间职责明确、层次清晰。组成这个组织网络的层次，按其职责和职能来分，一般分为决策层、管理层、执行层三级。其中决策层是指企业线损管理领导小组，根据需要应由企业主管生产的领导（或总工）任组长，分管用电营销的领导任副组长，成员由分管生产和用电的副总工及企业管理部、生产技术部、调度运行部、营销部（含农电、计量）、电力稽查队等部门的负责人组成；管理层由综合考核部门、归口管理部门、专业管理部门和监督管理部门组成，通过对这些部门之间的职能配置，使之相互补充、相互制衡；执行层由完成线损管理目标的各个执行、实施部门组成。

六、线损统计分析、报告制度运行

线损的统计与分析是线损管理的重要内容，是监督检查线损管理的基础，是线损管理周期（PDCA）的起点和终点，是实现线损过程管理、规范管理和科学管理的具体体现。只有及时、正确、科学地进行线损统计、分析、上报，才能及时发现和解决线损管理中存在的问题，不断跟进改进和提高管理水平。通过建立线损统计分析、报告制度，规范线损统计分析报告的流程、时限要求和质量要求，从而实现线损规范管理。主要包含以下内容：①各级线损统计分析报告的流程；②明确各级线损统计分析报告的时间；③明确各级线损统计分析的质量内容要求；④检查与考核。

七、线损异常管理制度运行

主要目的是为了及时发现和处理线损异常情况，防止线损非正常波动，加强线损过程管理与控制。主要内容应有：①线损异常处理流程和程序；②线损异常时线损归口管理部门及有关部门的工作内容和要求；③线损异常处理工作的责任与权限；④对线损异常的处理方式和办法；⑤检查与考核。

八、高、低压客户业扩报装管理制度

旨在进一步规范高、低压用电客户的业扩报装工作，并从受理业扩申请时就为线损管理打下一个良好的基础。主要内容应有：①明确各类业扩业务的工作流程；②确定供电方案应遵循的原则；③对变压器、线路设备的要求；④对计量方式及计量装置的要求；⑤供电方案答复时间；⑥业扩工程质量要求；⑦装表、验收及送电要求；⑧计量数据的传递以及有关资料及供用电合同要求；⑨检查与考核。

九、大客户用电管理制度

相对一般用电客户而言，大用电客户的特点是数量少、电量大，对供电企业的线损和经营效益起关键作用。建立大客户用电制度是为了进一步加强营销管理，针对大用户做好个性化管理，提高企业效益。相对一般用电客户的管理要求，本制度应突出：①明确大用电客户的标准；②大用电客户的供电方案管理；③电价及其基本电费管理；④抄表及用电检查的管理；⑤供用电合同的管理；⑥用电信息管理；⑦用电服务管理；⑧检查与考核。

十、电力营销（计量）差错和事故处理制度

为了进一步加强营销管理，不断提高营销（计量）工作人员的工作责任感，实行差错责任追究制，认真调查、分析、处理营销（计量）类差错和事故，做好事故原因不清楚不放过、事故责任者和应受到教育者没有教育不放过、没有采取防范措施不放过、事故责任者没有受到处罚不放过，不断完善管理制度，改进工作质量，提高管理水平。主要内容应有：①营销（计量）差错事故的分类标准；②营销（计量）差错事故的范围；③营销（计量）差错事故的处理原则；④营销（计量）差错事故的调查要求；⑤对责任单位和责任人的处罚规定；⑥营销（计量）差错事故的统计报告要求。

第二节　线损技术体系的制度建设

一、电网经济管理、线损信息化分析制度化

开展经济调度，电网经济运行，有效保证电压质量，减少用电负荷峰谷差，提高负荷率。线

路运行电流尽量控制在经济电流以下，低压配电线路从管理的角度应尽量调整单相负载合理，保持三相运行平衡。

变压器经济运行，如果变电站有两台变压器并联运行时，在小负荷时变压器铁损部分所占比重就会增大。当变电站的总负荷大于临界负荷，则宜用两台变压器且同时投入运行，如果变电站的总负荷小于临界负荷，则应用一台变压器运行。加强对电力线路的维护和提高检修质量。定期进行线路巡视，及时发现，处理线路泄露和接头过热事故，减少因接头电阻过大引起损失。对电力线路沿线的树木应经常剪砍，还应定期清扫变压器、断路器的绝缘瓷件。

严格线损管理岗位责任制，积极推进线损指标竞赛制，严肃营业普查制度，加强职工政治思想教育，艰苦奋斗，不徇私情，不谋私利，发现问题，按制度处理。

定期开展线损培训、线损分析与专项问题分析，及时掌握线损率完成情况。可每月每季进行一次全面总结，研究发现问题，并提出改进意见，提高职工对线损的管理水平。对线损不稳定的线路应多次抄表计算，以便发现问题。

经济活动分析及考核管理系统，提供了线损分析的信息化窗口，对线损的各项指标进行自动分析，系统每月分析：①35kV及以上、10、0.4kV线损；②35、10kV及以上变压器铜铁损（经济运行、控制空耗和消除高能耗设备）；③母线线损（监察关口计量装置）；④高压综合线损；⑤营销线损；⑥自用电情况；⑦计量设备参数确定的科学性；⑧计量装置综合误差合格率；⑨计量装置轮换、校验情况；⑩计量装置调前合格率；⑪现场查表校验、计量装置故障率、追补数据等方面。

管理系统首先应提供详细线损数据窗口（包括与设定标杆对比异常提示窗口），其次提供应分析项目及分析结果窗口，最后提供应对措施和线损分析报告窗口。数据来源于基础台账、监控终端及其他信息系统，按单位、全局进行汇总，汇总数据和分单位、分线路详细数据查找方便，层次清晰，便于分析具体原因。通过各口径的同期、计划进行比较、比率分析，同期时间达到月、季、累计月份进行对比，各种对比结果与设定指标相比出现异常时，或同期对比异常时，应及时进行提示，尽快采取措施，挽回相应的经济损失。着重选择或填入分析结果可能出现的原因，自动查找应对措施，自动形成当月线损分析报告，极大限度地方便部室进行科学决策。

二、理论线损计算管理制度

通过建立理论线损计算管理制度，规范理论线损管理，指导实际降损工作，并为电网规划、设计、改造提供依据，主要内容应有：①各级理论线损计算的组织与管理；②对不同电压等级电网开展理论计算的周期及要求；③各级理论计算的办法及范围；④计算用电网资料的管理与更新；⑤对理论计算成果的要求；⑥检查与考核。

三、降损节能新技术、新设备的应用制度

积极推广和应用降损节能新技术、新设备，并充分发挥其降损节能的作用。主要内容应有：①明确降损节能新技术、新设备的归口管理单位；②引进和应用的程序及要求；③引进时的技术管理要求；④引进后的验收要求；⑤应用前期的培训管理；⑥应用中期的管理要求；⑦应用后的效益评估及善后处理；⑧检查与考核。

四、电压与无功管理制度

电压质量、无功管理与电网线损关系密切，其质量和管理水平高低直接影响着各级电网线损。通过建立本制度来明确各部门管理职责，加强和规范电压及无功管理，达到提高电压质量和降低线损率的目的。主要内容应有：①管理组织及职责；②电压及无功管理的标准；③电压检测点的设置与管理；④无功补偿方式及设备管理；⑤检查与考核。

五、配电变压器三相负荷管理办法

配电变压器的三相负荷不平衡不仅能影响变压器的安全运行和利用率，而且能引起线损升高。

因此，对低压台区三相负荷的监视、调整工作就显得十分重要和必要。为了确保公用配电变压器的安全、经济运行，降低低压线损率，应制定本办法。主要内容应有：①三相负荷的组织管理；②平衡三相负荷的检测管理；③三相负荷不平衡的调整管理；④检查与考核。

第三节　线损保证体系的制度建设

一、线损考核制度化运行

1. 考核对象的确定

实行线损分级管理、分级核算，分单位、分电压等级、分配电线路进行考核，把线损指标下达到调度中心、变电站、供电所、电工班等。考核到配电线路，拟定降损评奖办法，与各级线路实现的节电量挂钩，实行奖 1 罚 2 的办法当月兑现，发挥电力职工对降损的积极性。

35kV 及以上线路线损考核调度中心、变电站人员，10kV 母线损考核变电站人员，10kV 线路线损考核供电所人员，配电变压器损耗、低压线损考核电工班、电工，营销线损捆绑考核公司部室、供电所、变电站，自用电也应对单位进行考核，实现人人有责、全员降损、全员营销、全员创效，共同增创电力效益。

2. 分级线损考核的方法

每年年初，公司领导班子应研究确定参与线损考核人员当年奖金额或线损节能奖所占总奖金比例，按此金额根据各考核单位供电量、线损考核结果、销售均价等计算分月提奖系数，实现奖金分配的竞技化、合理化、科学化。

二、35kV 及以上线损率考核

为提高 35kV 及以上线损各管理部门积极性，35kV 及以上线损奖的提取计算，将分线路进行计算，按各线路线损奖之和进行考核兑现。管理值为 1%，实行月考核奖 1 罚 2 的办法当月兑现。兑现金额按节电量乘以考核单位销售均价计算。每年制定年终考核指标，如因电量过大、运行方式异常，造成线损非人为因素升高，年终考核指标为理论值加 0.2% 的泄漏损失。全年实际线损率比指标每降低 0.1 个百分点给予一定金额奖励，每升高 0.1 个百分点给予 2 倍奖金额度处罚。

三、10kV 线损率考核

10kV 线损奖的提取计算将根据各供电所的电量指标、管理值、平均销售电价等，每所确定一个线损奖提取系数，各所每月按照各自的提奖系数计算 10kV 线损奖。线损指标＝理论线损值+管理值，考核结果＝线损指标－实损值，10kV 线损管理值为 1.0%，各条 10kV 线路线损率实行月考核奖 1 罚 2 的办法，当月兑现，兑现金额按节电量乘以考核单位考核销售均价计算，考核销售均价是指将各单位的实际电费收入（不含各项附加）除以配电变压器总表的电量反推出的均价。年终按年度指标考核，对于低于指标，并小于上年同期值的，每降低 0.1 个百分点给予一定金额奖励；比上年同期值升高，低于年终指标的不进行奖励；对于高于指标的，每升高 0.1 个百分点给予 2 倍奖金额度处罚。

四、变电站主变压器、配电变压器铜铁损耗的考核。

推广使用 S11 型系列及以上的节能变压器，降低变压器的空载功率损失及短路功率损失。

合理调配系统运行电压，用电淡季时空载损失占比例大，此时运行电压稍低于变压器额定电压比较有利于电网线损，用电高峰时短路损失占比例大，此时电网运行电压稍高于变压器额定电压比较有利于电网损耗。

减少变压器的空载运行时间，增加变压器的接通负荷时间，降低铜铁损电量所占抄见电量比例。根据用户实际负荷情况，合理配置供电变压器容量，避免变压器运行后"大马拉小车"情况发生，一般变压器月用电量不大于 $100S_e$ 时则为"大马拉小车"情况。

安装变压器低压电容自动投切装置，提高变压器接通负荷状态的功率因数，减少变压器运行的铜损。提高变压器运行的负载率，合理安排工副业用户生产时间，有效提高变压器负载时间，减少变压器空载时间。积极推进配网自动化管理进度，监控变压器运行状态，及时采取有效自动投切措施。

安装监视变压器运行时间的计时钟，分监视变压器投运时间和接通负荷时间的两种计时钟。负荷比较分散的用户，为降低铜铁损应尽量选用高压单相变压器。

制定对配电变压器铜铁损具体考核办法，直接与工资奖金挂钩，理论计算铜铁损与给定考核指标相对比形成奖罚额，当月考核当月兑现，调动电工管理配电变压器的积极性，提高变压器的经济运行率。制定对供电所 10kV 线损具体考核办法，参与 10kV 线损计算的配电变压器铜铁损采取给定比例的办法执行，增强供电所职工管理配电变压器的能动性，尽可能地控制配电变压器的空载运行时间。

开展对供电所及电工的营销培训工作，提高电工对配电变压器经济管理的业务技能，树立全体职工节能降耗的观念。

五、供电所 400V 线损的考核

各乡所根据各自来年的配电变压器总表电量、线损管理值、参与线损奖的人数、岗数、平均销售电价，测算出各自的 400V 线损提奖系数。

对各所 400V 线损的考核，考核到各配电变压器台区，各台区的节能奖可按以下方法计算：

（1）对居民配电变压器台区分四个档次。①实际线损率小于等于 6.5% 时，台区节能奖＝台区供电量×台区考核结果×400V 提奖系数×1.1×台区销售均价（不含各项附加）；②实际线损率大于 6.5%、小于等于 7% 时，台区节能奖＝台区供电量×台区考核结果×400V 提奖系数×1.0×台区销售均价（不含各项附加）；③实际线损率大于 7%、小于等于 8% 时，台区节能奖＝台区供电量×台区考核结果×400V 提奖系数×0.8×台区销售均价（不含各项附加）；④实际线损率大于等于 8% 时，台区节能奖＝台区供电量×台区考核结果×400V 提奖系数×0.5×台区销售均价（不含各项附加）。

（2）农排配电变压器台区分四个档次。①实际线损率小于等于 3.5% 时，台区节能奖＝台区供电量×台区考核结果×400V 提奖系数×1.1×台区销售均价（不含各项附加）；②实际线损率大于 3.5%、小于等于 4.5% 时，台区节能奖＝台区供电量×台区考核结果×400V 提奖系数×1.0×台区销售均价（不含各项附加）；③实际线损率大于 4.5%、小于等于 6% 时，台区节能奖＝台区供电量×台区考核结果×400V 提奖系数×0.8×台区销售均价（不含各项附加）；④实际线损率大于等于 6% 时，台区节能奖＝台区供电量×台区考核结果×400V 提奖系数×0.5×台区销售均价（不含各项附加）。

台区考核结果＝台区 400V 线损指标+管理值－实际 400V 线损率。400V 线损管理值执行 1.0%。各所 400V 线损奖的兑现金额按照各台区节能奖的汇总结果进行兑现。

供电所 400V 线损应每年制定指标，比指标每降低 0.1 个百分点给予一定金额奖励，每升高 0.1 个百分点给予 2 倍奖金额度处罚。

六、供电所营销线损的考核

营销线损率＝（单位供电量－销售发票电量）/单位供电量×100%，营销线损应根据当年完成值制定下年指标，对于低于指标并小于上年同期值的，每降低 0.1 个百分点给予一定金额奖励；比上年同期值升高，低于年终指标的不进行奖励；对于高于指标的，每升高 0.1 个百分点给予 2 倍奖金额度处罚。

七、变电站母线损失率考核

变电站无远程自动抄表系统的，变电站每天准确按两位小数点抄表，同时准确计算核对母线损失率，并每天做好记录。如发现问题及时上报，否则扣除当月母线损失奖。无远抄系统母线损失率考核

指标为±1.0%，有远抄系统母线损失率考核指标为±0.5%，月底计算，高于或低于指标者均罚超损电量的 4%，损失率在考核范围内的，奖节约电量的 2%（奖罚按销售均价计算）。另外，变电站每月抄表应如实上报，如发现故意虚报、错报、漏报，则除扣除年终各项奖励外并由企业严肃处理。

八、变电站、供电所自用电考核

各供电所自用电计量装置应进行统一校验，并定期进行抄表，对虚报电量的，当月处以 200 元的罚款。自用电量考核指标为站、所每月每人 100kWh，所、站空调 200kWh，变电站设备用电根据实际情况每月核定下达一定度数，每节约 1kWh 奖 0.56 元，超指标罚 2×0.56 元，冬季与春秋两季互调指标，实行当月考核当月兑现。

九、降损计划和指标管理办法制度化实施

线损管理是以线损指标为核心的全过程管理。通过建立企业线损计划、指标管理办法，明确指标的编制、分解、下达、控制、调整及评价要求，实现线损指标分级、分压、分线、分台区管理，达到线损可控局面。该办法应涵盖以下主要内容：①线损计划与指标的编制和制定程序及依据；②明确线损计划、指标和降损措施负责部门；③线损计划、指标的预测、编制、分解与下达；④线损计划、指标的分级管理和控制；⑤线损计划、指标的执行、检查与调整；⑥线损计划、指标的完成情况评价与跟进；⑦检查与考核。以上指标管理应包括线损小指标的管理。

第四节　线损制度管理的标准化应用

一、电能损耗管理应用分析

（一）业务简介

电力网电能损耗（简称线损），是供电企业在电能传输和营销过程中自发电厂出线起至客户电能表止所产生的电能消耗和损失。线损率是衡量线损高低的指标，它综合反映和体现了电力系统规划设计、生产运行和经营管理的水平，是电网经营企业重要的一项经济技术指标。

（二）业务流程

（三）环节参与分配

编号	流程环节	环 节 描 述	环节参与者
1	成立机构	由供电企业经理负责领导，建立由生产、运行、营销、计划、调度、农电、计量等部门负责人组成的线损管理领导小组	企业各相关部门
2	明确责任	线损管理领导小组根据有关部门的业务职能，明确各单位责任	线损管理领导小组
3	专业分工	线损管理领导小组根据各有关部门职责，将线损管理中的各项专业工作进行划分	线损管理领导小组
4	分解指标	线损管理领导小组将各种线损指标分解到各单位，线损指标实行分部门承包管理	线损管理领导小组
5	技术管理	线损管理部门负责从技术层面做好各自专业部分线损的管理	企业各相关部门
6	制定考核	根据企业的经营管理情况制定详细合理的线损考核制度	线损管理领导小组
7	奖惩兑现	根据考核制度对各单位线损管理的完成情况严格考核，奖惩兑现	线损管理领导小组

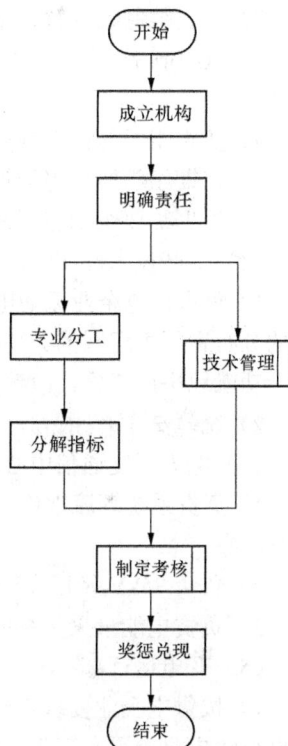

开始 → 成立机构 → 明确责任 → 专业分工 / 技术管理 → 分解指标 → 制定考核 → 奖惩兑现 → 结束

（四）工作表单

线损指标完成情况统计表

填报单位：

序号	单位	指标名称	计划指标	完成情况	同期指标	同期完成	考核得分	考核奖金
1								
2								
3								
4								
5								
6								
7								
8								
9								

（五）工作要求

1．各部门职责

（1）线损管理小组：

1）线损管理领导小组负责贯彻上级有关节能降损的方针、政策、法律、法规及有关指令，制定本单位的线损管理规定，负责分解下达线损率指标计划；制订近期和中期的电能损耗控制目标。

2）监督、检查、考核所属部门的线损完成情况，协调解决工作中所出现的问题，布置下一步降损工作。

（2）发展策划部：

1）线损管理的归口管理部门，负责线损管理的日常工作。

2）负责编制、分解、下达供电企业有关部门的线损率指标，并检查、考核其完成情况。

3）组织制定、修订供电企业线损管理、考核规定。制订本供电企业的降损目标计划，并监督实施。

4）负责组织与协调部门间的协作，完成报表及数据的传送与共享。

5）定期组织线损理论计算，编制线损专业统计分析报告，按规定上报。

6）根据需要组织召开线损分析专题会议，协调、解决实际工作中出现的问题。

（3）生产技术部：

1）负责供电企业无功电压工作，制定、修订供电企业无功电压管理制度。根据负荷发展、潮流的分布进行主配网的无功优化工作。核对无功补偿容量，制定无功补偿方案，并负责实施。做好无功就地平衡工作，改善电压质量，降低线损。

2）统筹安排计划检修，缩短停电时间，减少临时检修。影响计量的工作，应事先通知有关部门。

（4）电力调度通信中心：

1）负责系统潮流理论计算与分析，编制经济运行方案，合理调整运行方式，使电网处于经济运行状态。

2）负责35kV及以上网络的线损管理，参与供电企业组织的降损活动并提供相关材料。

3）负责电能量采集系统的数据传输通道维护。

（5）变电运行部：

1）按供电企业要求正确抄报变电站电能数据，对于自动抄表系统，应按要求做好维护工作。做好母线电量的平衡工作，对于母线电量不平衡率超标情况应及时查明原因并上报。

2）变电运行人员应加强对计量设备的巡视，对于计量装置的异常运行情况要及时做好记录。

3）做好站用电管理，节约用电，减少浪费，分解、考核各站用电指标。

（6）营销部门：

1）各营销部门负责所辖用电区内的线损管理。

2）各营销部门应加强营业管理岗位责任制，减少内部责任差错，防止窃电和违章用电，充分利用高科技手段进行防窃电管理。坚持开展经常性的用电检查，发现由于管理不善造成的电量损失时及时采取有效措施进行处理。

3）严格抄表制度，应使每月的供、售电量尽可能对应，以减少统计线损的波动。所有客户的抄表例日应予固定。

4）严格变电站站用电管理及生产用电管理。

5）用电营销部门要加强对客户无功电力的管理，提高客户无功补偿设备的补偿效果，按照《电力供应与使用条例》和《电力系统电压和无功电力管理条例》促进客户采用集中和分散补偿相结合的方式，提高功率因数。

（7）电能计量中心：

1）负责电能量采集系统的计量表计维护。

2）所有关口计量装置配置及精度要满足《电能计量装置技术管理规程》规定的要求。

3）关口表和大客户电能表的设置、增减、更换和定检结果等要及时上报。

4）按月作好关口表计所在母线电量平衡。220kV 及以上电压等级母线电量不平衡率不大于±1%；110kV 及以下电压等级母线电量不平衡率不大于±2%。

（8）科技信息部：负责变电站电能量采集系统的主站维护。

2. 指标管理

（1）线损率指标实行分部门承包管理。

（2）线损率指标的编制依据为理论计算值、历年统计值、供电企业降损目标，并根据电网结构、系统潮流变化以及用电结构变化情况等因素进行适当修正。各部门线损率计划指标由发展策划部于每年年初编制下达。

（3）各部门线损输入（输出）电量的计量点由发展策划部根据统计需要统一确定，原则上以变电站月末日 24 时抄见电量为准。

（4）线损率内部统计小指标包括以下内容：

1）线损率分区、分级统计。

2）逐步开展主网分元件（线路、主变压器）线损率统计。

3）中压配网综合线损率。

4）中压配网分线线损率。

5）低压分台区线损率。

6）关口表所在点及 10（6）kV 母线电量不平衡率。

7）月末日抄见售电量比重。

8）变电站（所）及生产用电统计。

9）电压合格率。

10）关口计量装置中的电能表、TV 二次压降、TV、TA 误差合格率。

3. 工作质量要求

（1）各部门要做好年度降损项目的经济效益分析。定期进行情况调查，特别要加强定量分析。

（2）各部门按供电企业规定及时上报线损统计报表，分析线损率的异常波动。

（3）按时参加供电企业经营分析例会和线损专题分析会，做好线损总结报告。

（4）参加供电企业组织的负荷实测及线损理论计算，原则上 35kV 及以上电网一年一次；10

（6）kV 电网两年一次，并根据实际情况安排调整。

（5）各部门要重视线损管理人员素质的提高，鼓励线损管理有关人员加强学习。

4. 技术措施

（1）各部门应遵照国家电网公司颁布的有关规定，完善网络结构，降低技术线损，不断提高电网的经济运行水平。

（2）各部门应制定具体的年度节能降损的技术措施计划，分别纳入大修、技改等工程项目安排实施。要采取各种行之有效的降损措施，重点抓好电网规划、升压改造等工作。要简化电压等级，缩短供电半径，减少迂回供电，合理选择导线截面和变压器规格、容量，制订防窃电措施。逐步淘汰高能耗变压器。

（3）根据《电力系统电压和无功电力技术导则》、《电力系统电压质量和无功电力管理条例》及其他有关规定，按照电力系统无功优化计算结果，合理配置无功补偿设备，提高无功设备的运行水平，做到无功分压、分区就地平衡，改善电压质量，降低电能损耗。

（4）积极应用推广新技术、新工艺、新设备和新材料，利用科技进步的力量降低技术线损。

（5）积极利用现代化技术，提高线损科学管理水平。

（6）电力调度部门要根据电网的负荷潮流变化及设备的技术状况及时调整运行方式，实现电网经济运行。

5. 奖惩

（1）根据《中华人民共和国节约能源法》和上级的有关规定，为加大线损考核力度，调动全体员工降损节电的积极性，供电企业将对在节能降损工作中取得成绩的部门和个人进行奖励。

（2）各部门可分别对节能降损工作中有突出贡献的集体和个人进行表彰。

二、线损（管理）考核与奖惩应用分析

（一）业务简介

线损管理应遵循"完善监督，不留漏洞；责任分清，奖罚得当"的原则进行，通过线损管理中的考核与奖惩可以充分调动线损管理人员的工作积极性，实现线损全过程管理，达到降损增效的目的。

（二）业务流程

（三）环节参与分配

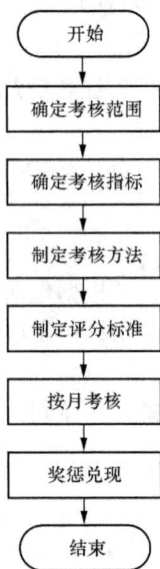

编号	流程环节	环 节 描 述	环节参与者
1	确定范围	由供电企业经理负责领导，建立由生产、运行、营销、计划、调度、农电、计量等部门负责人组成线损管理领导小组，确定各单位考核范围	企业各相关部门
2	确定指标	线损管理领导小组根据有关部门的业务职能，明确各单位责任，确定指标	线损管理领导小组
3	制定考核方法	线损管理领导小组根据各有关部门职责，将线损管理中的各项专业工作进行划分，制定相应的考核办法	线损管理领导小组
4	形成评分标准	线损管理领导小组将各种线损指标分解到各单位，线损指标实行分部门承包管理，并形成详细的评分标准	线损管理领导小组
5	按月考核	根据企业的经营管理情况制定详细合理的线损考核制度	线损管理领导小组
6	奖惩兑现	根据考核制度对各单位线损管理的完成情况严格考核，奖惩兑现	线损管理领导小组

开始
↓
确定考核范围
↓
确定考核指标
↓
制定考核方法
↓
制定评分标准
↓
按月考核
↓
奖惩兑现
↓
结束

（四）工作表单

供电公司　年　月 0.4kV 低压台区线损报表

填报单位：　　　　　　　　　　　　　　　　　　　　　　单位：kWh，%

序号	台区名称	线损指标	本　月				累　计			
			供电量	售电量	损失电量	线损率	供电量	售电量	损失电量	线损率
1										
2										
3										
4										
5										
6										
7										
8										
9										
10										
11										
12										
本页合计										
全所合计										

审核人：　　　　　　　　　　编制人：　　　　　　　　　上报日期：

供电公司　年　月供电所线损报表

填报单位：　　　　　　　　　　　　　　　　　　　　　单位：万 kWh，%

10kV 线路名称		本　月			累　计		
		供电量	售电量	线损率	供电量	售电量	线损率
公用线路							
合计 1							
直供专线							
合计 2							

续表

10kV 线路名称	本　月			累　计		
	供电量	售电量	线损率	供电量	售电量	线损率
合计 3（全部线路）						
公用线路专用变压器						
0.4kV 线损						
0.4～10kV 公用线损						
0.4～10kV 综合线损						
所用电	本月度示	上月度示	度示差	倍率	电量	累计电量
抄表情况	配电变压器台数	运行台数	实抄表数	低压户数	抄表户数	开票户数

审核人：　　　　　　　　　编制人：　　　　　　　　　上报日期：

供电公司　　年　　月 10kV 公用线路线损报表

填报单位：　　　　　　　　　　　　　　　　　　　　　单位：万 kWh，%

序号	线路名称	理论线损率	供电量		售电量		损失电量		损失率	
			本月	累计	本月	累计	本月	累计	本月	累计
1										
2										
3										
4										
5										
6										
7										
8										
9										
10										
11										
12										
13										
14										
15										
16										
合　计										

审核人：　　　　　　　　　编制人：　　　　　　　　　上报日期：

供电公司 年 月供电所 10kV 公用线路综合线损考核表

填报单位：　　　　　　　　　　　　　　　　　　　　　　　　　　　　　　　　　单位：万 kWh，%

管理单位	考核指标		供 电 量		售 电 量		损失电量		线 损 率		考核结果
	指标 1	指标 2	本月	累计	本月	累计	本月	累计	本月	累计	
备注：	合计										

审核人：　　　　　　　　　　　　编制人：　　　　　　　　　　　　上报日期：

供电公司 年 月低压综合线损考核报表

填报单位：　　　　　　　　　　　　　　　　　　　　　　　　　　　　　　　　　单位：万 kWh，%

管理单位	考核指标		供 电 量		售 电 量		损失电量		损 失 率		考核结果
	1	2	本月	累计	本月	累计	本月	累计	本月	累计	
合 计											
备注：	合计										

审核人：　　　　　　　　　　　　编制人：　　　　　　　　　　　　上报日期：

供电公司　　年　　月直供无损电量报表

填报单位：　　　　　　　　　　　　　　　　　　　　　　　　　　单位：万 kWh，%

序号	线路名称	管理单位	电压等级	无损电量		占本级电压总供电量比重		备　注
				本月	累计	本月	累计	
1								
2								
3								
4								
5								
6								
7								
8								
9								
10								
合计								

审核人：　　　　　　　　　　　　编制人：　　　　　　　　　　　　上报日期：

供电公司　　年　　月供电所 0.4～10kV 公用线路线损考核表

填报单位：　　　　　　　　　　　　　　　　　　　　　　　　　　单位：万 kWh，%

管理单位	考核指标		供电量		售电量		损失电量		线损率		考核结果
	1	2	本月	累计	本月	累计	本月	累计	本月	累计	
合　　计											
备注：											

审核人：　　　　　　　　　　　　填报人：　　　　　　　　　　　　上报日期：

供电公司　　年　　月 35kV 及以上电网分线线损报表

填报单位：　　　　　　　　　　　　　　　　　　　　　　　　　　　　单位：万 kWh，%

线路名称		本　月				累　计			
		供电量	售电量	损失电量	损失率	供电量	售电量	损失电量	损失率
公用线路									
合计 1									
直供专线									
合计 1									
合计 2（全部综合）									
备注：									

审核人：　　　　　　　　　　编制人：　　　　　　　　　　填报日期：

供电公司　　年　　　月高压综合线损统计表

填报单位：　　　　　　　　　　　　　　　　　　　　　　　　　　　　单位：万 kWh，%

月份	供 电 量	售 电 量	损失电量	损 失 率	备　　注
1					
2					
3					
4					
5					
6					
7					
8					
9					
10					
11					
累计					

审核人：　　　　　　　　　　编制人：　　　　　　　　　　填报日期：

供电公司　　年　　月各级线损综合报表

填报部门：　　　　　　　　　　　　　　　　　　　　　　　　　　　单位：万 kWh，%

责任部门	线损率项目		本　月				累　计				备注
			供电量	售电量	损失电量	损失率	供电量	售电量	损失电量	损失率	
发展策划部	综合线损率	1 综合									
调度运行部	35kV 及以上网损率	2 全部									
		3 直供									
		4 公用									
营销部	10（6）kV 线损率	5 全部									
		6 直供									
		7 公用									
发展策划部	高压综合线损率	8 全部									
		9 直供									
		10 公用									
营销部	0.4kV 低压线损率	11 全部									
		12 直供									
		13 公用									
	0.4kV 城区低压线损率	14 全部									
		15 直供									
		16 公用									
	0.4kV 低压综合线损率	17 全部									
		18 直供									
		19 公用									
	0.4～10kV 综合线损率	20 全部									
		21 直供									
		22 公用									

审核人：　　　　　　　　　编制人：　　　　　　　　　上报日期：

供电公司　　年　　月计量中心线损小指标统计表

填报部门：

序号	项　　目	当月计划	实际完成	完成率	备　注
1	电能表周期轮换率（%）				
2	电能表修调前检验率（%）				
3	电能表修调前检验合格率（%）				
4	现场检验率（%）				
5	现场检验合格率（%）				
6	电压互感器二次回路电压降周期受检率（%）				
7	计量故障差错率（%）				

审核人：　　　　　　　　　编制人：　　　　　　　　　上报日期：

供电公司　　年　　月查处窃电和营业计量故障统计表

填报部门：

序号	案件单位（查处）	主要情节及性质	退补电量（kWh）	查获时间	查获人员	备注
1						
2						
3						
4						
5						
6						
补、退合计						

审核人：　　　　　　　　编制人：　　　　　　　　上报日期：

变电站功率因数、母线电量不平衡率统计表

变电站　　　　　　填报日期　　年　　月　　日　　　　　　单位：万 kWh，%

指　　标			线路或开关名称	倍率	上月有功指数	当月有功指数	有功电量	上月无功指数	当月无功指数	无功电量	平均功率因数	备注
110kV母线	输入合计	有功	其中									
		无功										
	输出合计	有功	其中									
		无功										
	不平衡率											
	平均功率因数											
35kV母线	输入合计	有功	其中									
		无功										
	输出合计	有功	其中									
		无功										
	不平衡率											
	平均功率因数											
10kV母线	输入合计	有功	其中									
		无功										

续表

指标			线路或开关名称	倍率	上月有功指数	当月有功指数	有功电量	上月无功指数	当月无功指数	无功电量	平均功率因数	备注
10kV母线	输出合计	有功	其中									
		无功										
	不平衡率											
	平均功率因数											

填写说明:

1. 若计量表为双向表,则直接将正、反向相抵的代数和电量填入输入或输出电量栏内。

2. 各侧母线平均功率因数均按输入侧有功、无功电量计算。

3. 10kV 开关站只填写 10kV 部分。

4. 已改为无人值守站的可由运行部(或生技部)线损专责填写。

（五）工作要求

1. 考核指标

各单位、各部门的线损考核指标以公司年初下达的线损指标计划和签订的经济目标管理责任书为准。

2. 考核内容和办法

（1）发展策划部将线损指标分解为综合线损率指标、高压线损率指标、35kV 综合线损率指标、10kV 综合线损率指标、低压综合线损率指标，每年年初发送各相关部门，相关部门按月制定分线分台区线损指标，并于元月中旬报发展策划部，发展策划部于元月以公司发文形式下发各部门。

（2）为充分调动全员参与线损管理工作的积极性、主动性，10kV 与 400V 线损指标采取"双指标"管理，即一个是考核指标，对完不成该指标的进行处罚及扣分；一个是激励指标，对完成该指标的进行奖励及加分；对完成考核指标、未达到激励指标的，不奖不罚。每季度对供电所线损完成情况进行排名。

（3）线损指标日常考核。线损管理部门负责制定内部线损考核管理办法并报发展策划部备案，并按月进行考核。

3. 线损小指标考核

（1）对相关部门（专业）的线损小指标实行双重考核管理。

（2）部门（专业）对于责任线损小指标作为本部门（专业）工作的一部分进行正常的综合考核。

（3）线损归口管理部门对线损小指标进行专项考核。

（4）线损小指标为月考核指标。

（5）对线损小指标实行单指标考核。

（6）对线损小指标进行考核时的扣分标准与公司（部门）综合考核扣分标准相同。

（7）对线损小指标进行双重考核时，以线损专项考核为准。

4. 线损管理单项激励

发展策划部根据电压等级及供电量和平均售电价多少测算不同激励系数，经线损领导小组批准后，按月考核兑现。对主要线损率指标进行单项激励，对线损小指标实行月考核扣分的办法，参照线损率指标单项激励办法执行。具体激励办法如下：

（1）发展策划部：

奖（罚）金额＝（总售电量－无损电量）×（考核指标－完成指标）×平均售电价×奖（罚）系数

（2）调度中心：

奖（罚）金额＝（35kV 及以上总售电量－无损电量）×（考核指标－完成指标）×平均购电价×奖（罚）系数

（3）营销部：按管理责任一般应由配网 10kV 公用线损和公用变压器低压线损两部分组成。

1）10kV 奖（罚）金额＝（10kV 供电量－无损电量）×（考核指标－完成指标）×10 kV 平均售电价×奖（罚）系数

2）低压奖（罚）金额＝公用变压器低压 400V 供电量×（考核指标－完成指标）×400V 平均售电价×奖（罚）系数

（4）客户服务中心：按管理责任一般应由配网 10kV 公用线损组成。

10kV 奖（罚）金额＝（10kV 供电量－无损电量）×（考核指标－完成指标）×10kV 平均售电价×奖（罚）系数

（5）电费管理中心：按管理责任一般应由配网公用变压器低压线损组成

低压奖（罚）金额＝公用变压器低压 400V 供电量×（考核指标－完成指标）×400V 平均售电价×奖（罚）系数

（6）农电服务中心（含供电所）：按管理责任由本供电区 10kV 公用线损和农村公用（统管综合）变压器低压线损两部分组成。

1）10kV 奖（罚）金额＝（10kV 供电量－无损电量）×（考核指标－完成指标）×10kV 平均售电价×奖（罚）系数

2）奖（罚）金额＝农村 400V 公用（统管综合）变压器供电量×（考核指标－完成指标）×400V 平均售电价×奖（罚）系数

线损小指标责任部门：

奖励金额＝（总售电量－无损电量）×小指标考核得分比例×平均售电价×奖惩比例

说明：

（1）部门奖（罚）系数＝节电奖提取比例×本部门人员平均岗级系数×本部门人员占总受奖人员比例×部门线损奖（罚）责任系数。

上式中某企业参数选取实例：节电奖提取比例取（总节电金额的）8%～15%；部门线损奖（罚）责任系数，线损管理责任部门 1.0，线损管理相关部门 0.8。

（2）奖（罚）金额兑现到被考核单位，单位根据有受奖资格的员工的岗级系数和工作实绩兑现到个人。

（3）实行"双指标"考核的单位，在计算奖金时其考核指标取激励指标，在计算罚金时其考核指标取较高的第二指标。

5. 线损管理特别奖

全年完成各项线损、电压与无功指标后，可从总节电奖金额中提取一定的线损特别奖，用于奖励线损管理网络人员。其分配办法由线损领导小组决定。

总线损奖不得超过国家规定。

三、线损管理标准化实施应用分析

（一）业务简介

线损是电网经营企业在电能传输和营销过程中所产生的电能消耗和损失。线损率是衡量电网线损高低的指标，它综合反映和体现了电力系统规划设计、生产运行和经营管理的水平，是供电企业的一项重要经济技术指标，其中配网线损是供电企业线损的重要组成部分。

线损管理的目的是优化电网结构，合理调配负荷，实现最佳的经济、技术指标。根据国家电网公司线损规范管理模式要求，为适应生产营销及各中心机构的改革，必须将线损管理进行标准化建设，提升整体营销管理水平。线损管理应遵循"综合体系、科学管理、全员参与"的基本原则，应建立"管理体系、技术体系、保证体系"为支撑的科学、规范、高效线损管理方式，做到各尽其责、各施所能，责、权、利相一致，充分调动全员降损节能的积极性，明确企业、部门、班（站、所等）三级管理部门责任，完善和规范企业的线损管理。

（二）业务流程

1. 线损管理标准化主流程

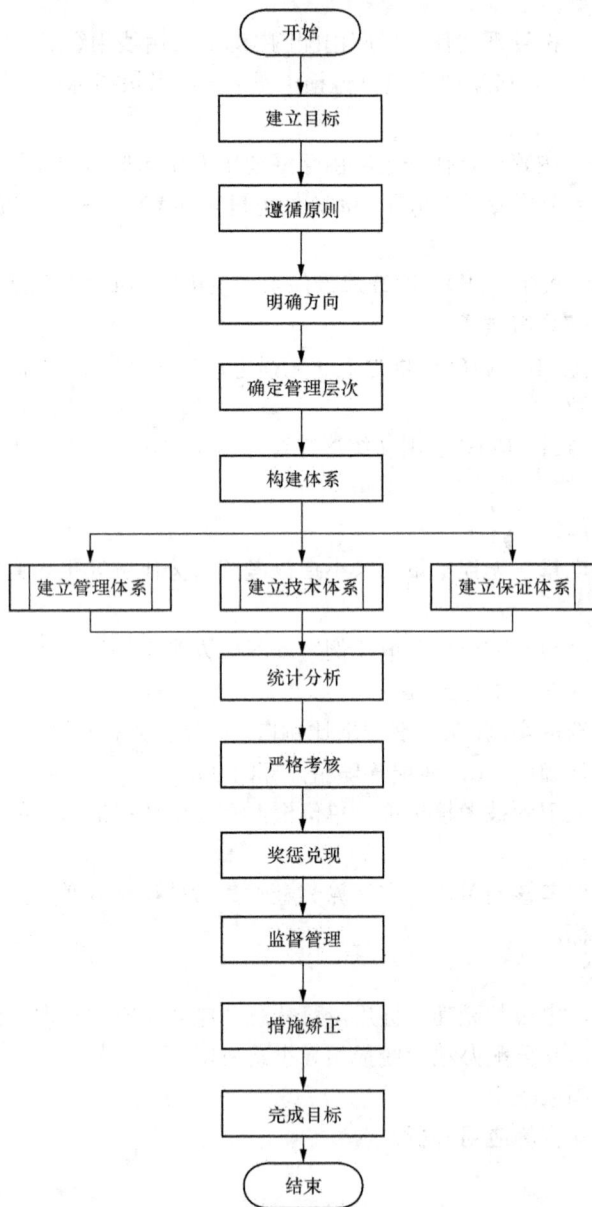

```
                    ┌──────────┐
                    │   开始   │
                    └────┬─────┘
                    ┌────┴─────┐
                    │ 建立目标 │
                    └────┬─────┘
                    ┌────┴─────┐
                    │ 遵循原则 │
                    └────┬─────┘
                    ┌────┴─────┐
                    │ 明确方向 │
                    └────┬─────┘
                 ┌───────┴──────┐
                 │ 确定管理层次 │
                 └───────┬──────┘
                    ┌────┴─────┐
                    │ 构建体系 │
                    └────┬─────┘
        ┌──────────────┼──────────────┐
  ┌─────┴──────┐ ┌─────┴──────┐ ┌─────┴──────┐
  │ 建立管理体系│ │ 建立技术体系│ │ 建立保证体系│
  └─────┬──────┘ └─────┬──────┘ └─────┬──────┘
        └──────────────┼──────────────┘
                    ┌────┴─────┐
                    │ 统计分析 │
                    └────┬─────┘
                    ┌────┴─────┐
                    │ 严格考核 │
                    └────┬─────┘
                    ┌────┴─────┐
                    │ 奖惩兑现 │
                    └────┬─────┘
                    ┌────┴─────┐
                    │ 监督管理 │
                    └────┬─────┘
                    ┌────┴─────┐
                    │ 措施矫正 │
                    └────┬─────┘
                    ┌────┴─────┐
                    │ 完成目标 │
                    └────┬─────┘
                    ┌────┴─────┐
                    │   结束   │
                    └──────────┘
```

2. 建立管理体系子流程

3. 建立技术体系子流程

4. 建立保证体系子流程

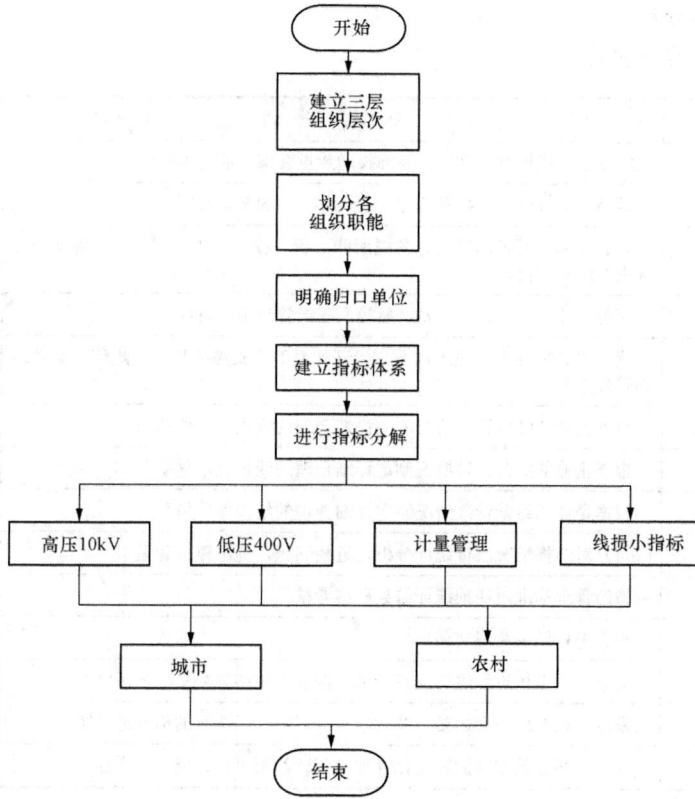

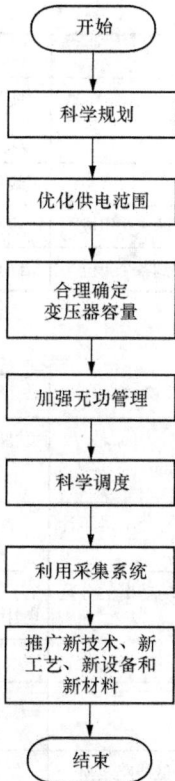

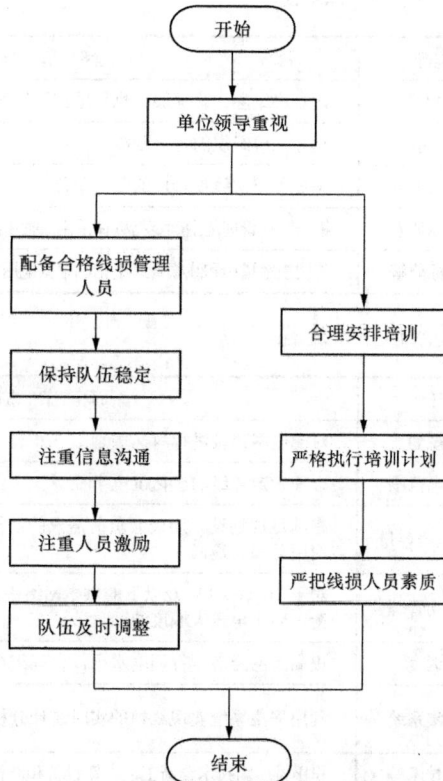

（三）环节参与分配

1. 线损管理标准化主流程

编号	流程环节	环节描述	环节参与者
1	建立目标	降低配网线损率是供电企业降损增效重要部分的管理目标	企业各相关部门
2	遵循原则	遵循"综合体系、科学管理、全员参与"的基本原则	线损管理领导小组
3	明确方向	各参与单位要各尽其责、各施所能，责、权、利相一致，充分调动全员降损节能的积极性	线损管理领导小组
4	确定管理层次	明确企业、部门、班（站、所等）三级管理部门责任	线损管理领导小组
5	构建体系	建立"管理体系、技术体系、保证体系"为支撑的科学、规范、高效线损管理方式	企业各相关部门
6	建立管理体系	根据企业的经营管理情况制定详细合理的线损管理体系	线损管理领导小组
7	建立技术体系	根据企业的经营管理情况制定详细合理的线损技术体系	线损管理领导小组
8	建立保证体系	根据企业的经营管理情况制定详细合理的线损保证体系	线损管理领导小组
9	统计分析	每月对线损情况进行统计分析，查找问题，提出整改意见	线损管理部门
10	严格考核	按照管理标准对线损统计结果严格考核	线损考核小组
11	奖惩兑现	根据考核结果兑现奖惩	人力资源部
12	监督管理	对整个的考核过程进行监督管理，保证考核结果公平、公正、公开	线损管理领导小组
13	措施矫正	发现考核措施不当之处，及时改正，对不利于执行的部分进行矫正	线损管理领导小组
14	完成目标	实现公司营销线损的精益化管理，保证线损可控、能控、在控	线损管理领导小组

2. 建立管理体系子流程

编号	流程环节	环节描述	环节参与者
1	建立三层组织层次	建立决策层、管理层、执行层三层组织层次	线损管理领导小组
2	划分职能	划分三层组织的各自职能	线损管理领导小组
3	明确归口单位	确定各层次线损管理的归口单位	线损管理领导小组
4	建立指标体系	根据线损管理范围确定指标体系由线损率指标和线损管理小指标两大类组成	线损管理领导小组
5	进行指标分解	将线损率指标和线损管理小指标根据电压等级、专业、地域分解到各个单位	线损管理领导小组

3. 建立技术体系子流程

编号	流程环节	环节描述	环节参与者
1	科学规划	对配电网建设进行科学规划	发展策划部、营销部
2	优化供电范围	合理确定各级的优化供电半径	营销部
3	确定变压器容量	在满足规划设计期最大负荷需求的前提下，使整个规划期的变压器年计算费用总和为最低	配电服务中心、农电服务中心
4	加强无功管理	对于10（6）kV及以下的供电网络进行无功补偿，实现无功功率的分区平衡，防止电压大幅度波动	客户服务中心、配电服务中心、农电服务中心
5	科学调度	提高配网经济运行调度水平，合理组织电力网的运行方式	调度中心
6	利用采集系统	利用采集系统实现线损的实时统计分析	电能计量中心、农电服务中心
7	推广新技术等	积极推广新技术、新工艺、新设备和新材料，依托科技进步降低线路线损	生产营销及各中心

4. 建立保证体系子流程

编号	流程环节	环节描述	环节参与者
1	单位领导重视	各单位主管领导要高度重视线损管理工作	生产营销及各中心
2	配备合格人员	根据线损管理要求配备适当的线损管理人员	生产营销及各中心
3	保持队伍稳定	保持线损管理网人员队伍稳定	生产营销及各中心
4	注重信息沟通	注重线损管理网纵向和横向沟通与信息处理	生产营销及各中心
5	注重人员激励	注重对线损管理网人员的激励（奖励、处罚、晋级、培训、使用等）工作	生产营销及各中心
6	队伍及时调整	根据电网和市场变化及时调整组织管理模式和关系	生产营销及各中心
7	合理安排培训	合理安排有关降损节电和线损管理的业务培训	人力资源部
8	执行培训计划	由人力资源部编制培训计划并列入企业培训计划；确定、落实参培的人员、时间、培训内容、学时、师资等	人力资源部
9	严把人员素质	各线损管理员要积极参加岗位资格培训，经培训并考试、考核合格取得线损员岗位资格证书	人力资源部

（四）工作表单

台区线损率明细表

填报单位：　　　　　　　　　　　　　　　　　　　　　　　　　　　　　单位：kWh，%

线路编号	线路名称	台区编码	台区名称	抄表例日	抄见供电量	调整供电量	合计供电量	结算售电量	调整售电量	合计售电量	损失电量	线损率	线损指标	指标比差异	同期线损率	同比差异	上月线损率	环比差异	年累计线损率	同期累计线损率	累计同比差异
合　计																					

线路线损率构成情况表

填报单位：　　　　　　　　　　　　　　　　　　　　　　　　　　　　　单位：kWh，%

线路编码	线路名称	线路供电量	公用变压器供电量	公用变压器售电量	公用变压器线损电量	公用变压器线损率	专用变压器售电量	台区售电量	高压侧损失电量	高压侧线损率	线路综合线损电量	线路综合线损率
合　计												

线路线损率完成情况明细表

填报单位：   单位：kWh，%

线路编码	线路名称	抄见供电量	调整供电量	合计供电量	结算售电量	调整售电量	合计售电量	损失电量	线损率	线损指标	指标比差异	同期线损率	同比差异	上月线损率	环比差异	年累计线损率	同期累计线损率	累计同比差异
合　计																			

（五）工作要求

1. 线损管理体系与职责

（1）线损管理体系是开展线损管理的中心与主线。建立线损管理网络，坚持"统一领导、归口管理、分级负责、监督完善"的原则，做到职能清晰、职责明确，形成一级管一级、一级控制一级、一级考核一级、一级负责一级的全过程管理控制与监督管理。

加强线损管理的组织领导，建立供电企业营销线损管理网络，成立营销各线损管理工作领导小组。领导小组下设办公室，办公室设在营销部。

线损管理网络应当由线损管理领导小组、线损归口管理部门、考核监督部门、专业管理部门及班组站所组成，形成体系健全、运行有效的管理机构。线损管理网络图如图 3-1 所示，分为决策层、管理层、执行层。

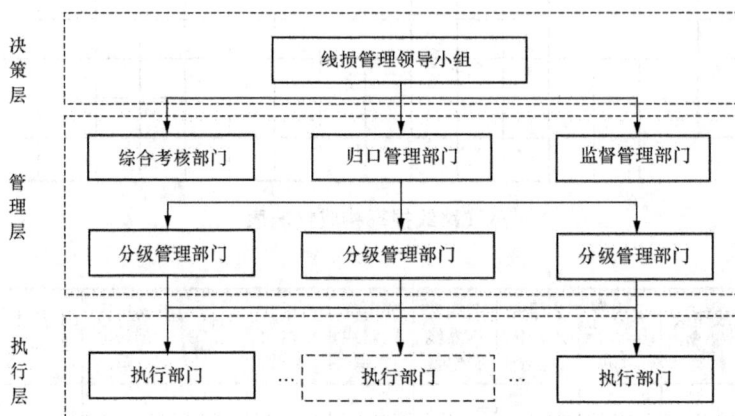

图 3-1　线损管理网络图

（2）线损管理领导小组由供电企业总经理为组长，主管生产（营销）副总经理为副组长，生产营销及各中心、人力资源部、发展策划部、电力调度通信中心等有关部门负责人为成员组成，其具体职责为：

1）贯彻落实国家、上级有关节能法律、法规、方针、政策和线损管理制度、办法等；

2）研究并组织制订本企业的配网中长期节能降损规划，批准年度节能降损计划及措施，组织落实重大降损措施；

3）定期召开配网线损管理分析会，研究解决降损节能工作中出现的问题；

4）批准配网线损管理制度，审批线损指标分解、考核方案；

5）解决线损管理中其他需要解决的重大问题。

（3）发展策划部是线损综合管理部门，设线损管理专责，其主要职责为：

1）负责生产营销及各中心线损综合管理工作，贯彻上级有关节能降损的方针、政策、法规、标准、制度及规定等；

2）参与制定、审核生产营销及各中心有关线损管理、考核的制度、办法和实施细则，并监督有关部门认真贯彻执行；

3）参与生产营销及各中心年度线损率指标计划的分解、编制工作；

4）负责依据企业线损管理、考核制度，对各部门线损专责的日常管理工作进行经常性的检查、督促，并有权提出考核意见；

5）参与企业线损分析会，了解各级线损指标完成情况及线损管理中存在的问题等；

6）配合线损管理领导小组完成其他线损管理工作。

（4）电网调度中心是主网及配网运行的管理部门，其主要职责为：

1）认真贯彻执行上级有关节能降损的方针、政策、法规、标准及企业线损管理制度、规定等；

2）负责编制、上报本专业线损管理工作总结，参与企业年度线损率指标及重大降损措施计划的分解、编制工作；

3）负责组织进行电网潮流计算，编制年度运行方式，指导调度、变电运行人员搞好电网经济调度和运行及无功、电压管理工作，及时合理地调整运行方式、投切无功补偿装置、调整有载变压器分接开关，确保完成 35kV 及以上电网和配网线损指标；

4）组织各变电站（操作队）每天进行母线电量平衡的统计、分析工作，按时完成月度母线电量不平衡率报表上报生产技术部及发展策划部，110kV 及以上电压等级母线电量不平衡率不大于±1%，110kV 以下电压等级母线电量不平衡率不大于±2%，超标要有初步原因分析和说明；

5）负责组织各变电站（操作队）加强站内电能计量装置及二次回路的日常巡视和运行管理工作，按时抄录电能计量表计度示数，发现异常及时汇报有关部门进行检查、处理；

6）负责 35kV 及以上线损的综合统计、分析工作，每月按时完成线损统计报表的编制工作，编制综合分析报告，上报生产技术部；

7）参加企业线损分析会，汇报 35kV 及以上电网和配网线损指标完成情况，分析研究电网经济调度与运行管理中存在的问题，组织制定降损措施；

8）严格执行企业线损管理、考核制度及实施细则，经常性地对调度运行班、各变电站（操作队）有关线损管理工作进行检查、指导，并根据指标完成情况及工作质量等，提出相应的考核意见，报上级有关部门；

9）负责结合电网规划建设、技术改造等，积极推广降损节能新技术、新设备，不断提高科学化管理水平。

（5）人力资源部为线损综合考核部门，其主要职责为：

1）负责企业线损管理综合考核工作，认真贯彻执行上级有关节能降损的方针、政策、法规、标准及企业线损管理制度、规定等；

2）负责监督、考核生产营销及各中心线损考核方案实施工作，根据供电企业各项线损管理制度考核各单位线损完成情况，并据此兑现各单位线损考核奖金；

3）参与制定、审核企业有关线损管理、考核的制度、办法和实施细则，并监督有关部门认真

贯彻执行;

4)参与企业年度线损率指标计划的分解、编制工作,经企业线损领导小组批准后,纳入年度经营责任目标对有关部门进行考核;

5)负责依据企业线损管理、考核制度,对各部门线损专责的日常管理工作进行经常性的检查、督促,并有权提出考核意见;

6)负责依据企业线损管理、考核制度,对生产技术部、电力稽查人员(用电检查人员)等提出的线损考核、处理方案进行审核;

7)参与企业线损分析会,了解各级线损指标完成情况及线损管理中存在的问题等;

8)负责严格执行企业线损管理、考核制度及实施细则,定期结合各部门线损管理指标、目标完成情况及工作质量等,提出相应的考核意见,报企业线损领导小组批准后执行;

9)配合线损管理领导小组完成其他线损管理工作。

(6)营销部是营销各中心线损管理归口部门,设专职线损管理专责,负责营销各中心的线损考核工作。其主要职责为:

1)认真贯彻执行上级有关节能降损的方针、政策、法规、标准及企业线损管理制度、规定等;

2)负责10(6)kV及以下线损管理工作,制定和修改用电营销专业有关线损指标、管理、考核办法及实施细则等,并认真贯彻执行;

3)每年12月底前负责编制、上报本专业线损管理工作总结,参与企业年度线损率指标及重大降损措施计划的分解、编制工作,并组织10(6)kV及以下配电网降损措施计划的实施;

4)负责组织进行10(6)kV线路、典型低压台区理论线损计算工作,一般情况下至少每年计算一次,有条件的应做到每月计算一次;

5)负责对各中心线损管理工作进行检查、监督和指导工作;

6)负责组织召开每月一次的线损分析会,通报各中心10(6)kV及以下线损指标及降损措施计划的完成情况,分析研究各中心在线损管理工作中存在的问题及薄弱环节,组织制订降损措施并监督落实;

7)严格执行企业线损管理、考核制度及实施细则,经常性地对各中心线损管理工作进行检查、指导,并根据线损指标完成情况及工作质量等,提出相应的考核意见,报上级有关部门;

8)加强用电营销管理工作,建立健全抄、核、收工作标准和制度,规范工作程序,强化监督机制,每年组织开展用电营业普查不少于1次,经常性地组织开展用电检查和反窃电工作;

9)负责10(6)kV配电网的经济运行管理,组织各中心加强10(6)kV配电网及大客户的无功、电压管理工作;

10)负责结合电网规划建设、技术改造等,积极推广降损节能新技术、新设备,不断提高科学化管理水平。

(7)生产技术部是生产各中心线损管理归口部门,设专职线损管理专责,负责生产各中心的线损考核工作。其主要职责为:

1)负责生产线损综合管理工作,贯彻上级有关节能降损的方针、政策、法规、标准、制度及规定等;

2)负责编制年度线损管理专业工作总结,并根据本年度线损率指标计划完成情况、各级理论线损计算结果、电力市场变化情况等因素,组织有关人员进行综合测算,编制下一年度线损率指标计划及重大降损措施计划,经企业线损领导小组批准后,报上级有关部门;

3)负责组织有关部门根据理论线损计算结果,结合电网运行、管理中存在的薄弱环节,编制年度降损措施计划,经企业线损领导小组批准后,组织实施;

4）负责定期组织有关部门进行电网理论线损计算工作，并积极创造条件，争取实现统计、理论线损计算的在线化。35kV 及以上电网分线理论线损至少每年计算一次；电网进行更新改造或有大用电户增加时应随时进行计算；

5）负责组织进行线损的综合统计、分析工作，每月完成线损统计报表的编制或审核工作，编制线损专业综合分析报告，并上报有关部门；

6）负责定期组织召开生产线损分析会（每月或每季进行一次），并通报各级线损指标完成情况，分析研究线损管理中存在的问题，组织制定降损措施；

7）负责严格执行企业线损管理、考核制度及实施细则，定期结合各部门线损管理指标、目标完成情况及工作质量等，提出相应的考核意见，报企业线损领导小组批准后执行；

8）负责企业无功、电压专业的综合管理工作，及时统计各级电压合格率及功率因数，分析无功、电压管理中存在的问题，制订相应措施不断改善电压质量、提高电网功率因数，降低线损；

9）结合电网规划建设、技术改造等，积极推广降损节能新技术、新设备，不断提高科学化管理水平；

10）负责组织对有关部门线损管理工作开展情况进行检查、指导和考核，不断提高各部门线损管理水平；

11）组织各变电站（操作队）加强站用电管理工作，严格执行站用电管理、考核办法；

12）负责配合企业人力资源部经常有针对性地举办各级线损管理人员培训班，提高线损管理人员的业务技术素质和实际分析、管理能力；

13）完成上级及领导交办的其他工作。

（8）电能计量中心为营销计量的归口管理部门，设专（兼）职线损管理专责。其主要职责为：

1）认真贯彻执行上级有关节能降损的方针、政策、法规、标准及企业线损管理制度、规定等；

2）与客户服务中心和配电服务中心共同承担城市范围内 10（6）kV 线损指标考核，与电费管理中心共同承担城市范围低压线损指标考核；

3）负责相关线损小指标的管理、统计、分析、上报及部门考核工作。参加五中心线损分析会，汇报承担的线损各项指标完成情况，分析研究线损管理中存在的问题，组织制定降损措施；

4）负责变电站关口、城市区域客户及农村区域高供高计客户电能计量装置的安装、验收、维护、现场校验、周期检定（轮换）及抽检工作；

5）负责电能计量装置故障处理及本供电营业区内有异议的电能计量装置的检定、处理；

6）负责统一管理各类电能计量印证；

7）配合反窃电办公室和其他中心做好违窃电查处工作；

8）负责营销系统中变电站、线路及城市范围内公用变压器以及对应考核户的基础资料管理。

（9）配电服务中心为城市区域配网运行管理单位，设专（兼）职线损管理专责。其主要职责为：

1）认真贯彻执行上级有关节能降损的方针、政策、法规、标准及企业线损管理制度、规定等；

2）与客户服务中心和电能计量中心共同承担城市范围内 10（6）kV 线损指标考核；

3）负责相关线损小指标的管理、统计、分析、上报及部门考核工作。参加五中心线损分析会，汇报承担的线损各项指标完成情况，分析研究线损管理中存在的问题，组织制定降损措施；

4）负责城市区域线路的理论线损的计算和管理；

5）负责城市区域中低压配电网无功管理；

6）负责城市区域内公用变压器的经济运行管理；

7）负责提供城市区域内公变的基础资料，通过电能计量中心对公变信息进行维护。

（10）客户服务中心为城市 10（6）kV 线损的主要管理单位，设专（兼）职线损管理专责。

其主要职责为：

1）认真贯彻执行上级有关节能降损的方针、政策、法规、标准及企业线损管理制度、规定等；

2）负责营销系统中城市区域线路的 10（6）kV 线损的分线管理和统计工作，每月汇总上报，并对线损情况进行分析，编制分析报告；

3）参加五中心线损分析会，汇报城市区域 10（6）kV 的分线线损指标完成情况，分析研究线损管理中存在的问题，组织制定降损措施；

4）负责城市区域线路专用变压器客户的无功管理；

5）负责城市区域线路专用变压器客户的用电检查和违窃电查处工作；

6）负责营销系统中城市线路考核单元等相关信息的管理维护工作。

（11）电费管理中心为城市 0.4kV 线损的主要管理单位，设专（兼）职线损管理专责。其主要职责为：

1）认真贯彻执行上级有关节能降损的方针、政策、法规、标准及企业线损管理制度、规定等；

2）负责营销系统中城市区域公用台区的分台区管理和统计工作，每月汇总上报，并对线损情况进行分析，编制分析报告；

3）参加五中心线损分析会，汇报城市区域低压分台区线损指标完成情况，分析研究线损管理中存在的问题，组织制定降损措施；

4）负责按照规定时间完成对城市区域线路上专用变压器、公用变压器及低压客户的抄表工作；

5）负责城市区域低压客户的违窃电查处工作；

6）负责营销系统城市区域客户抄表段与公用变压器及公用变压器考核单元信息的管理。

（12）农电服务中心为农村 10（6）kV 及以下的线损管理单位，设专（兼）职线损管理专责。其主要职责为：

1）认真贯彻执行上级有关节能降损的方针、政策、法规、标准及企业线损管理制度、规定等；

2）负责营销系统中农村区域 10（6）kV 线路及公用台区的分线、分台区管理和统计工作，每月汇总上报，并对线损情况进行分析，编制分析报告；

3）参加五中心线损分析会，汇报农村区域线路和低压台区的分压、分级、分线、分台区线损指标完成情况，分析研究线损管理中存在的问题，组织制定降损措施；

4）负责按照规定时间完成对农村区域线路上高供低计专用变压器、公用变压器及低压客户的抄表工作；

5）负责农村区域客户的违窃电查处工作；

6）负责农村区域电能计量装置的安装、验收、维护、现场校验、周期检定（轮换）及抽检工作；

7）负责农村区域内现场运行的计量装置的运行维护管理；

8）负责农村区域中低压配电网和客户无功管理；

9）负责农村区域内公用变压器的经济运行管理；

10）负责营销系统中农村范围内线路、公用变压器以及对应考核户、考核单元的基础资料管理。

（13）生产营销及各中心根据各自承担线损管理责任，将指标进行分解、下发，并对各承担班组进行考核。

（14）供电所是线损管理基层单位。其岗位职责为：

1）负责供电所所辖高低压线损管理工作，认真贯彻执行企业有关线损管理制度，制定、修改并落实供电所线损管理、考核办法及实施细则；

2）负责编制、上报供电所线损管理工作总结，编制分线、分台区线损率指标计划及低压配电网降损措施计划并组织实施；

3）参与低压典型台区理论线损计算工作，一般情况下至少每年计算一次，有条件的应做到每月计算一次；

4）负责供电所 10、0.4kV 高、低压线损的统计、分析工作，每月按时完成高、低压线损统计报表的编制工作，并于月底前报农电服务中心；

5）参加农电服务中心组织的月度线损分析会，汇报 10、0.4kV 低压线损指标完成情况，分析研究线损管理中存在的问题，组织制定降损措施；

6）负责组织召开每月一次的供电所线损分析会，通报 10kV 线路及分台区低压线损指标完成情况，分析研究低压线损管理工作中存在的问题及薄弱环节，组织制订降损措施并监督落实；

7）负责组织制定辖区低压抄表制度、程序，监督供电班（电工）严格执行，认真组织抄表工作，杜绝估抄、错抄和漏抄，做到电能表实抄率 100%，抄表准确率 100%；

8）负责组织各供电班（电工）搞好辖区电能计量装置的巡视检查，每季对台区电能计量装置巡视检查不少于一次，发现问题及时上报处理；

9）组织各供电班（电工）加强辖区用电营销管理工作，规范低压报装接电、临时用电管理工作，经常性地开展用电检查和反窃电工作，每年开展用电营业普查不少于两次，防止和查处窃电与违章用电；

10）经常深入各供电班及配电台区，对低压线损管理工作进行检查、指导，并根据线损指标完成情况及工作质量等，提出相应的考核意见；

11）组织辖区供电班（电工）加强中低压配电网的经济运行及无功、电压管理工作，保证农村综合配电变压器台区功率因数不小于 0.85，县城配电变压器台区功率因数不小于 0.90，配电变压器三相负荷不平衡率不大于 15%；

12）配合供电所安全专责组织各供电班（电工）对辖区中、低压配电线路进行巡视检查，及时清理树障，减少漏电损失；

（15）各级线损管理应严格执行工作流程，确保线损目标实现，线损管理的流程应清晰、明确、科学，并形成闭环管理。各级线损管理流程如图 3-2～图 3-7 所示。

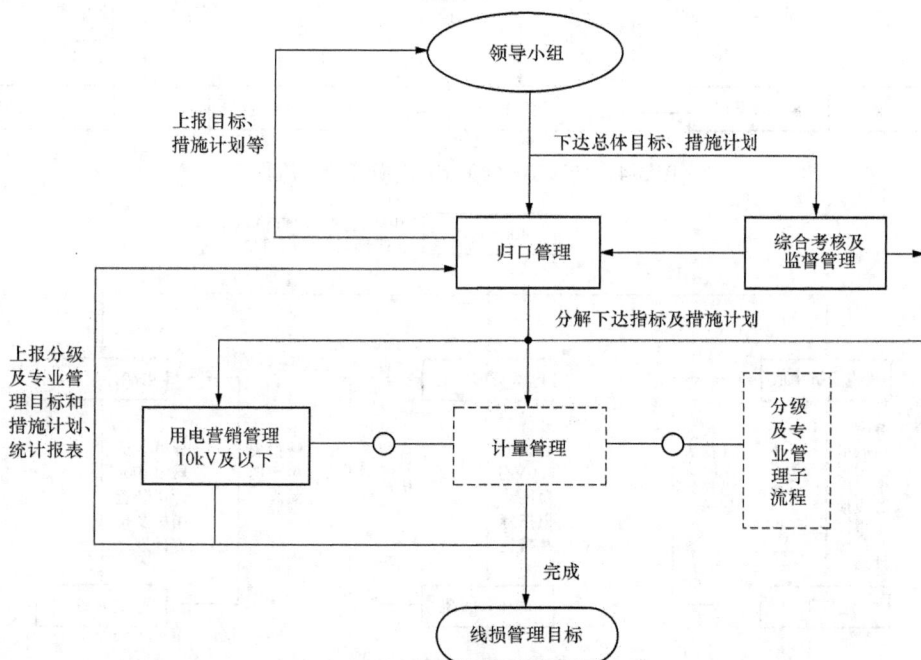

图 3-2　线损管理主流程

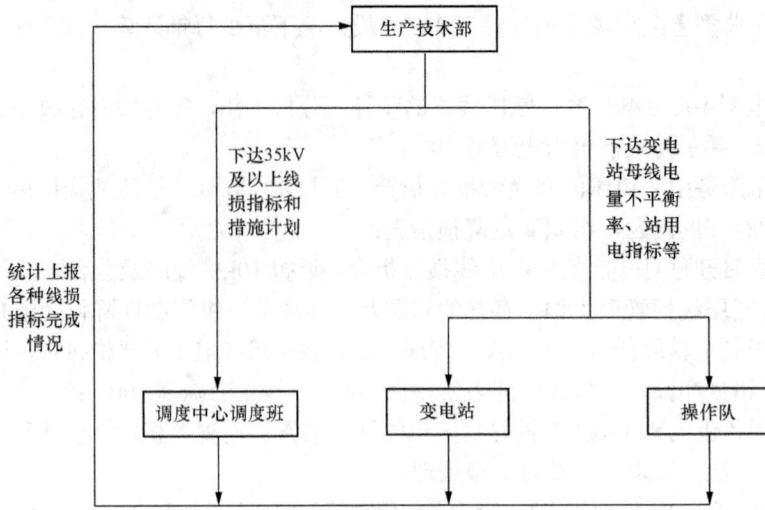

图 3-3　35kV 及以上电网线损管理子流程

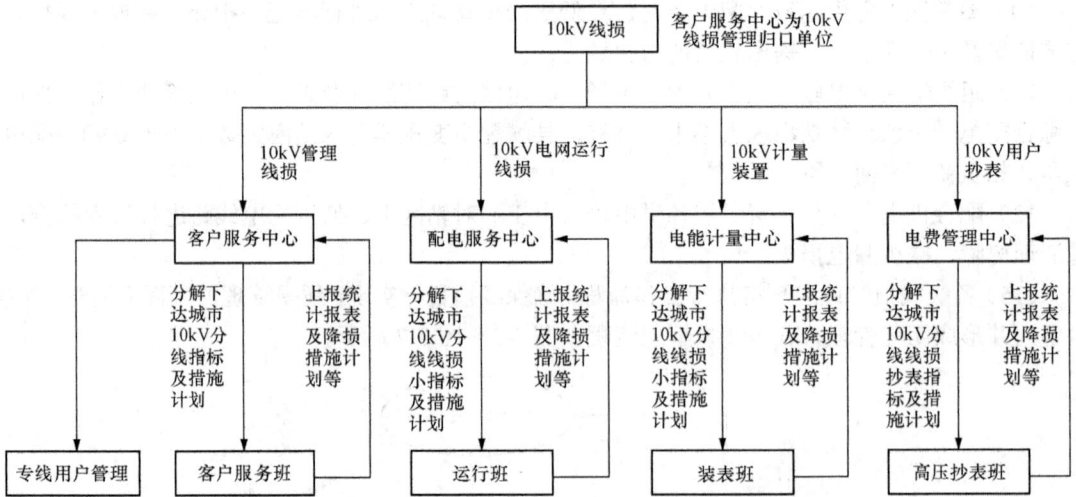

图 3-4　城市 10（6）kV 线损管理子流程

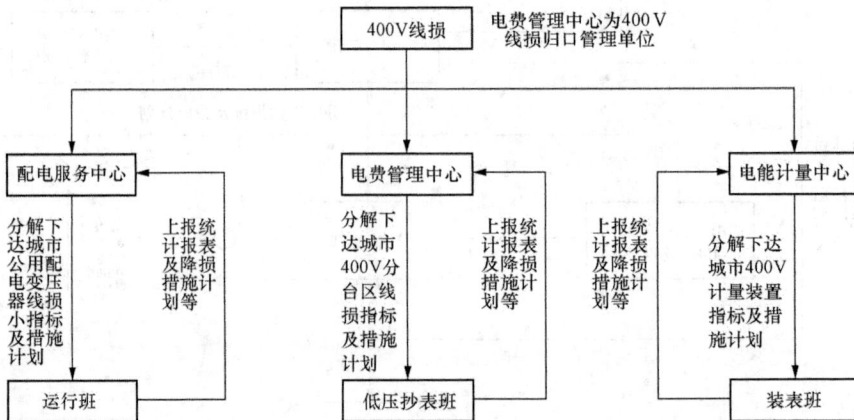

图 3-5　城市 0.4kV 线损管理子流程

2. 线损管理指标体系

（1）线损管理是以指标管理为核心的全过程管理。线损指标管理工作流程如图 3-8 所示。

（2）线损管理的指标体系由线损率指标和线损管理小指标两大类组成，其中线损率指标 8 个，线损小指标 16 个，线损率指标直接反映线损的管理水平；同时只有通过对线损管理小指标的控制，才能实现降低线损率的目的。

1）线损率指标体系：

a. 10（6）kV 及以上综合线损率。

b. 10（6）kV 及以上单条线路线损率。

c. 0.4kV 城区低压综合线损率。

d. 0.4kV 农村低压综合线损率。

e. 0.4kV 综合低压综合线损率。

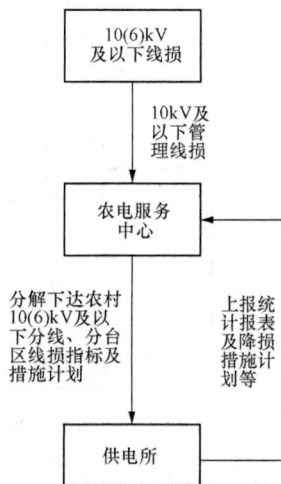

图 3-6 农村 10（6）kV 及以下线损管理子流程

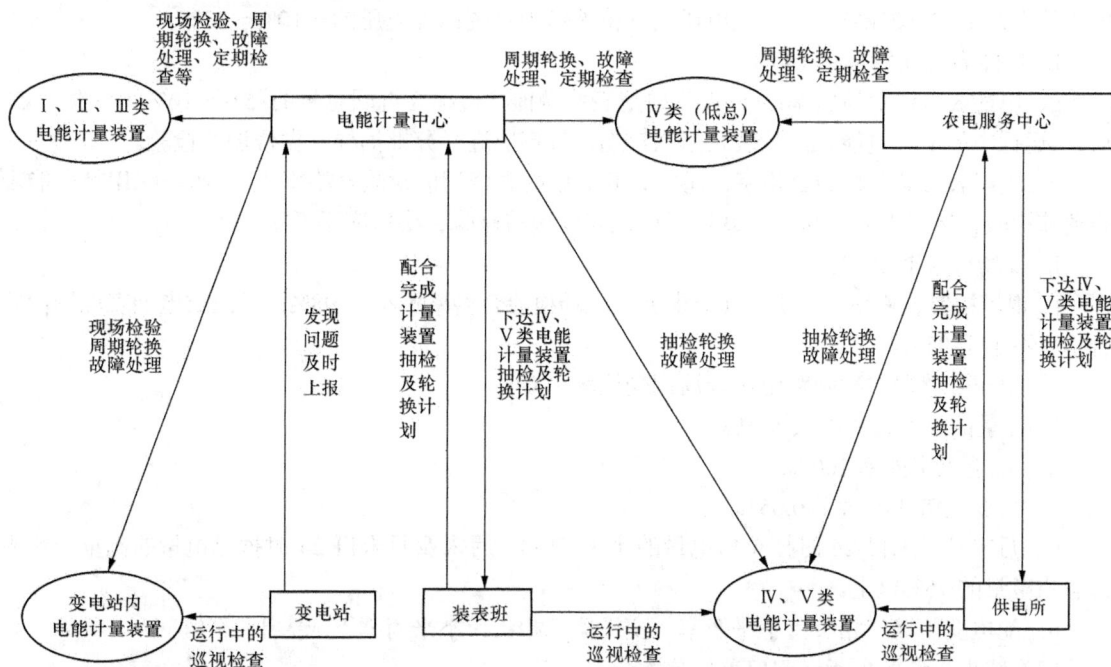

图 3-7 电能计量装置运行管理子流程图

f. 0.4～10（6）kV 综合线损率。

g. 0.4kV 单台区线损率。

h. 理论线损率：10（6）kV 单条线路、0.4kV 单台区线损率指标按实际制定。

2）线损管理小指标体系：

a. 母线电量不平衡率：关口表所在母线电量不平衡率的合格率不小于 95%。

b. 功率因数：①10（6）kV 出线功率因数不小于 0.9；②城市公用配电变压器台区功率因数不宜小于 0.9；③农村公用配电台区功率因数不小于 0.85；④客户功率因数符合国家考核标准；⑤100kVA

及以上高压供电的客户在电网高峰时功率因数为 0.9 以上；⑥其他电力客户和大、中型排灌站功率因数为 0.85 以上；⑦农业用电功率因数为 0.8 以上。

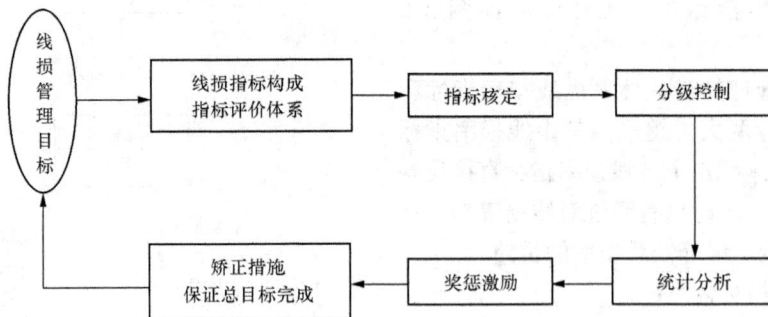

图 3-8 线损指标管理工作流程

c. 电容器可用率（可投运率）不小于 96%。

d. 综合电压合格率不小于 96%。

e. 电压允许偏差值（客户端）：①10（6）kV 及以下三相供电电压允许偏差值，为系统标称电压的±7%；②0.22kV 单相供电电压允许偏差值为系统标称电压的−10%～+7%。

f. 电能表周期轮换率 100%。

g. 电能表修调前检验率：Ⅰ-Ⅳ类电能表修调前检验率为拆回总量的 5%～10%（不少于 50 只）；运行中的Ⅴ类电能表，从装表第六年起，每年应进行分批抽样，做修调前检验。

h. 电能表修调前检验合格率：①Ⅰ、Ⅱ类电能表修调前检验合格率为 100%；②Ⅲ类电能表修调前检验合格率不低于 98%；③Ⅳ类电能表修调前检验合格率应不低于 95%。

i. 现场检验率 100%。

j. 现场检验合格率：①Ⅰ、Ⅱ类电能表现场检验合格率不小于 98%；②Ⅲ类电能表现场检验合格率不小于 95%。

k. 电压互感器二次回路电压降周期受检率 100%。

l. 计量故障差错率不大于 1%。

m. 电能表实抄率 100%。

n. 营业差错率不大于 0.05%。

o. 月末及月末日 24 时抄见售电量的比重（%）：月末及月末日 24 时抄见电量的比重一般应占总售电量的 75%以上。

p. 配电变压器三相负荷不平衡率：变压器三相负荷不平衡率不应大于 15%。

（3）线损管理各项指标归口单位分配表。

序号	线损指标分类	指标标准	控制部门	考核部门	考核周期
1	10(6)kV 及以上线路综合线损率(%)	小于计划指标	生产营销及各中心	发展策划部 营销部	月
2	10（6）kV 城市公用线路综合线损率（%）	小于计划指标	客户服务中心 电费管理中心 配电服务中心 电能计量中心	营销部	月
3	10（6）kV 城市单条线路线损率（%）	小于计划指标	客户服务中心 电费管理中心	营销部	月

续表

序号	线损指标分类	指标标准	控制部门	考核部门	考核周期
3	10（6）kV 城市单条线路线损率（%）	小于计划指标	配电服务中心 电能计量中心	营销部	月
4	10（6）kV 农村公用线路综合线损率（%）	小于计划指标	农电服务中心	营销部	月
5	10（6）kV 农村单条线路线损率（%）	小于计划指标	农电服务中心	营销部	月
6	0.4kV 低压综合线损率（%）	小于计划指标	电费管理中心 配电服务中心 电能计量中心 农电服务中心	发展策划部 营销部	月
7	0.4kV 城区低压综合线损率（%）	小于计划指标	电费管理中心 配电服务中心 电能计量中心	营销部	月
8	0.4kV 城区低压单台区线损率（%）	小于计划指标	电费管理中心 配电服务中心 电能计量中心	营销部	月
9	0.4kV 农村低压综合线损率（%）	小于计划指标	农电服务中心	营销部	月
10	0.4kV 农村低压单台区线损率（%）	小于计划指标	农电服务中心	营销部	月
11	0.4～10（6）kV 综合线损率（%）	小于计划指标	营销各中心	营销部	月
12	母线电量不平衡率（%）	小于计划指标	电能计量中心	营销部	月
13	10（6）kV 出线功率因数	≥0.90	配网调度	发展策划部 营销部	月
14	客户功率因数	国标	客户服务中心 农电服务中心	营销部	月
15	10（6）kV 线路电容器可用率（%）	≥96%	配电服务中心 农电服务中心	营销部	月
16	城市公用配电台区功率因数	≥0.90	配电服务中心	营销部	月
17	农村公用配电台区功率因数	≥0.85	农电服务中心	营销部	月
18	客户受电端电压允许偏差	国标	配电服务中心 农电服务中心	营销部	月
19	电压合格率	国标	配电服务中心 农电服务中心	营销部	月
20	配电变压器三相负荷不平衡率（%）	≤15%	配电服务中心 农电服务中心	营销部	月
21	电能表实抄率（%）	100%	电费管理中心 农电服务中心	营销部	月
22	月末及月末日 24 时抄见售电量的比重率（%）	≥75%	电费管理中心	营销部	月
23	营业差错率（‰）	≤0.5‰	电费管理中心 客户服务中心 电能计量中心 农电服务中心	营销部	月
24	电能表周期轮换率（%）	100%	电能计量中心 农电服务中心	营销部	月

序号	线损指标分类	指标标准	控制部门	考核部门	考核周期
25	电能表修调前检验率（%）	5%～10%	电能计量中心	营销部	月
26	电能表修调前检验合格率（%）	按标准	电能计量中心	营销部	月
27	现场检验率（%）	100%	电能计量中心 农电服务中心	营销部	月
28	现场检验合格率（%）	按标准	电能计量中心 农电服务中心	营销部	月
29	电压互感器二次回路电压降周期受检率（%）	100%	电能计量中心 农电服务中心	营销部	月
30	计量故障差错率（%）	≤1%	电能计量中心 农电服务中心	营销部	月

（4）双指标模式是指在下达线损指标时，分别下达两个层次的线损指标，第一个层次的指标称为考核指标，第二个层次的指标称为激励指标，同时根据公平原则，保证同类线路或台区下达的指标相同、相近。考核指标属于相对易于完成的指标，一般以线损的平均管理水平为依据，被考核单位完成该指标后不奖励或少奖励，若完不成，则重罚，实现对考核单位的负强化激励。激励指标是根据各单位实际，一般以不同程度高于线损的平均管理水平为依据，被考核单位能完成则重奖，完不成则少奖，实现对考核单位的正强化激励。为了更好地降低线损，各单位根据各自情况制定各自班组双指标考核方案。

3. 线损管理技术措施

（1）一个布局合理、结构优化的电网及科学合理的设备选型既是降低电网技术（理论）线损的基础，又是保证电网长期安全、稳定及经济运行的前提。各单位应充分认识电网规划与建设在线损管理技术体系中的基础性地位和重要作用，在规划与建设阶段，必须将节能降损作为一个重要环节统筹考虑。

（2）供电范围的优化，即合理确定各级的优化供电半径。城市供电半径：10（6）kV 供电半径不大于 3km，0.4kV 线路供电半径不大于 0.3km；农村供电半径：10（6）kV 供电半径不大于 15km，0.4kV 线路供电半径不大于 0.5km。

（3）变压器容量优化。变压器容量优化的原则，应当是在满足规划设计期最大负荷需求的前提下，使整个规划期的变压器年计算费用总和为最低。

（4）无功规划与建设。根据无功补偿"全面规划，合理布局，分级补偿，就地平衡"的基本原则，对于 10（6）kV 及以下的供电网络的无功补偿，遵循客户就地补偿是最大的原则，实现无功功率的分区平衡，防止电压大幅度波动。

基于以上原则，无功补偿装置的配置方式主要应有：10（6）kV 线路（杆上安装）补偿、（配电变压器台区）低压集中补偿和客户终端补偿。补偿装置安装方式的集中与分散是相对而言的，关键在于"以分散为主"，尽最大可能地做到"就地平衡"。

（5）合理组织电力网的运行方式。提高经济运行调度水平，重点做好定期编制电网经济运行方式，调度运行管理部门应定期进行 10（6）kV 及以上电网潮流计算、理论线损计算和分析，并在此基础上编制年度经济运行方式，作为经济调度与运行的依据并严格执行。

当电网结构或负荷分布情况发生较大的变化时，及时对现行的电网进行重新计算、分析，调整和完善运行方式。在营销及调度运行管理工作中，重视负荷调整，实行高峰让电、限电，有计划地削峰填谷，缩小负荷峰谷差，从而起到降低线损的作用。

（6）积极推广应用电能采集、配电变压器在线监测、节能型变压器等新技术、新工艺、新设备和新材料，依托科技进步降低线路线损。建立和完善新技术应用的管理制度，强化运行管理工作，充分发挥新技术对管理的促进作用。

4. 线损管理的保证体系

（1）科学、规范、开放的线损管理模式构建于科学完善的线损管理体系、技术体系和保证体系。三大体系中管理是核心，技术是手段，保证是支持，保证体系为管理体系与技术体系的有效动作提供良好的人员素质保证、组织保证、监督机制和激励机制，其内容包括线损管理组织保证、制度保证、人员素质保证、监督激励。

（2）各管理单位要认真完成线损指标，严格落实降损节能的管理措施与技术措施，结合本部门特点与实际建立具有清晰的职位层次顺序、流畅的意见沟通、有效地协调与合作的线损管理组织。

（3）各单位主管领导要高度重视线损管理工作。根据线损管理目标与线损管理网络做好如下工作：

1）要求配备适当的线损管理人员；

2）按照效率优先的原则，划分线损管理网络机构和岗位的职责与权限，确定相互之间的组织关系、配合关系以及从属关系；

3）保持线损管理网人员队伍稳定，特别是线损管理归口部门的专职线损员工工作相对稳定；

4）注重线损管理网纵向和横向沟通与信息处理；

5）注重对线损管理网人员的激励（奖励、处罚、晋级、培训、使用等）工作；

6）根据电网和市场变化及时调整组织管理模式和关系。

（4）强化线损管理工作的全员参与性。全员参与是做好线损工作的有力保证。线损管理不单纯是线损管理网络人员的工作，而是企业增收节支的整体行为，"降损节电，人人有责"、"人人都是企业的线损管理员"。企业员工除了在各自岗位上，把工作有意识的融入线损管理中外，还需要在日常生活行为和社会行为中关注和支持线损工作，宣传节约用电，自觉地与窃电、破坏电力设施的行为作斗争等。

（5）建立、健全线损管理网络各岗位职责与工作标准是线损管理一项基础工作。各岗位人员要认真履行职责，保质保量完成分配任务。

（6）建立、健全线损管理制度是降损节能重要保证。为满足对降损节能全过程的管理、控制，必须建立完善的线损管理制度。

（7）各单位要建立、健全班站线损管理制度，班站设专人负责线损统计、分析、考核和其他线损管理工作。

（8）各单位根据本单位实际情况建立线损分析例会制度，及时发现和纠正管理过程中出现的问题，并对以后的线损进行预测，制定降损措施。

（9）电费管理中心和农电服务中心根据本单位实际情况建立同步抄表核算管理制度，消除因抄表时间出现的线损波动。

（10）电能计量中心根据本单位实际情况建立定期母线电能平衡制度，采取多级电能平衡方法，分析线损，监控表计运行。

（11）电能计量中心根据本单位实际情况建立计量表计管理制度，制定电能计量装置管理年度计划，明确计量表的管辖权限和电能计量装置运行、维护、检验实施细则，积极推广应用新技术、新产品，提高计量准确度。

（12）配电服务中心和农电服务中心积极与调度配合，根据本单位实际情况建立电网经济运行管理制度，制定运行方式管理办法和负荷率调整管理办法，搞好配电变压器低压三相负荷测试与调整管理办法，提高电网经济运行方式。

（13）营销部及时指导和积极配合各中心，根据本单位实际情况制定建立相对独立的班组线损管理考核与奖惩制度。各级线损率指标纳入经营者责任制考核，加大线损考核力度，实行奖优罚劣，对完不成线损指标计划、弄虚作假的班组和个人，进行必要的处罚。

（14）供电企业根据本单位实际情况制定线损管理与降损节能培训管理制度，为电网线损管理人员提供素质保证。培训以提高综合管理素质和技术素质为主，主要包括有关法律、法规职业道德以及降损节能、线损管理专业知识及相关专业知识和电能计量、电压与无功管理、电网经济运行等。培训方式灵活多样，可采取专家培训、技术研讨、集中诊断、岗位培训、技术比武等多种形式，严格培训纪律，公平公正考试考核。学员培训纪律和考试成绩列入经济责任制考核内容，兑现奖罚。

1）专（兼）职线损管理员基础素质要求如下：

a. 线损归口管理部门的线损员应具有大专及以上对口或相近专业学历并对其他专业、部门的相关业务知识有必要的了解。

b. 有关部门的专（兼）职线损员应具有中专及以上对口或相近专业学历并对其他专业、部门的相关业务知识有必要的了解。

c. 班站线损管理员应具有高中及以上文化水平、且经线损岗位培训后合格。

2）建立完善的培训管理体系。降损节电技术、设备的不断更新，现代化、信息化管理手段的不断进步，都要求企业加强对有关降损节电和线损管理的业务培训，特别是注意线损员的知识更新和素质提高。企业要从以下几个方面建立完善的培训体系，保证培训效果。

a. 参加线损管理知识培训的人员。有关领导和线损管理网全部人员；用电营业（包括农电工）人员；用电检查、稽查人员；电能计量人员；企管、财会和其他有关人员。

b. 确定适当的培训内容。《电力法》和相关法规知识；敬业、诚信和职业道德教育；降损节能、线损管理专业知识及相关专业知识；线损基础知识；线损理论计算；电网经济运行；电压与无功管理；营业管理与降损；计量装置管理与降损；降损节能新技术、新设备；其他相关知识。

c. 采取多种多样的培训方式、方法。企业内部的在岗培训、脱产培训；参加上级举办的专业培训；请专家做专题报告；参观学习与经验交流。

d. 落实培训计划。由人力资源部编制培训计划并列入企业培训计划；确定、落实参培的人员、时间、培训内容、学时、师资等。

e. 严格考试与考核。严格培训纪律、认真授课、公平公正考试考核；学员培训纪律和考试考核成绩列入企业经济责任制考核内容，兑现奖罚；建立线损培训档案；各线损管理员要积极参加岗位资格培训，经培训并考试、考核合格取得线损员岗位资格证书。

5. 线损的统计、分析

（1）线损统计是线损率指标考核的基础，线路损失以线路出线总表和线路连接的变压器二次侧计量总表为考核依据。低压线路以配电变压器二次侧计量总表和该变压器所接低压客户计费表为计算考核依据。

（2）统计与分析。线损的统计分析工作是线损全过程闭环管理的重要环节。正确、及时、科学的线损统计分析可以找到线损管理中存在的不足，揭示线损管理中被表象所掩盖的症结，为下一阶段节能降损工作指明重点和方向，使节能降损工作开展得更有目的性和针对性；另外通过客观的统计分析，可以落实各单位线损管理责任，也是全面落实线损指标考核的依据和基础。

（3）线损统计形式和分析方法：

1）线损统计形式：表格式、图形式。

2）线损分析的方法：

a. 电能平衡分析法。电能平衡分析就是对输入端电量与输出端电量的比较分析。主要用于变电站（所）的电能输入和输出分析、母线电能平衡分析。计量总表与分表电量的比较，用于监督电能计量设备的运行状态和损耗情况，使计量装置保持在正常运行状态。

b. 实际线损与理论线损对比分析法。理论线损只包括技术损耗，不包括管理损耗。营销部负责组织对 10（6）kV 分线的理论计算，要求每年计算一次，并写出分析报告。0.4kV 低压典型台区的理论计算较复杂，电费管理中心和农电服务中心每年必须对典型台区计算一次，并有计算结果报告在发展策划部备案。将实际线损与理论线损进行比较，差别超过 3%的要进行分析，找到差别的原因，并提出下一步整改措施。

c. 固定损耗与可变损耗比重对比分析法。各单位将线路上变压器固定损耗比重与可变损耗比重进行对比分析，并将分析情况录入线损分析报告，并提出下一步整改措施。

d. 实际线损与历史同期比较分析法。线损分析报告应包含历史同期线损率，实际线损与历史同期出入超过 3%的要说明情况，并提出下一步整改措施。

e. 与平均水平比较分析。分线、分台区线损率高于平均水平 5%的要说明情况，并提出下一步整改措施。

f. 与先进水平比较分析。

3）线损统计分析内容与形式：

a. 负责控制管理的指标完成情况。

b. 实际线损与计划、同期及理论线损相比升降情况。

c. 线损升降的原因分析。

d. 需要采取的降损控制措施。

e. 分析形式：线损分析会、分析报告。

f. 统计分析频率：月、季、年。

g. 各统计报表控制单位。

序号	报 表 名 称	控制单位	呈报单位
1	10（6）kV 及以下综合线损报表	客户服务中心 农电服务中心	营销部
2	10（6）kV 公用线路分线线损报表	客户服务中心 农电服务中心	营销部
3	0.4kV 公共台区分台区线损报表	电费管理中心 农电服务中心	营销部
4	各变电站母线不平衡率报表	电能计量中心	发策部
5	10（6）kV 功率因数报表	配电服务中心 农电服务中心	营销部
6	各单位自用电报表	生产营销各单位	发策部

（4）线损波动因素分析与控制。线损的波动因素，可以归纳为六类，详见图 3-9。

图 3-9　线损波动六因素图

各单位要结合电网与工作实际对线损波动诸因素认真分析与控制研究。

（5）其他。加强各单位用电管理，制定具体的办公用电管理规定，推广节能灯具和其他节能办公设备，杜绝用电浪费现象。

四、线损管理标准化验收应用分析

（一）业务简介

为积极适应营销各中心机构的改革，进一步增强生产营销线损管控力度，达到降低线损的目的，需要对线损的管理情况进行评价验收，保证管理落到实处。

线损标准化验收适用于评价生产营销的线损管理标准化工作，分必备条件和考核条件两部分内容。必备条件全部满足且各项考核内容达到或超过达标规定分数，认定达到线损管理标准化要求，否则视为未达到标准化管理要求。

（二）业务流程

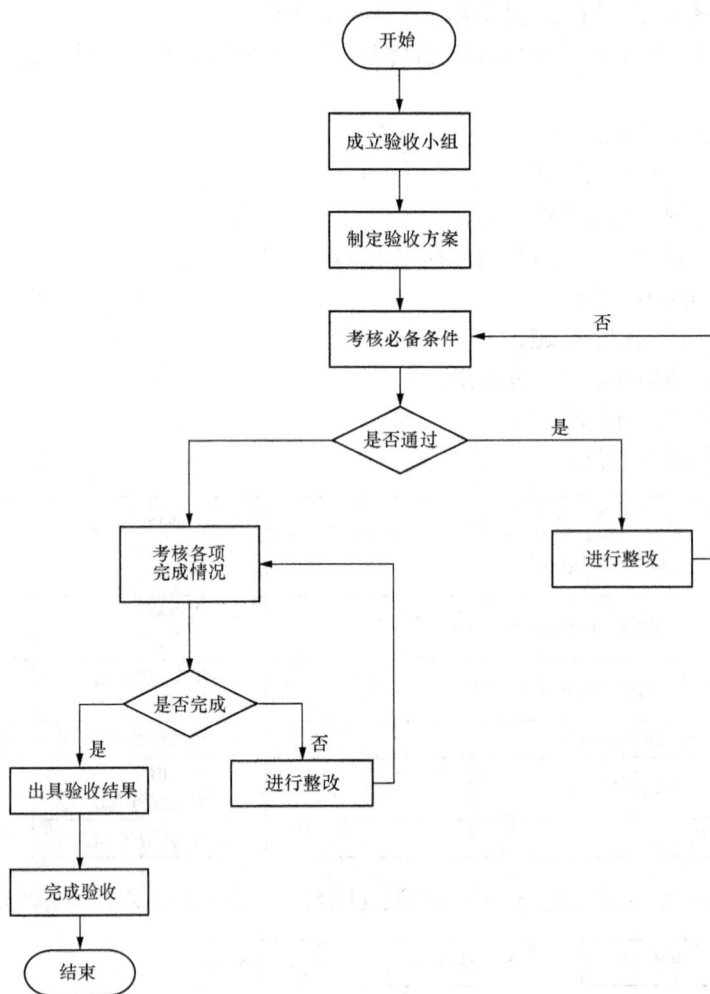

（三）环节参与分配

编号	流程环节	环 节 描 述	环节参与者
1	成立验收小组	由供电企业经理负责领导，建立由生产、运行、营销、计划、调度、农电、计量等部门负责人组成营销线损验收小组	企业各相关线损管理部门

续表

编号	流程环节	环　节　描　述	环节参与者
2	制定验收方案	验收小组根据有关部门的业务职能，制定验收方案	营销线损验收小组
3	考核必备条件	营销线损验收小组根据必备条件要求，对营销线损管理单位进行验收。如果发现没有达到要求，被考核单位要限期整改完毕，并提请验收小组进行验收	营销线损验收小组
4	考核各项完成情况	线损验收小组根据验收方案中除必备条件外其他线损各项要求，对线损管理单位进行验收。如果发现没有达到要求，被考核单位要限期整改完毕，并提请验收小组进行验收	线损验收小组
5	出具验收结果	根据验收情况出具考核验收考核结果，并对外公布	线损验收小组

（四）工作表单

项目	标　准　要　求	检　查　内　容	是否完成
必备条件	领导重视线损管理工作。有降损节能规划并列入企业发展规划；主管领导主持线损分析会；经常听取线损管理工作汇报；协调解决有关问题；支持和保证降损措施落实	1. 发展规划； 2. 降损节能规划； 3. 年度降损措施计划； 4. 线损管理制度汇编； 5. 线损分析会记录、会议纪要	
	线损管理体系健全。线损管理领导小组职责落实；归口管理部门和其他相关部门职责清晰、层次分明；各级专（兼）职线损员能胜任岗位工作	1. 建立线损领导小组和线损管理网文件、线损管理网络图，并查是否与实际相符； 2. 专（兼）职线损员基本情况花名册； 3. 线损员和有关部门工作标准、管理标准	
	完成上级下达的线损率指标	1. 上级下达的有关计划指标文件； 2. 年度线损指标完成情况计算报告	
	线损工作实施了过程控制、精益管理，降损节能效果、效益显著，总结报告有较高水平	1. 现场检查线损管理的过程控制及有关技术资料。 2. 线损标准化管理实施总结报告	

项目	标　准　要　求	检　查　内　容	评分办法	标准分	得分
线损综合管理	有完善的线损管理标准、制度，建立了线损管理网并定期开展活动；有胜任工作的专（兼）职线损员；线损小指标管理有效；线损管理的归口部门和相关部门有明确的分工；经济责任制考核落实	具有以下线损管理制度： 1. 线损计划、指标管理办法，线损小指标管理办法； 2. 线损管理的部门职责，线损分析例会制度； 3. 电力营销管理的有关制度，电能计量管理的有关制度； 4. 电网经济运行的有关制度，线损管理考核与奖惩制度； 5. 线损管理与降损节能培训管理制度； 6. 节能新技术、新设备运行管理制度； 7. 线损统计分析报告制度，线损管理网络图； 8. 线损员基本情况花名册； 9. 线损分析例会记录、会议纪要； 10. 线损小指标考核资料； 11. 经济责任制考核资料（线损管理）	缺一项扣6分，不符合要求扣3分，考核资料不全扣3分	60	
	定期开展线损理论计算	线损理论计算资料	少算一条扣5分，计算报告书不完整扣3分	40	
	有年度降损措施计划，完成率100%；降损措施有实效	1. 降损措施计划落实情况、计算完成率； 2. 阅降损措施项目效益分析报告	完成率每低1%扣5分，分析报告不符合要求扣5分	30	
	实现线损分级、分压、分线、分台区管理，各类统计分析资料齐全	1. 企业下达的线损指标分解文件； 2. 10（6）kV分线路线损率明细台账和月统计分析资料；	缺一项扣10分，不完善扣5分	120	

项目	标 准 要 求	检 查 内 容	评分办法	标准分	得分
线损综合管理	实现线损分级、分压、分线、分台区管理，各类统计分析资料齐全	3. 配电变压器台区分台区低压线损率统计明细台账和以供电所为单位的分析统计资料； 4. 变电站母线电量不平衡率统计计算资料和有关超标的分析报告以及处理结果资料； 5. 相关的图纸、运行月报表、电量月报表、线损月报表、母线不平衡率统计月报表、购电量报表等基础资料	缺一项扣 10 分，不完善扣 5 分	120	
营销管理	实绩指标			100	
	1. 电能表实抄率：动力户 100%，照明户 100%	1. 客户档案、业扩报装资料（包括报停、注销、临时用电等）； 2. 月抄表统计月报表； 3. 电能计量装置运行档案	档案资料不完善扣 5 分，实抄率每低 1%扣 3 分	20	
	2. 电能表抄见差错率不大于 0.05%；无电量、电费重大差错（不大于 1 万 kWh，不大于 1 千元）	有关电量、电费差错的考核、处理记录资料	大于 0.05%扣 10 分，未考核扣 15 分	20	
	3. 执行功率因数调整电费，正确执行率 100%	1. 功率因数调整电费文件； 2. 执行功率因数调整电费的客户档案； 3. 执行功率因数调整电费的有关统计资料； 4. 抽查不少于 10 份属调整范围的客户电费发票	缺一项扣 5 分，发现一户未执行扣 3 分	20	
	4. 重视用电检查工作，按规定周期开展用电检查，完成率 100%	1. 用电检查机构和用电检查人员花名册； 2. 年度用电检查计划及用电检查记录； 3. 发现问题的处理结果和整改措施； 4. 用电检查工作单	缺一项扣 5 分，不符合要求扣 3 分，工作单审批程序不完善扣 2 分，完成率每低 1%扣 3 分	20	
	5. 违章及窃电处理率 100%	抽查不少于 6 个月的违章和窃电处理记录	未按规定处理每件扣 5 分，处理率每低 1%扣 5 分	20	
	工作质量			100	
	1. 营销管理制度健全，执行严格	1. 具有以下营销管理制度：业扩报装管理制度、临时用电管理制度、抄、核、收管理制度、大客户管理制度、客户无功管理制度、用电检查、营业普查制度、预防与查处窃电制度； 2. 营业经济责任制考核资料	缺一项制度扣 5 分，内容不完善每项扣 2 分，考核资料不完善扣 5 分	20	
	2. 抄、核、收各环节内部监督机制健全	有关抄、核、收各环节的监督制约管理办法； 有关抄、核、收人员的检查、考核记录	缺一项扣 5 分，不完善扣 5 分，无有关检查、考核记录扣 10 分	20	
	3. 重视用电检查，发现违章用电、窃电查处及时	1. 有用电检查的制度、程序是否符合上级规定； 2. 用电检查人员是否做到职责、任务、时间、措施四落实，工作单是否齐全、审批程序正确； 3. 客户违章用电、窃电查处记录，处理和整改通知单	缺一项扣 5 分，不符合要求扣 2 分，无整改措施扣 5 分	10	
	4. 经常性检查与营业普查相结合，营业普查每年至少组织一次	1. 营业检查记录； 2. 营业普查资料	无记录扣 10 分，不完善扣 3 分，未组织普查扣 10 分	20	
	5. 营业记录及资料完整	1. 客户用电档案； 2. 业扩报装资料（含注销、报停、临时用电等）；	缺一项扣 5 分，不符合要求扣 3 分	30	

续表

项目	标 准 要 求	检 查 内 容	评分办法	标准分	得分
营销管理	5. 营业记录及资料完整	3. 供用电合同； 4. 客户违章用电、窃电处理记录； 5. 营业差错、事故处理记录； 6. 营业检查、普查及缺陷记录； 7. 计量故障、差错处理记录； 8. 停止供电通知书	缺一项扣5分，不符合要求扣3分	30	
电能计量装置管理	实绩指标			100	
	1. 电能表周期轮换（校验）率100%	1. 电能计量装置台账、校验计划、校验记录； 2. 实际计算完成率，实地随机抽查不少于3个台区	每低1%扣3分，发现一台不实扣5分	30	
	2. 电能表修调前检验率按规程（DL/T 448—2000）要求完成	1. 电能计量装置台账、校验计划、校验记录； 2. 实际计算完成率	每低1%扣3分	10	
	3. 电能表修调前检验合格率：Ⅰ、Ⅱ类100%，Ⅲ类不小于98%，Ⅳ类不小于95%	1. 电能计量装置台账、校验计划、校验记录； 2. 实际计算完成率	每低1%扣3分	10	
	4. 电能表现场检验率100%	1. 电能计量装置台账、校验计划、校验记录； 2. 实际计算完成率	每低1%扣3分	20	
	5. 电能表现场检验合格率：Ⅰ、Ⅱ类不小于98% Ⅲ类不小于95%	1. 电能计量装置台账、校验计划、校验记录； 2. 实际计算完成率	每低1%扣3分	10	
	6. 电压互感器二次回路压降周期受检率100%	1. 电压互感器台账、校验计划、校验记录； 2. 实际计算完成率	每低1%扣3分	10	
	7. 计量故障差错率不大于1%	1. 电能计量装置台账； 2. 计量故障登记簿，计量故障处理资料	每高1%扣5分	10	
	工作质量			50	
	1. 电能计量装置管理制度健全，电能计量技术管理机构符合要求	1. 企业电能计量管理制度、标准； 2. 企业关于贯彻《电能计量装置技术管理规程》（DL/T 448—2000）的实施细则； 3. 企业电能计量技术管理机构人员花名册、检定设备（计量标准器）台账	缺一项扣5分，不符合要求扣3分	15	
	2. 电能计量技术管理机构和供电所均有年度"电能计量装置检定、维护、管理计划"并认真落实	1. 电能计量技术管理机构和供电所年度计量工作计划； 2. 抽查以上计划执行落实	无计划扣10分，不落实扣5分	10	
	3. 用电营业（含供电所）部门对运行中的电能计量装置能做到：按周期巡视、计量箱（柜）完好、缺陷处理及时、运行档案、资料齐全	1. 计量装置巡视制度； 2. 计量装置巡视记录及缺陷记录； 3. 计量工作票和计量故障处理记录； 4. 现场抽查不少于5台（套）运行中的计量装置； 5. 检查运行档案与实际是否相符	无制度扣5分，记录不符合要求扣3分，每处缺陷扣1分，档案资料不全、不实扣3分	25	
电网经济运行	实绩指标			100	
	1. 在电网规划设计中将降损节能、电压质量和无功优化配置作为规划设计的重要原则并实际实施	1. 企业中长期电网发展规划； 2. 近期竣工投运的电网建设（改造）工程图纸； 3. 新建工程运行数据	规划未经批准扣5分，未能达到经济运行每项扣5分	20	
	2. 电网经济运行制度健全	1. 电网经济运行制度； 2. 变压器经济运行管理制度； 3. 负荷率调整管理制度； 4. 配电变压器低压三相负荷测试与调整管理制度	缺一项扣10分	20	

续表

项目	标准要求	检查内容	评分办法	标准分	得分
电网经济运行	3. 配电网运行经济	1. 空载变压器停运记录； 2. 子、母变运行方式调整记录； 3. 配电变压器低压三相负荷测试与调整记录； 4. 现场抽查运行中配电变压器不少于 3 台	缺一项记录扣 20 分，未采取经济运行措施每台扣 10 分	60	
电压与无功管理	实绩指标			50	
	1. 供电综合电压合格率不小于 96%	1. 各电压检测仪及记录资料（高低压客户电压监测点的记录以自动记录仪记录的数据为准，各变电站电压监测点的记录以调度自动化遥测的数据或已安装的自动记录仪记录的数据为准）； 2. 电压监测点分布图； 3. 各月份电压合格率报表	每降低 1% 扣 5 分，电压监测点少一处扣 5 分	20	
	2. 功率因数：10（6）kV 系统不小于 0.9	10（6）kV 及以上单条线路功率因数统计资料	资料不全扣 5 分，每发现一处达不到标准扣 3 分	20	
	3. 电容器可用率不小于 96%	1. 电容器可用率统计报表； 2. 电容器台账，设备缺陷记录	每降低 1% 扣 3 分，记录不完整扣 3 分	10	
	工作质量			50	
	1. 重视电压和无功管理。有专业领导小组和管理网；管理制度健全；定期召开分析例会；电压与无功管理专责人能胜任岗位工作；电压与无功统计报表和有关技术资料、台账齐全；坚持有关经济责任制考核	1. 建立电压与无功管理领导小组和管理网的文件； 2. 电压与无功管理制度； 3. 企业电压与无功管理目标分解文件，经济责任制考核资料； 4. 调压与无功补偿装置台账，电压与无功统计报表； 5. 电压与无功管理分析例会记录； 6. 季度、年度电压与无功管理分析报告	缺一项扣 5 分，不符合要求一项扣 3 分	20	
	2. 电压与无功补偿装置科学管理；按电网需要投、退	1. 调度运行记录，电容器操作记录； 2. 电容器可用率报表； 3. 现场查看电网电压与无功数据	缺一项扣 5 分，管理失当每台、处扣 3 分	20	
	3. 电压监测点的设置、测量及统计分析符合有关规定	1. 电压监测仪台账； 2. 电压监测点分布图； 3. 实地抽查电压监测点每类不少于 1 个； 4. 电压合格率统计分析资料	缺一项扣 3 分，少一处扣 3 分	10	
培训	1. 企业领导重视线损管理人员素质；企业有年度线损管理与降损节能培训计划并列入企业培训计划	1. 企业线损管理与降损节能培训计划； 2. 企业培训计划	缺一项扣 5 分，不符合要求扣 5 分	25	
	2. 培训计划落实，培训资料、档案齐全	有关培训资料、档案	计划不落实扣 5 分，资料不全扣 5 分	25	
线损管理信息化	营销系统线损管理功能全部使用，能满足线损管理工作需要	1. 系统技术资料； 2. 系统应用资料； 3. 实际操作演示	缺一项扣 10 分，每一处缺陷扣 5 分	50	
新技术应用与管理	1. 应用节能新技术、新设备。有可研报告，项目实施计划，有结项分析总结，技术资料齐全	1. 项目可研报告； 2. 项目实施计划； 3. 试运行报告和结项总结、节能效益分析； 4. 其他技术资料； 5. 现场检查项目实施运行情况	应用一项及以上且资料完整得满分。资料每缺一项扣 5 分	30	
	2. 应有电压合格率分析、电量平衡分析、电网无功分析、电网力率分析、线损统计分析、理论线损计算与分析等功能的信息管理系统	1. 信息系统经过验收，具备正式评价报告； 2. 实际操作演示； 3. 充分进行资源整合，管理信息化	无信息化管理平台扣 20 分，缺项扣 5 分	20	

续表

项目	标 准 要 求	检 查 内 容	评分办法	标准分	得分
新技术应用与管理	3. 应用远抄、集抄、无功电压优化运行集中控制系统等管理技术手段，效果明显	1. 项目技术说明书； 2. 项目实施总结及效益分析报告； 3. 现场检查设备运行及使用情况	应用一项及以上且资料完整得满分。资料每缺一项扣5分	30	
	4. 线损管理创新（管理机制、管理手段、监督激励措施）2～3项，效果、效益明显	1. 管理创新项目简介； 2. 项目推广效益总结； 3. 现场考察项目推广实施情况	有一项及以上具有推广价值项目，且资料完整得满分。资料每缺一项扣5分	20	

（五）工作要求

1. 必备条件

（1）领导重视线损管理工作。有降损节能规划并列入企业发展总体规划；主管领导主持线损分析会；听取线损管理工作汇报；协调解决有关问题；支持和保证降损措施落实。

（2）线损管理体系健全。线损管理领导小组职责落实；归口管理和其他相关部门职责明确；各级专（兼）职线损员素质和实际工作能力能胜任工作。

（3）完成上级下达的线损率指标。

（4）按照要求，对线损工作实施了过程控制、精益管理，降损节能效益显著。

2. 考核内容及评分

考 核 内 容	标准分	达标分	考 核 内 容	标准分	达标分
一、线损综合管理	250	200	五、电压与无功管理	100	80
二、营销管理	200	160	（一）实绩指标	50	40
（一）实绩指标	100	80	（二）工作质量	50	40
（二）工作质量	100	80	六、培训	50	40
三、电能计量装置管理	150	120	七、线损管理信息化	50	40
（一）实绩指标	100	80	八、新技术应用及管理创新	100	80
（二）工作质量	50	40	合　计	1000	800
四、电网经济运行	100	120			

3. 考评说明

（1）达标条件：必须符合四项必备条件的要求，且每项得分不低于标准分的80%。

（2）考评中，每小项累计扣分不超过该项标准分。

五、配网线损管理应用分析

（一）业务简介

配网线损是配用电过程中所产生的电能消耗和损失。配网线损率是衡量电网线损高低的重要指标，它综合反映和体现了电力系统规划设计、生产运行和营销经营管理的水平，是供电企业的一项重要经济技术指标。

配网线损管理应遵循"监督完善，不留漏洞；分清责任，奖罚得当"的原则进行，充分调动各级线损管理人员工作积极性。明确企业、中心、班组三级管理职责，重点强化高压线损、完善和规范低压线损管理。

各级要建立完善的线损管理制度，将线损率降低到合理的水平。

（二）业务流程

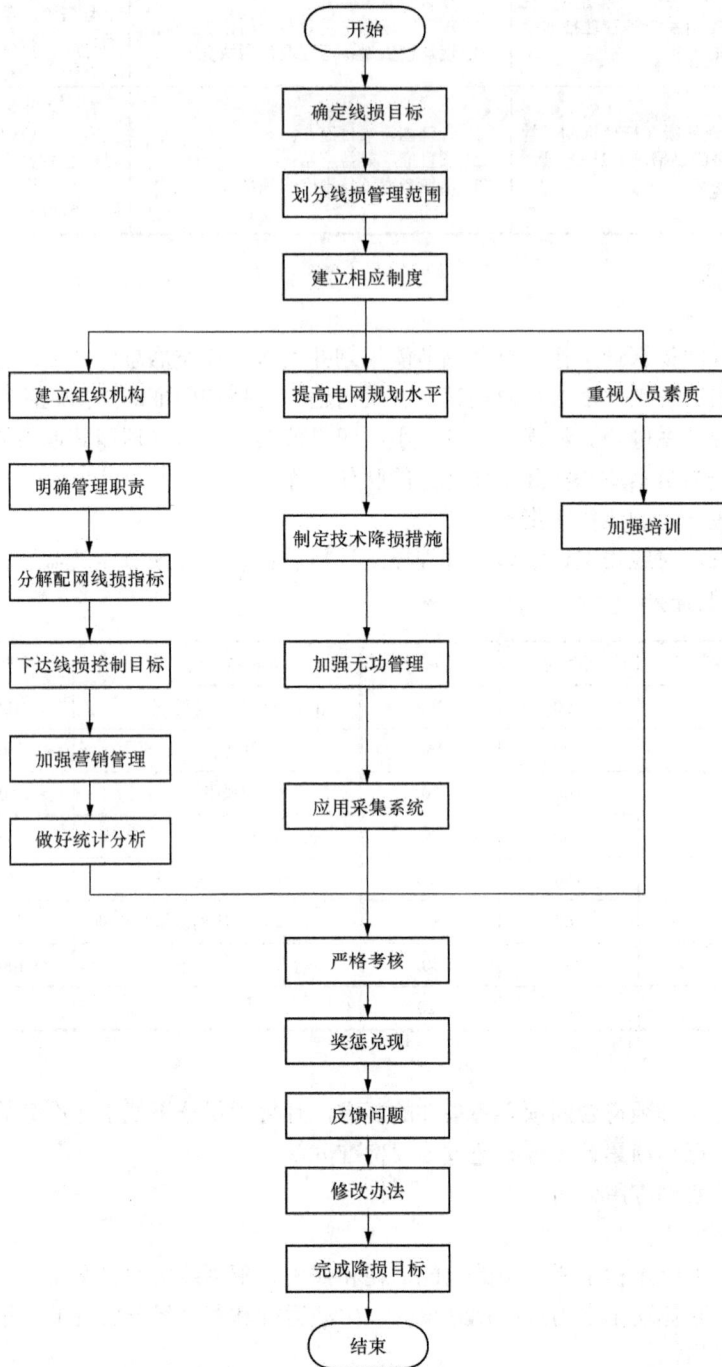

（三）环节参与分配

编号	流程环节	环 节 描 述	环节参与者
1	成立机构	由供电企业经理负责领导，建立由生产、运行、营销、计划、调度、农电、计量等部门负责人组成线损管理领导小组	企业各相关部门
2	明确责任	线损管理领导小组根据有关部门的业务职能，明确各单位责任	线损管理领导小组
3	专业分工	线损管理领导小组根据各有关部门职责，将线损管理中的各项专业工作进行划分	线损管理领导小组
4	分解指标	线损管理领导小组将各种线损指标分解到各单位，线损指标实行分部门承包管理	线损管理领导小组
5	技术管理	线损管理部门负责从技术层面做好各自专业部分线损的管理	企业各相关部门
6	制定考核	根据企业的经营管理情况制定详细合理的线损考核制度	线损管理领导小组
7	奖惩兑现	根据考核制度对各单位线损管理的完成情况严格考核，奖惩兑现	线损管理领导小组

（四）工作表单

供电单位综合线损统计表

填报单位： 单位：kWh，%

供电单位	有 损									无 损				综 合								
	供电量	售电量	线损电量	线损率	线损率指标	与指标差值	同期线损率	同比差值	上月线损率	环比差值	供电量	售电量	线损电量	线损率	供电量	售电量	线损电量	线损率	线损率指标	与指标差值	同期线损率	同比差值	上月线损率	环比差值
合计																						

分 压 线 损 统 计 表

填报单位： 单位：kWh，%

电压等级	供电量	售电量	线损电量	本月线损率	指标线损率	同期线损率	上月线损率	季度累计线损率	年累计线损率
合计									

线路责任完成情况统计表

填报单位：   单位：kWh，%

责任人	线路名称	本月						累计					
		线路供电量	售电量	损失电量	损失率	线损率指标	与指标差值	线路供电量	售电量	损失电量	损失率	线损率指标	与指标差值
合　计													

台区责任完成情况统计表

填报单位：   单位：kWh，%

责任人	线路名称	台区名称	本月						累计					
			台区供电量	售电量	损失电量	损失率	线损率指标	与指标差值	台区供电量	售电量	损失电量	损失率	线损率指标	与指标差值
合　　计														

（五）工作要求

1. 配网线损管理措施

（1）管理范围。配网线损是指10kV输变电设备电能损耗（以下简称高压网损）、配电台区低压0.38/0.22kV线路损耗（以下简称低压损耗）之和。线损统计的具体范围为从各关口表所在位置（或购电关口表电量加计一定损耗后上延至电网某一规定处）起，到各电压等级电力客户售电电能表处（或售电电能表电量加计一定损耗后下延至电网某一规定处）。

（2）组织机构。成立以企业领导为组长的线损管理领导小组，成员由有关部门负责人组成，分工负责、协同合作。营销部是配网线损考核管理的归口单位，日常工作由归口管理部门负责，设置线损管理岗位，配备专责人员；人力资源部为线损管理的考核部门，每月对各基层单位进行线损的考核并兑现；营销各中心是各辖区线损管理的归口单位，设置线损管理岗位，配备专责人员。

（3）管理职责：

1）线损管理领导小组的管理职责：

a. 贯彻落实国家、上级有关节能法律、法规、方针、政策和线损管理制度、办法等；

b. 研究并组织制订本企业的配网中长期节能降损规划，批准年度节能降损计划及措施，组织落实重大降损措施；

c. 定期召开配网线损管理分析会，研究解决降损节能工作中出现的问题；

d. 批准配网线损管理制度，审批线损指标分解、考核方案；

e. 解决线损管理中其他需要解决的重大问题。

2）发展策划部线损管理职责：

a. 认真贯彻执行上级有关节能降损的方针、政策、法规、标准及企业线损管理制度、规定等；

b. 负责编制、下达供电企业配网线损总指标；

c. 负责对各中心线损管理工作进行检查、监督、指导和考核工作。

3）配网调度线损管理职责：

a. 认真贯彻执行上级有关节能降损的方针、政策、法规、标准及企业线损管理制度、规定等；

b. 负责组织进行电网潮流计算，编制年度运行方式，指导运行维护人员搞好电网经济调度和运行及无功、电压管理工作，及时合理地调整运行方式、投切无功补偿装置、调整有载变压器分接开关，确保完成 10（6）kV 电网线损指标。

4）人力资源部线损管理职责：

a. 认真贯彻执行上级有关节能降损的方针、政策、法规、标准及企业线损管理制度、规定等；

b. 负责监督、考核营销各中心线损考核方案实施工作。根据供电企业各项线损管理制度考核各中心线损完成情况，并据此兑现各中心线损考核奖金。

5）反窃电办线损管理职责：

a. 根据举报、计量管理和线损分析提供的信息，积极配合营销各部门深入进行检查稽查；

b. 配合各中心及公安机关查处违约用电和窃电行为。

6）营销部线损管理职责：

a. 认真贯彻执行上级有关节能降损的方针、政策、法规、标准及企业线损管理制度、规定等；

b. 负责 10（6）kV 及以下线损管理工作，制定和修改用电营销专业有关线损指标、管理、考核办法及实施细则等，并认真贯彻执行；

c. 每年 12 月底前负责编制、上报本专业线损管理工作总结，参与企业年度线损率指标及重大降损措施计划的分解、编制工作，并组织 10（6）kV 及以下配电网降损措施计划的实施；

d. 负责组织进行 10（6）kV 线路、典型低压台区理论线损计算工作，一般情况下至少每年计算一次，有条件的应做到每月计算一次；

e. 负责对各中心线损管理工作进行检查、监督和指导工作；

f. 负责组织召开每月一次的线损分析会，通报各中心 10（6）kV 及以下线损指标及降损措施计划的完成情况，分析研究各中心在线损管理工作中存在的问题及薄弱环节，组织制订降损措施并监督落实；

g. 严格执行企业线损管理、考核制度及实施细则，经常性地对各中心线损管理工作进行检查、指导，并根据线损指标完成情况及工作质量等，提出相应的考核意见，报上级有关部门；

h. 加强用电营销管理工作，建立健全抄、核、收工作标准和制度，规范工作程序，强化监督机制，每年组织开展用电营业普查不少于 1 次，经常性地组织开展用电检查和反窃电工作；

i. 负责 10（6）kV 配电网的经济运行管理，组织各中心加强 10（6）kV 配电网及大客户的无功、电压管理工作；

j. 负责结合电网规划建设、技术改造等，积极推广降损节能新技术、新设备，不断提高科学化管理水平。

7）电能计量中心线损管理职责：

a. 认真贯彻执行上级有关节能降损的方针、政策、法规、标准及企业线损管理制度、规定等；

b. 与客户服务中心和配电服务中心共同承担城市范围内 10（6）kV 线损指标考核，与电费管理中心和配电服务中心共同承担城市范围低压线损指标考核；

c. 负责相关线损小指标的管理、统计、分析、上报及部门考核工作。参加五中心线损分析会，汇报承担的线损各项指标完成情况，分析研究线损管理中存在的问题，组织制定降损措施；

d. 负责变电站关口、城市区域客户及农村区域高供高计客户电能计量装置的安装、验收、维护、现场校验、周期检定（轮换）及抽检工作；

e. 负责电能计量装置故障处理及本供电营业区内有异议的电能计量装置的检定、处理；

f. 负责统一管理各类电能计量印证；

g. 配合反窃电办和其他中心做好违窃电查处工作；

h. 负责营销系统中变电站、线路及城市范围内公用变压器包括对应考核户的基础资料的管理。

8）配电服务中心线损管理职责：

a. 认真贯彻执行上级有关节能降损的方针、政策、法规、标准及企业线损管理制度、规定等；

b. 与客户服务中心和电能计量中心共同承担城市范围内 10（6）kV 线损指标考核，与电费管理中心和电能计量中心共同承担城市范围内低压线损指标考核；

c. 负责相关线损小指标的管理、统计、分析、上报及部门考核工作。参加五中心线损分析会，汇报承担的线损各项指标完成情况，分析研究线损管理中存在的问题，组织制定降损措施；

d. 负责城市区域线路的理论线损的计算和管理；

e. 负责城市区域中低压配电网无功管理；

f. 负责城市区域内公用变压器的经济运行管理；

g. 负责提供城市区域内公用变压器的基础资料，通过电能计量中心对公用变压器信息进行维护。

9）客户服务中心线损管理职责：

a. 认真贯彻执行上级有关节能降损的方针、政策、法规、标准及企业线损管理制度、规定等；

b. 负责营销系统中城市区域线路的 10（6）kV 线损的分线管理和统计工作，每月汇总上报，并对线损情况进行分析，编制分析报告；

c. 参加五中心线损分析会，汇报城市区域 10（6）kV 的分线线损指标完成情况，分析研究线损管理中存在的问题，组织制定降损措施；

d. 负责城市区域线路上专用变压器客户的无功管理；

e. 负责城市区域线路上专用变压器客户的用检和违窃电查处工作；

f. 负责营销系统中城市线路考核单元等相关信息的管理维护工作。

10）电费管理中心线损管理职责：

a. 认真贯彻执行上级有关节能降损的方针、政策、法规、标准及企业线损管理制度、规定等；

b. 负责营销系统中城市区域公用台区的分台区管理和统计工作，每月汇总上报，并对线损情况进行分析，编制分析报告；

c. 参加五中心线损分析会，汇报城市区域低压台区的分台区线损指标完成情况，分析研究线损管理中存在的问题，组织制定降损措施；

d. 负责按照规定时间完成对城市区域线路上专用变压器、公用变压器及低压客户的抄表工作；

e. 负责城市区域低压客户的违窃电查处工作；

f. 负责营销系统城市区域客户抄表段与公用变压器及公用变压器考核单元信息的管理。

11）农电服务中心线损管理职责：

a. 认真贯彻执行上级有关节能降损的方针、政策、法规、标准及企业线损管理制度、规定等；

b. 负责营销系统中农村区域 10（6）kV 线路及公用台区的分线、分台区管理和统计工作，每月汇总上报，并对线损情况进行分析，编制分析报告；

c. 参加五中心线损分析会，汇报农村区域线路和低压台区的分压、分线、分台区线损指标完成情况，分析研究线损管理中存在的问题，组织制定降损措施；

d. 负责按照规定时间完成对农村区域线路上专用变压器、公用变压器及低压客户的抄表工作；

e. 负责农村区域客户的违窃电查处工作；

f. 负责农村区域电能计量装置的安装、验收、维护、现场校验、周期检定（轮换）及抽检工作；

g. 负责农村区域内现场运行的计量装置的运行维护管理；

h. 负责农村区域中低压配电网和客户无功管理；

i. 负责农村区域内公用变压器的经济运行管理；

j. 负责营销系统中农村范围内线路、公用变压器以及对应考核户、考核单元的基础资料管理。

（4）指标管理。线损率指标实行分级管理；发展策划部负责编制下达年度 10（6）kV 和 0.4kV 综合线损率指标和中长期线损控制目标；营销各中心负责编制下达年度 10（6）kV 分线和 0.4kV 分台区线损率指标；营销部负责监督考核各中心各自承担线损指标完成情况。

中长期线损控制目标根据供电企业中长期规划有关要求编制，年度线损指标每年年底前编制上报供电企业线损领导小组审核、批准后由发展策划部下达 10（6）kV 和 0.4kV 综合线损率，营销部下达 10（6）kV 分线和 0.4kV 分台区线损率。

2. 营销管理

（1）加强营业普查工作；强化营业管理岗位责任，减少内部责任差错；不定期开展反窃电活动，积极利用高科技手段进行反窃电管理。

（2）严格抄表制度，严格按照供电企业抄核收管理制度进行抄表，杜绝漏抄、估抄和错抄，以减少线损统计的差错，提高统计的准确性。

（3）加强变电站、供电所自用电管理，站、所用电装表计量，严格考核。

（4）按照计量管理规定，定期对计量装置进行轮校、轮换，堵塞各种计量漏洞。严格按照"四勤、八大封"要求加强对计量装置的管理。

1）四勤：勤查、勤抄、勤算、勤分析。

a. 勤查：指查计量装置误差；查装置与台账是否相符；查窃电，表箱、计量装置封闭情况；查电流、电压、互感器变比变化；查电能表接线和私增用电容量；查有无其他窃电嫌疑；查线路泄漏；查影响线损的其他因数，如空载变压器等。

b. 勤抄：指抄电能表指示，应有记录，防止烧表、盗表。

c. 勤算：指电量计算；测算电流是否与电量相符；计算高压线损、低压线损是否正常。

d. 勤分析：指线损高低是否合理、最佳，同等线路对比、同期对比找线路线损最佳值，制定降损措施。

2）"八大封"：指封电能表外壳；封电能表表尾；封表尾二次线；封电流互感器电流接线端子；封电能表电压接线端子；纸封计量箱门；铅封计量箱门；锁封计量箱门。

（5）加大对用电大客户管理，组织人员定期对其进行电量分析，确保用电量与其生产实际相符合，并根据有关规定做好客户力率考核。

（6）完善电量的抄、核监督机制，逐步实现由不同部门分别统计参与线损计算的供电量和售电量。

（7）统计分析：

1）各单位要做好年度降损项目的经济效益分析；定期进行情况调查，特别要加强电量分析。

2）每月召开一次线损分析会，每季进行一次线损小结；每年进行一次 10kV 线损理论计算。

3）在结构或负荷发生较大变动时，要及时进行线损的理论计算。

4）月、季、年度分析总结内容应具体，有针对性，避免空话套话。总结内容重点涵盖：各项指标完成情况，降损节能采取的组织措施、技术措施，办公用电、站所用电管理，考核和奖励情况，针对存在的问题提出解决方案等。

3. 技术措施

电力网规划建设时，应遵照上级有关部门颁布的有关要求，完善网络结构，降低技术线损，不断提高电网的经济运行水平。

营销部制定年度节能降损的技术措施计划，分别纳入大修、技改等工程项目安排实施。重点抓好电网规划、升压改造等工作；要简化电压等级，缩短供电半径，减少迂回供电，逐步改造卡脖线路；合理选择导线截面和变压器规格、容量；淘汰高耗能变压器；制订反窃电技术措施。

根据国家电网公司《电力系统电压和无功电力技术导则》、《电力系统电压质量和无功电力管理条例》及其他有关规定，营销各中心应加强客户端无功补偿设施建设和管理，做到无功分压、分区就地平衡，改善电压质量，降低电能损耗。

营销部应协助各中心完善变电站远程抄表、线路集抄、线损在线监测、节能型变压器等新技术、新工艺、新设备和新材料应用，利用科技手段降低线损。

4. 培训

人力资源部应重视线损管理人员素质，加强提高人员素质，与有关部门结合，每年举办一次线损管理人员学习。

培训对象应包括线损主管领导、部门领导、专责、营业、计量工作人员等。

培训以提高综合管理素质和技术素质为主；主要内容包括有关法规、规程、制度、职业道德以及先进的线损管理思想、管理经验、节能降损技术措施、电能计量、反窃电常识、反窃电手段、电网经济运行无功优化等。

培训方式应灵活多样，可采取专家培训、技术研讨、集中诊断、岗位培训、技术比武等多种形式。

5. 考核与奖惩

线损率指标应纳入中心全面绩效考核，实行考核指标和激励指标相结合，达到月考核、月奖惩、月兑现的要求。

每年底应对线损工作进行检查，具体内容主要包括线损指标完成情况、重点降损新技术推广和降损技措工程完成情况、专业管理培训等。

为加大线损考核力度，调动降损节电的积极性，线损奖惩办法每年年初调整并修订下发。

每年要对线损管理先进单位进行表彰，对完不成线损指标计划、虚报指标、弄虚作假的单位，进行必要处罚，并通报批评。

六、客户无功管理应用分析

（一）业务简介

客户无功管理主要是对专用变压器专线客户，4kW 及以上低压动力客户，各客户管理单位在客户新装增容、无功管理、力率电费考核中加大力度，以提高电能质量，加强无功电压的管理，降低供电损耗。

（二）业务流程

（三）环节参与分配

编号	流程环节	环节描述	环节参与者
1	成立机构	由供电企业经理负责领导，建立由生产、运行、营销、计划、调度、农电、计量等部门负责人组成线损管理领导小组	企业各相关部门
2	明确责任	无功管理领导小组根据有关部门的业务职能，明确各单位责任	无功管理领导小组
3	专业分工	无功管理领导小组根据各有关部门职责，将绩效考核管理中的各项专业工作进行划分	无功管理领导小组
4	技术管理	无功管理部门负责从技术层面做好各自专业部分无功的管理	企业各相关部门
5	制定考核	根据企业的经营管理情况制定详细合理的无功考核制度	无功管理领导小组
6	奖惩兑现	根据考核制度对各单位绩效考核管理的完成情况严格考核，奖惩兑现	无功管理领导小组

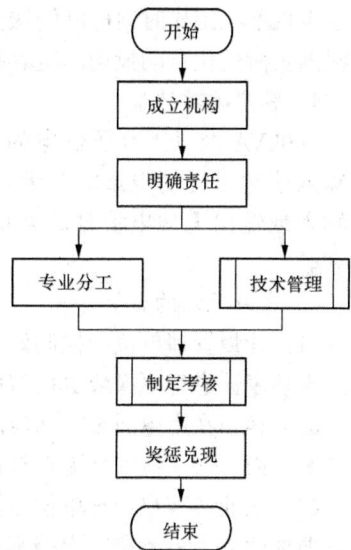

开始 → 成立机构 → 明确责任 → 专业分工 / 技术管理 → 制定考核 → 奖惩兑现 → 结束

（四）工作表单

客户无功情况统计表

填报单位：

序号	单位	变压器名称	变压器容量	无功补偿容量	考核指标	完成情况	考核得分	考核奖金
1								
2								
3								

（五）工作要求

1. 客户功率因数要求

在供电企业负荷高峰时，各类客户功率因数应达到下列规定：

（1）100kVA 及以上高压供电的客户不小于 0.9；

（2）用电容量在 4kW 及以上低压动力客户、80kVA 及以下专用变压器客户不小于 0.85；

（3）农业用电大于 0.8。

2. 功率因数调整电费考核标准

（1）功率因数标准 0.90，适用于 160kVA 以上的高压供电客户（包括社队工业客户），装有带负荷调整电压装置的高压供电电力客户和 3200kVA 及以上的高压供电电力排灌站；

（2）功率因数标准 0.85，适用于 100kVA（kW）及以上的其他工业客户（包括社队工业客户）、100kVA（kW）及以上的非工业客户和 100kVA（kW）及以上的电力排灌站；

（3）功率因数标准 0.80，适用于 100kVA（kW）及以上农业客户。

3. 对客户无功补偿的要求

（1）高压供电的客户无功电力应就地平衡，应按有关标准设计安装无功自动补偿设备，做到随其负荷和电压的变动及时投入或切除防止无功电力倒送。

（2）用电容量在 4kW 及以上低压动力客户，应按标准设计逐台电机安装随器电容补偿装置，补偿容量可按电机额定容量的 50%～60% 确定，随器补偿电容应安装在电机控制开关的出线侧，防止电机不在工作时向电网倒送无功，如客户电机较多，不方便逐台电机安装随器补偿时，应采取根据负荷变化自动投切的电容补偿装置。

4. 客户无功计量

100kVA 及以上高压供电的客户必须安装无功电能计量表计。采用一块无功电能表计量客户输入或输出无功电量时，无功电能表必须具备双向计度功能，采用两块无功表分别计量客户输入或输出无功电量时，无功表计必须具备防倒转功能，计算无功电量取两块表的绝对值之和。

5. 客户无功的监管

（1）计量管理单位应控制好无功计量装置的配置，对原有客户采用一块无功表计且非双向计度的无功表计进行更换或更换双向计度器。

（2）客户在用电新装或增容时，企业业扩部门应按要求把无功补偿装置的设计安装确定在供电方案之内，在未按安装无功补偿装置的新客户，应拒绝接电。

（3）企业各客户管理单位应按规定对所有 100kVA 及以上客户实行功率因数调整电费考核，并按要求建立力率考核客户档案，对未加装无功电能表的 100kVA 及以上客户应及时上报有关部门，尽快完善无功计量。

（4）企业各中心应对所辖内原有 4kW 及以上低压动力客户，按要求制定计划逐步完善无功补偿装置，对于拒绝执行第四条实施无功补偿的，下发整改通知单限期整改。对已安装的低压动力客户建立详细档案。

（5）配电服务中心负责对无功自动补偿或随器补偿的安装，制定不同容量配置的技术规范及参考造价，并对安装施工进行指导。

（6）营销部应加强客户管理单位对客户无功管理的监督和考核，制定加强客户无功管理的计划和措施。

6. 考核

对违反的企业有关部门、单位，根据单位的实际情况，视情节轻重给予每次一定的经济处罚。

七、变压器经济运行管理应用分析

（一）业务简介

变压器经济运行就是在变压器运行中降低变压器的有功功率损耗和提高其运行效率（即降低

变压器损耗率），以及降低变压器的无功功率消耗和提高变压器电源侧的功率因数。变压器经济运行的实质就是变压器节电运行，是降低电力系统网损的重要措施，在日常运行中应开展变压器经济运行工作。

（二）业务流程

（三）环节参与分配

编号	流程环节	环 节 描 述	环节参与者
1	成立机构	由供电企业经理负责领导，建立由运行、营销、计划、调度、农电等部门负责人组成线损管理领导小组	企业各相关部门
2	明确责任	经济运行管理领导小组根据有关部门的业务职能，明确各单位责任	经济运行管理领导小组
3	专业分工	经济运行管理领导小组根据各有关部门职责，将经济运行管理中的各项专业工作进行划分	经济运行管理领导小组
4	技术管理	经济运行管理部门负责从技术层面做好各自专业部分线损的管理	企业各相关部门
5	制定考核	根据企业的经营管理情况制定详细合理的线损考核制度	经济运行管理领导小组
6	奖惩兑现	根据考核制度对各单位线损管理的完成情况严格考核，奖惩兑现	经济运行管理领导小组

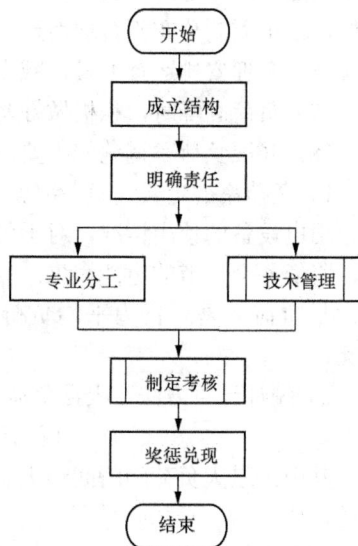

（四）工作表单

变压器经济运行数据完成情况统计表（一）

填报单位：

序号	单位	变压器名称	月负荷率	同期指标	完成情况	考核得分	考核奖金
1							
2							
3							

变压器经济运行数据完成情况统计表（二）

填报单位：

序号	单位	变压器名称	日负荷率	日最大负荷	日最小负荷	月负荷率情况
1						
2						
3						

（五）工作要求

（1）运行人员应掌握调度范围内各站的变压器经济运行曲线，这是开展变压器经济运行工作应掌握的基本知识。

（2）在实际运行中要根据实时负荷电流或容量对照经济运行曲线确定变压器的经济运行区间，确定单台还是两台运行，运行小容量变压器还是大容量变压器。

（3）电压的调整要及时，保证各站 10kV 母线电压在 10～10.7kV 之间运行，负荷高峰时，将电压调到相应的高档位，负荷低谷时，电压应在低挡位运行，当一台主变压器为有载调压，另一台主变压器为无载调压时，为保证电压合格可运行有载调压变压器。

（4）合理进行无功补偿设备的投切，提高各站 10kV 母线及 35kV 侧功率因数。

（5）无功投切应和调压有机结合起来，在无功不足的情况下，通过调压使电压升高，就会使无功更加不足，这时候就应该采用投入补偿电容器进行调压。如果系统无功很充足，功率因数并不低，由于无功分布不合理而造成电压质量下降时，要进行分接头的调整。

（6）合理安排运行方式，减少重复停电，提高设备运行率。

（7）负荷高峰时，积极做好避峰错峰宣传，减少高峰负荷压力，提高负荷率。

（8）开展负荷率调整的主要内容：

1）负荷率的定义。负荷率就是在一定时间内用电的平均负荷与最大负荷之比，它反映了发、供、用电设备的使用情况，对于供电来说，提高负荷率可以充分发挥输变电设备的效能，减少投资、降低各个环节的电能损失；

日负荷率是一日内平均负荷与最大负荷之比。月负荷率是一月内的平均负荷与最大负荷之比。

2）统计计算方法。根据负荷率的定义日负荷率和月负荷率的统计计算法为：

$$日负荷率＝日平均负荷/日最大负荷×100\%$$

其中：最大负荷为瞬间最大负荷值（自动化记录的最大值），平均负荷为一日供电量与 24 小时的比值。

月负荷率统计计算方法同日负荷率，最大负荷为月最大值，计算平均负荷所用时间为月日历小时数。

3）开展措施的主要内容：

a．调整农业高峰负荷。对于个别线路农业负荷大，工业负荷所占比重很小，对工业负荷的调整对整个电网的削峰填谷作用不太明显，重点要对农业负荷进行调整，采取的措施：

——对高峰期电网的运行情况通过电视、广告等一些媒体进行宣传，让客户了解电力情况，鼓励广大客户利用夜间负荷轻的时间进行灌溉，缓解高峰期电网压力，减少限电影响。

——通过各供电所与所在乡政府主动结合，取得政府部门的支持，动员大家避开错开负荷高峰用电。

b．其他调整负荷措施。按照电源紧张情况及用电负荷曲线，对能够间断生产的企业或用电设备，根据生产特点采取不同的调整方法。

——一班制企业改在深夜生产用电；

——二班制企业躲两个高峰生产；

——三班制企业调整周末生产班次；

——错开上下班时；

——错开中午休息和就餐时间；

——错开各企业大容量用电设备的用电时间；

——增加后夜用电，大容量设备安排在后夜开；

——间断生产设备，错开高峰时间使用；

——连续生产设备的中小修安排在高峰时间。

4）运行制度的制定与调整。由于电力系统电源结构和用电构成不断变化，企业应该及时分析谷峰比和负荷率的变化情况，针对系统的特点，及时确定调荷措施。

八、空载变压器停运应用分析

（一）业务简介

为了加强空载配电变压器停运的管理，及时停运空载运行变压器，降低变压器的空载损耗，节能降损，提高企业经济效益。

（二）业务流程

（三）环节参与分配

编号	流程环节	环节描述	环节参与者
1	成立机构	由供电企业经理负责领导，建立由生产、运行、营销、调度、农电、计量等部门负责人组成空载变压器停运管理领导小组	企业各相关部门
2	明确责任	空载变压器停运管理领导小组根据有关部门的业务职能，明确各单位责任	空载变压器停运管理领导小组
3	专业分工	空载变压器停运管理领导小组根据各有关部门职责，将变压器管理中的各项专业工作进行划分	空载变压器停运管理领导小组
4	技术管理	营销和生技管理部门负责从技术层面做好各自专业部分的管理	企业各相关部门
5	制定考核	根据企业的生产、经营管理情况制定详细合理的空载变压器停运考核制度	空载变压器停运管理领导小组
6	奖惩兑现	根据考核制度对各单位空载变压器停运管理的完成情况严格考核，奖惩兑现	空载变压器停运管理领导小组

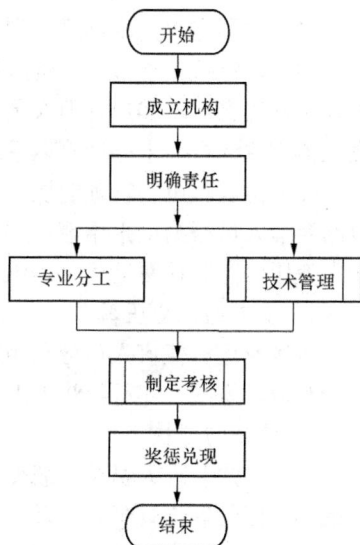

（四）工作表单

空载变压器停运情况记录表

填报单位：

序号	户号	户名	变压器容量（kVA）	报停日期	恢复日期	当年报停次数	累计时间	备注
1								
2								
3								
4								
5								

（五）工作要求

1. 专用变压器客户

（1）客户在每一日历年内，可申请全部（含不通过受电变压器的高压电动机）或部分用电容量的暂时停止用电两次，每次不得少于 15 天，一年累计暂停时间不得超过 6 个月。

（2）按变压器容量计收基本电费的客户，暂停用电必须是整台或整组变压器停止运行。供电企业在受理暂停申请后，根据客户申请暂停的日期对暂停设备加封。从加封之日起，按原计费方式减收其相应容量的基本电费。

（3）暂停期满或每一日历年内累计暂停用电时间超过 6 个月者，不论客户是否申请恢复用电，供电企业须从期满之日起，按合同约定的容量计收其基本电费。

（4）在暂停期限内，客户申请恢复暂停用电容量用电时，须在预定恢复日前 5 天向供电企业提出申请。暂停时间少于 15 天者，暂停期间基本电费照收。

（5）企业客户配电变压器空载运行又未办理停运手续，按合同约定的容量收取相应容量的变压器损耗。

（6）对于变压器利用率过低的专用变压器，建议客户更换为小容量变压器。

（7）对于负荷变化比较大的客户，建议更换为小容量或子母变压器运行方式。

2. 农业专用变压器

（1）抗旱专用变压器要作到随停随供，不允许空载挂网运行。

（2）每年抗旱季节时，资产属客户的由客户根据用电需求 5 日内向供电所提出申请，经中心领导审核签字后，客户管理人员根据申请日期予以供电，停止供电亦应按上述程序办理。若配电变压器空载运行又未办理停运手续，按合同约定的容量收取相应容量的变压器损耗。

（3）由农村电工管理的抗旱配电变压器，各供电所根据低压负荷需求，经所长审核签字后，线路管理人员根据电工申请日期予以供电。停止供电亦应按上述程序办理。若电工不及时投切让配电变压器空载挂网运行，由供电所对电工予以处罚。

3. 变电站主变压器

调度及运行值班人员应利用监控设备，做好各变电站主变压器的负荷监控，根据负荷变化及时调整运行方式，实行经济调度，提高变压器的利用率，保证各台主变压器经济运行。

4. 检查与考核

（1）客户管理人员是空载变压器运行管理第一责任人，对未按照规定督导客户办理暂停手续的或不督促的客户管理人员及时停运空载配电变压器的，按营业差错考核、处理。

（2）营销部要不定期开展营业检查，检查率应不低于 10%。

（3）对于连续 6 个月不用电也不办理暂停手续的，按《供电营业规则》的规定，供电所应在第 6 个月内通知客户并予以销户，终止合同，再用电时按新装办理。

九、电容器运行维护应用分析

（一）业务简介

在电力网的运行中，无功电力与电压有着密切的关系。无功电力不足，将导致电力网的电压下降；无功电力过剩，将导致电力网的电压升高。而电压的波动将直接影响电力网的供电质量和安全运行。

在配电线路上装设电容器进行无功负荷补偿，具有投资省、安装简单、维护量小、投运时间长等优点。输配电线路进行无功负荷补偿后，可使线路中通过的无功电流减少。在输送的总电流不变的情况下，使线路中输送的有功电流增加，从而使线路的供电能力增加，并且降低了电能的损耗。

（二）业务流程

（三）环节参与分配

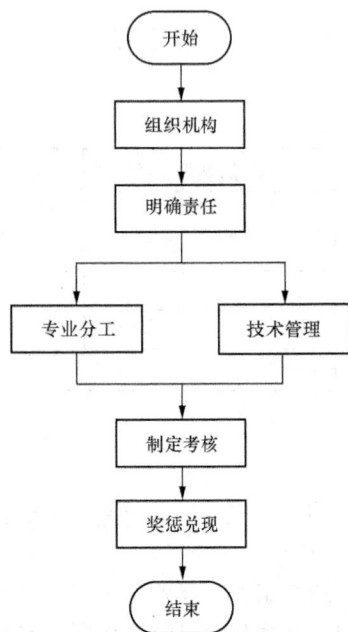

编号	流程环节	环 节 描 述	环节参与者
1	组织机构	由供电企业经理负责领导，建立由生产、运行、营销、调度、农电、计量等部门负责人组成空载变压器停运管理领导小组	企业各相关部门

编号	流程环节	环节描述	环节参与者
2	明确责任	电容器运行维护管理领导小组根据有关部门的业务职能，明确各单位责任	电容器运行维护领导小组
3	专业分工	电容器运行维护管理领导小组根据各有关部门职责，将电容器运行维护管理中的各项专业工作进行划分	电容器运行维护领导小组
4	技术管理	生产营销及各中心负责从技术层面做好各自专业部分管理	生产营销及各中心
5	制定考核	根据企业的经营管理情况制定详细合理的电容器运行维护考核制度	电容器运行维护领导小组
6	奖惩兑现	根据考核制度对各单位电容器运行维护管理的完成情况严格考核，奖惩兑现	电容器运行维护领导小组

（四）工作表单

序号	单位	电容器地点	电容器容量	电容器运行容量	电容器投切情况	电容器巡检情况	负责人	备注
1								
2								
3								
4								
5								
6								
7								
8								
9								

（五）工作要求

1. 电容器的投运与操作

（1）根据电网的无功电流、电压的变化情况或者负荷功率因数的变化情况，来确定电容器组的投入或退出。

（2）电容器组退出运行后，必须经过 3min 的放电，验电确认无电后，方可进行维护等工作。

2. 电容器组的事故处理

（1）电容器组发现下列事故时，应立即将电容器组退出运行：

1）电容器爆炸或起火；

2）电容器内部有异常响声；

3）套管放电闪络；

4）接头过热或熔化；

5）电容器外壳严重变形。

（2）熔断器熔丝熔断后，原因不明时不得更换熔丝恢复送电。

3. 电容器组巡视与维护

（1）巡视检查项目：

1）电流、电压、温度有无异常变化；

2）有无渗油和外壳变形情况；

3）电容器及附属设备有无放电和异常响声；

4）接地装置有无异常；

5）保护系统动作情况。

（2）停电检查：除日常巡视检查外，应停电检查开关、熔断器、保护接地、放电回路、通风装置、构架、螺栓连接和绝缘子绝缘等情况。

（3）巡视检查周期：定期巡视，线路电容器组每半月检查一次。停电检查，每年不少于两次。

4. 电容器的维修

（1）对有故障不能继续运行的电容器，应及时进行更换。

（2）电容器如有小的故障，可在现场修理。

（3）电容器如有较大故障，现场无条件修理时应送厂家修理。

5. 运行维护的考核奖惩

营销部为 10（6）kV 电容器运行的考核管理部门，配电服务中心和农电服务中心为各自线路电容器的运行管理部门。营销部根据实际情况对各中心的电容器运行情况进行考核，对于不能按时投切导致出现的退出运行和过补现象，有关部门根据相应的考核办法进行奖惩。

十、配电变压器负荷调整管理应用分析

（一）业务简介

配电变压器负荷调整是为减小低压电压不平衡度，控制供电电压偏差，强化低压三相负荷不平衡度管理，降低低压电网三相电流不平衡度，减小配电变压器负载损耗和低压电网线路损耗，对于加强低压电网运行管理，提升供电质量，提高电压合格率，兑现优质服务承诺有很大帮助。

（二）业务流程

（三）环节参与分配

编号	流程环节	环节描述	环节参与者
1	组织机构	由营销部负责领导，建立由配电运行、客服中心、电费中心、计量中心、农电服务中心等部门负责人组成配电变压器负荷调整管理领导小组	营销各中心
2	明确责任	配电变压器负荷调整管理领导小组根据有关部门的业务职能，明确各单位责任	配电变压器负荷调整管理领导小组
3	专业分工	配电变压器负荷调整管理领导小组根据各有关部门职责，将配电变压器负荷调整管理中的各项专业工作进行划分	配电变压器负荷调整管理领导小组
4	技术管理	营销各中心负责从技术层面做好各自专业部分管理	营销各中心
5	制定考核	根据企业的经营管理情况制定详细合理的配电变压器负荷调整考核制度	配电变压器负荷调整管理领导小组
6	奖惩兑现	根据考核制度对各单位配电变压器负荷调整管理的完成情况严格考核，奖惩兑现	配电变压器负荷调整管理领导小组

（四）工作表单

序号	单位	配电变压器名称	负荷电流（A相）	负荷电流（B相）	负荷电流（C相）	平衡调整	测试调整人	备注
1								
2								
3								

续表

序号	单位	配电变压器名称	负荷电流（A 相）	负荷电流（B 相）	负荷电流（C 相）	平衡调整	测试调整人	备注
4								
5								
6								
7								
8								
9								

（五）工作要求

1. 不平衡度及电压偏差管理机构和职责

（1）线路运行维护人员负责低压配电变压器和电网的运行及监测，负责电压偏差和三相电流不平衡度的测试工作。

（2）线路运行专责负责安排电压偏差和三相电流不平衡度的测试工作，填写记录，制定整改措施。

（3）各线路运行维护班组应建立台区低压三相不平衡测试记录及台区配电变压器分接开关调整记录。

（4）营销部负责对各中心电压偏差和三相电流不平衡度测试工作的检查、监督、考核，督促各中心落实制定整改措施。

2. 不平衡度及电压偏差测试

（1）线路运行专责安排线路运行维护人员进行电压偏差和三相电流不平衡度的测试，测试时，严格遵守工作任务派单和班长签字制度，每项工作测试时不得低于两人，保证一人操作、一人监护。

（2）电压偏差的测试，应选择在台区出口三相线电压测试和台区末端客户三相及单相电压测试，分别计算各测试点的电压偏差，然后，计算整个配电台区的三相电压平均偏差和单相电压平均偏差。

（3）三相电流不平衡度的测试应统计整个台区接入的三相动力负荷和单相负荷，测试配变出口侧和低压分路侧各相电流及中性线电流，测试线路首端和末端各相电流及零线电流，计算台区平均三相电流不平衡度。

（4）电压质量和三相不平衡电流的测试应选择在负荷高峰期和日高峰时段进行。

（5）测试数据统计完毕后，按计算公式要求分别计算不平衡度和电压偏差，得出的计算结果与控制标准进行比对，得出结论确定是否进入调整整改环节。

（6）配电变压器平均负载率大于 80%和经常处于过载运行的配电变压器，投入较大负荷时，客户反映电压不正常时，因三相电压不平衡烧坏用电设备时，更换和新装变压器，调整变压器分接头，应安排配电变压器电压偏差测试；配电变压器低压线损大于 8%，其单相负荷比重较高的变压器，经常处于过负荷运行的且中性线电流大于额定电流25%的变压器，三相电压不平衡烧坏用电设备，客户反映电压不正常，应安排进行三相不平衡电流测试。

（7）变压器的测试日期应每月至少测试一次，选择在测试日期的高峰时段。即中午 11 点至 13 点和灯峰时段的下午 18 点至 21 点。

3. 不平衡度及电压偏差调整

（1）三相电压偏差与控制标准比对不在规定范围内，高于标准时，应调整变压器调挡开关按＋5%—0——5%的降序调整选择挡位。若电压低于7%时，应调整变压器调挡开关按－5%— 0—＋5%的升序调整选择挡位。每次调挡完毕后，选择合适挡位用单臂电桥进行直流电阻测试，三相直流电阻满足平衡要求时，投入配电变压器运行，再测试电压进行电压偏差计算，符合要求后，让配电变压器在选择的挡位投入运行。测试单相负荷电压允许偏差时，首先看三相电压偏差是否在允许范围内，如果在允许范围内，应将单相负荷从接入点进行调整，若电压偏高，应将该单相负荷调整到负载较重的相，若电压偏低，应将单相负载接入到负载较轻的相，调后进行电压测试，直至合格为准，如果进行单相负荷调整前，三相负荷偏差不在允许范围内，应先进行电压调挡后，再进行单相接入调整。

（2）进行三相不平衡测试数据，计算台区的不平衡度与标准进行比对，若不平衡度大于20%，应进行调整，根据各相的负荷和所测试的各相电流，从电流较大相向电流较小相转移负荷，调整三相负荷处于平衡，确保三相电流基本平衡后，再进行测试和计算，直至三相不平衡度控制到20%以下为准。

（3）测定中性线电流，如果中性线电流大于额定电流的25%以上，用功率因数表测定各相功率因数，判断功率因数角一致，即都为感性电流时，进行负荷调整，调整三相负荷基本平衡使三相电流处于平衡，减小不平衡度到控制范围内为准，如果三相电流中有一相电流为容性电流，证明引起中性线电流增高的因数是三相相角不一致，出现了容性负载过补引起的，应先减小过补相的容性负载，再测试三相电流和中性线电流，如果达到标准要求以内，调试完毕。

4. 控制措施

（1）各中心应建立逐台用电设备台账，掌握每个台区的负荷情况和各相负荷的接入统计情况，确保三相负载处于基本平衡状态下运行。

（2）加强电压及无功管理，将电容器分若干组实行自动投切或手动投切，推行分相投切补偿电容。

（3）加强对配电变压器台区功率因数的测试，掌握低压各相功率因数，保证各相功率因数处于一致。

（4）单相负载接火用电时，应先分清三相负荷的负载接入和电流大小，确保接入后配电变压器三相负载基本处于平衡，避免人为增加三相不平衡度和零序电流。

（5）加强用电需求侧管理，采用行政、经济、技术、法律等手段，引导和鼓励客户使用节能设备和提高电压等级用电。

（6）加强对电网谐波管理，对注入电网较大的谐波源，应促使客户采取谐波治理措施，控制电压不平衡度达到接入点的规定标准内。

5. 奖惩

加强对电压偏差和三相电流不平衡度的监督和考核，实行考核结果与工资挂钩，严格责任追究制度，确保低压电压质量提高和实现较好的降损节能效果及经济效益。

十一、线损理论计算管理应用分析

（一）业务简介

各级电网理论线损的计算是指导电网规划、设计、改造的依据，也是统计、分析及降损措施效益的依据，更是核定线损指标的重要依据。为了更好地开展降损节能工作，应定期计算电网的理论线损。

（二）业务流程

（三）环节参与分配

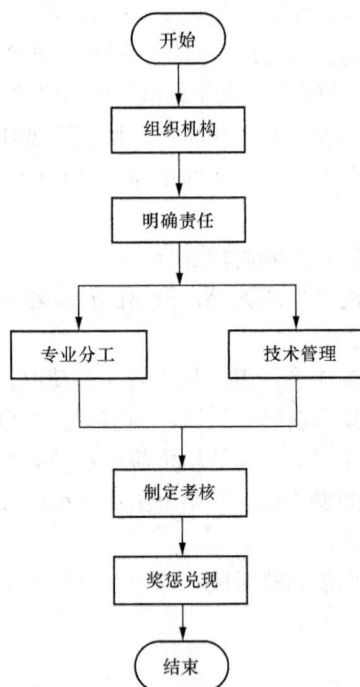

编号	流程环节	环　节　描　述	环节参与者
1	组织机构	由发展策划部负责领导，建立由电力调度通信中心、营销部及营销各中心等部门负责人组成线损理论计算管理领导小组	公司各相关部门

编号	流程环节	环 节 描 述	环节参与者
2	明确责任	线损理论计算管理领导小组根据有关部门的业务职能，明确各单位责任	线损理论计算管理领导小组
3	专业分工	线损理论计算管理领导小组根据各有关部门职责，将线损理论计算管理中的各项专业工作进行划分	线损理论计算管理领导小组
4	技术管理	发展策划部负责从技术层面做好各自专业部分管理	公司各相关部门
5	制定考核	根据企业的经营管理情况制定详细合理的线损理论计算管理考核制度	线损理论计算管理领导小组
6	奖惩兑现	根据考核制度对各单位线损理论计算的完成情况严格考核，奖惩兑现	线损理论计算管理领导小组

（四）工作表单

线路理论线损率统计表

填报单位：

线路编码	线路名称	线路长度	线路类型	公用变压器台数	公用变压器容量	专用变压器台数	专用变压器容量	线路理论线损率	上年线损率	上年线损指标

台区理论线损率统计表

填报单位：

台区编码	台区名称	线路长度	线路型号	三相表数量	单相表数量	线路理论线损率	上年线损率	上年线损指标

（五）工作要求

1. 各部门职责

（1）发展策划部：发展策划部是线损理论计算归口管理部门，负责组织进行各级线损的理论计算及分析，其他相关部门配合，并形成理论线损计算报告。

（2）电力调度通信中心：电力调度通信中心负责组织进行 35kV 及以上网损理论计算，并对计算结果和实际情况进行对比分析，写出分析报告。如果电网结构发生较大变化，生产技术部应及时通报有关部门，电力调度通信中心应及时进行线损理论计算。

（3）营销部：营销部负责组织对 10（6）kV 分线的理论计算，要求每年计算一次，并写出分析报告；同时每月对线损波动较大的线路进行理论计算分析。如果线路结构发生较大变化，发展策划部应及时通报有关部门，营销部应及时进行线损理论计算，并将计算结果通知相关部门。

```
┌─────────┐
│  开始   │
└────┬────┘
     │
┌────┴────┐
│ 组织机构 │
└────┬────┘
     │
┌────┴────┐
│ 明确责任 │
└────┬────┘
     │
  ┌──┴──┐
  │     │
┌─┴──┐ ┌┴────┐
│专业分工│ │技术管理│
└─┬──┘ └┬────┘
  │     │
  └──┬──┘
     │
┌────┴────┐
│ 制定考核 │
└────┬────┘
     │
┌────┴────┐
│ 奖惩兑现 │
└────┬────┘
     │
┌────┴────┐
│  结束   │
└─────────┘
```

2. 技术要求

（1）0.4kV 低压典型台区的理论计算较复杂，电费管理中心和农电服务中心每年必须对典型台区计算一次，并有计算结果报告在发展策划部备案。

（2）当理论线损和实际线损差距较大时，除了组织人员分析查找偏差较大的原因外，还要针对偏差较大的线路、台区理论线损重新进行计算，以便于管理线损进行分析核对。

（3）线损归口管理部门根据理论线损计算结果和存在问题，向分管领导提出整改建议。

十二、谐波管理应用分析

（一）业务简介

谐波是电能质量的一项重要指标，近年来，谐波污染的危害越来越受到国内外各供、用电单位的重视。通过对企业所辖电网谐波源的控制，加强谐波监督工作，防止谐波对电网的影响，使电网中任何一点的谐波含量控制在国家规定的标准之内，保证电能质量，确保电网内发、供、用电设备和电力系统的安全运行。

（二）业务流程

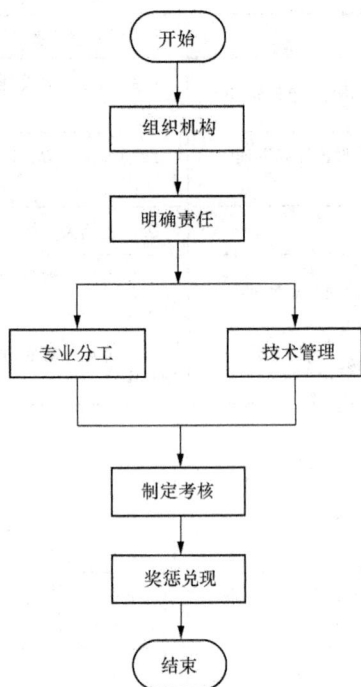

（三）环节参与分配

编号	流程环节	环节 描 述	环节参与者
1	组织机构	由企业经理负责领导，建立发展策划部、电力调度通信中心、营销部及营销各中心等部门负责人组成谐波管理领导小组	企业各相关部门
2	明确责任	谐波管理领导小组根据有关部门的业务职能，明确各单位责任	谐波管理领导小组
3	专业分工	谐波管理领导小组根据各有关部门职责，将谐波管理中的各项专业工作进行划分	谐波管理领导小组
4	技术管理	谐波管理部门从技术层面做好各自专业部分管理	企业各相关部门
5	制定考核	根据企业的经营管理情况制定详细合理的电容器运行维护考核制度	谐波管理领导小组
6	奖惩兑现	根据考核制度对各单位电容器运行维护管理的完成情况严格考核，奖惩兑现	谐波管理领导小组

（四）工作表单

谐波测试统计表

填报单位：

用户编码	用户名称	变压器容量	主要供电设备类型	谐波测试	同期比较	谐波源分析	谐波治理	效果分析	用户签字	奖惩

（五）工作要求

1. 各部门职责

（1）谐波管理小组：

1）企业成立电能质量监督小组，由主管副经理担任组长，发展策划部、电力调度通信中心、营销各中心的有关人员参加。

2）主管经理负责领导全企业的谐波监督工作。

（2）发展策划部：

1）发展策划部是谐波监督的归口部门，设谐波监督专责人负责。

2）贯彻执行上级有关标准、规程和要求。

3）组织有关部门对企业管辖电网内的谐波状况进行测试调查分析。

4）负责组织相关单位制订电网和谐波源客户的测试计划，并监督其实施。

5）负责组织有关部门制定超标谐波源客户的治理整改措施并予实施。

（3）营销部：

1）营销各中心是谐波监督的配合部门，设谐波专责人负责。

2）对新建、扩建和改建的客户摸清负荷性质，要求谐波源客户在其变电站或配电室加装谐波控制和滤波装置，使其谐波电流控制在允许范围内。

3）对非线性电力客户进行谐波测试。

4）增加完善谐波在线监测功能。

5）建立管辖范围内的谐波源客户台账并及时修订，制订年度谐波源整改、测试计划并予实施。

2. 谐波管理工作的要求

（1）发展策划部应及时向营销部和电力调度通信中心提供有关谐波的最新标准及管理制度，并督促落实。

（2）各客户管理单位应根据客户的负荷性质建立谐波源客户清单报营销部、发展策划部，并每年对主要谐波源客户向电网注入的谐波电流进行一次检测。

（3）各客户管理单位每年年初应向营销部上报年度谐波源整改、测试计划，经营销部谐波负责人批准后实施，并报发展策划部备案。

（4）营销部按照批准后的谐波检测计划进行谐波测试，对于谐波电流超标对电网造成影响的应向发展策划部汇报，必要时由发展策划部组织联系省电力试验所进行准确测量。

（5）根据营销部提供的谐波源客户清单建立变电站谐波线路清单，每两年对所管辖的各变电站母线电压和主要谐波线路的谐波电流进行一次测量。

（6）变电检修班每年年初应向发展策划部上报年度谐波测试计划，经发展策划部专责批准后实施。

（7）各客户管理单位的谐波测试记录应经营销部谐波负责人审核，各单位分别保存；谐波测试记录应经发展策划部谐波监督专责人审核，在相关单位保存。在每年年底进行谐波状况分析会时应提交全部测试记录作为分析依据。

（8）每年年底发展策划部谐波专责应组织营销部、电力调度通信中心和其他有关人员对电网的谐波状况进行分析，对于谐波超标且对电网造成较大影响的应及时提出整改措施方案。

（9）谐波污染的治理工作应贯彻"谁污染，谁治理"的原则，由客户管理单位负责与客户协调，要求其采取整改限制谐波的措施。

```
开始
  ↓
组织机构
  ↓
明确责任
  ↓
┌──────┴──────┐
专业分工      技术管理
  ↓            │
降损措施        │
  └──────┬──────┘
      制定考核
         ↓
      奖惩兑现
         ↓
       结束
```

（10）对于新增的400kVA及以上非线性负荷客户，在签订供用电合同之前营销部应要求其提供负荷情况和供电部分设计图纸，并组织有关人员进行评估（必要时可以请上级有关专业部门进行），确定不会对系统造成太大影响的才能签订供用电合同。经评估其谐波电流可能对系统造成较大影响时，应要求客户更改设计或采取限制谐波的措施。

（11）客户侧的谐波监测装置安装、运行和维护工作由营销客户管理单位负责，变电站的谐波监测装置由变电检修班负责安装与运行维护。

（12）发展策划部谐波监督专责每年年底应做出本年度的谐波监督工作总结，并报主管副总经理。

十三、降损节能管理实施应用分析

（一）业务简介

随着电力体制改革的深入和企业组织机构改革的完成，为更好地加强降损节能管理工作，实现多供少损，不断提高企业的经济效益，供电企业应按照"统一领导、归口管理、分级负责、监督完善"的原则，建立健全科学、完善的线损管理网络，搞好企业的降损节能工作，提高经济效益。

（二）业务流程

（三）环节参与分配

编号	流程环节	环节描述	环节参与者
1	组织机构	由供电企业经理负责领导，建立由生产、运行、营销、计划、调度、农电、计量等部门负责人组成降损节能管理领导小组	企业各相关部门
2	明确责任	降损节能管理领导小组根据有关部门的业务职能，明确各单位责任	降损节能管理领导小组
3	专业分工	降损节能管理领导小组根据各有关部门职责，将降损管理中的各项专业工作进行划分	降损节能管理领导小组
4	降损措施	企业各相关部门组织分析制定降损措施并组织实施	企业各相关部门
5	技术管理	线损管理部门负责从技术层面做好各自专业部分降损节能管理	企业各相关部门
6	制定考核	根据企业的经营管理情况制定详细合理的降损考核制度	降损节能管理领导小组
7	奖惩兑现	根据考核制度对各单位降损管理的完成情况严格考核，奖惩兑现	降损节能管理领导小组

（四）工作表单

单位	线损完成情况	存在问题	解决办法	完成时间	备 注

（五）工作要求

1. 各部门职责

（1）降损管理领导小组由企业经理担任组长，由分管副经理任副组长，各相关部门的主任为成员。降损管理领导小组负责研究落实上级有关节能及线损管理法律、法规、方针、政策和管理制度、办法，监督、检查贯彻执行情况。负责审定中长期节能降损规划，批准年度节能降损计划及措施，组织落实重大降损措施。负责审批营销各中心有关线损管理制度、线损指标分解及考核方案。每月召开线损分析例会，分析线损完成情况及线损管理过程中存在的问题，研究制定整改措施，并监督、检查有关部分整改实效。

（2）线损归口管理部门要设置专门的专责人，负责在降损管理领导小组的领导下，贯彻落实上级节能降损方针、政策、文件，并督促有关部门认真贯彻执行。负责组织编制生产营销及各中心线损管理标准、制度、办法，经批准后组织实施。研究制定企业的中长期节能降损规划，负责日常线损管理工作。参与本单位发展规划审查及基建、技改等工程项目的设计审查和竣工验收。负责有关线损数据的收集、统计、分析和上报工作。组织编制降损措施和线损指标建议计划。每月组织召开线损分析例会，总结线损管理经验，对存在的问题提出整改措施。负责组织管理企业自用电的管理工作。负责推广应用节能降损新技术，并组织制定相关管理制度。负责编制线损管理人员培训建议计划。

（3）考核监督部门要设置专责人，负责线损管理各部门和单位的线损率指标考核及奖惩兑现，并进行经常性的监督检查和不定期抽查。

（4）专业管理部门由生产营销及各中心分别设置专（兼）职线损管理人，负责本部门管理范围内的线损工作。

（5）各班组要设置专（兼）职线损管理人员，负责配合相关部门做好本单位的降损工作。

2. 技术管理

（1）电网规划与建设工作方面，企业要从供电范围、变电容量、网络布局及电压等级组合等方面制定电网规划。开展无功规划、设计、建设工作，以降损为主，坚持集中补偿与分散补偿相结合的方式，以分散补偿为主；高压补偿与低压补偿相结合，以低压补偿为主；调压与降损相结合，以降损为主，合理配置无功补偿设备，改善电能质量、降低损耗。

（2）电网经济运行方面，调度在运行工作中，要编制年度电网运行方式及主变压器经济运行曲线。依据电网负荷潮流变化等数据，及时调整电网运行方式，调整无功、电压，保证电能质量。中低压配电网的经济运行工作，及时停运空载变压器，根据负荷情况，合理调整变压器，做好低压三相负荷就地平衡。

（3）线损理论计算和分析，企业的理论线损计算要全面实行微机化管理，10（6）kV及以上的理论线损值每月使用微机自动计算结果，低压配电台区选取典型台区进行计算和分析，同时分析电网中的薄弱环节，指导电网建设、节能降损改造及经济运行，并为指标分解、考核提供管理依据。

（4）企业应始终重视新技术的开发与应用，合理降低技术线损。重视设备选型工作，大力推广新型节能设备，逐步淘汰更换高耗能设备。并建立完善的新技术应用管理制度，充分发挥新技术对管理的促进作用。

（5）加强功率因数的管理。对于客户功率因数的管理，可按电网高峰负荷时的平均功率因数来管理。供电企业对客户功率因数运行情况进行监督，督导客户投切力率补偿装置。

（6）企业要加强对自用电的管理，各单位根据实际情况制定所、站自用电量考核指标。对各供电所自用电计量装置进行统一校验，并定期进行抄表，对虚报电量的要进行相应的经济处罚，实行当月考核当月兑现。

（7）在配电变压器的选择上，应采用节能效果好的新型变压器，对运行中的高耗能变压器逐步更换。凡属国家明令淘汰、禁止使用的高耗能设备，不允许在任何单位、任何地方新装使用。对于新购设备，无论生产用或非生产用，都必须进行全面考核论证，并作节能分析后报企业领导审批，否则一律不准购进。督促、检查客户逐步淘汰高耗能设备，严禁已淘汰的高耗能、低效率设备再次安装使用。企业各部门均应指导、帮助客户选购使用先进的节能设备，改造落后的电气设备。

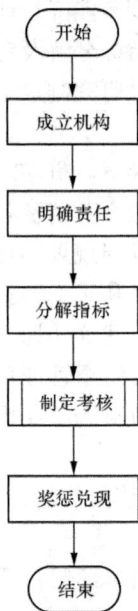

（8）新建、扩建、改造工程，必须按照节能原则进行设计，否则不予审批。新建、扩建、改造工程项目设计，必须采用技术先进，质量可靠，工艺新颖适用的设备，其节能技术应达到国内先进水平或国际先进水平。项目立项时，要提供节能分析报告，有近、中、远期规划。新建、扩建、改造工程项目竣工，经试运 1~3 个月后，使用单位应撰写专题的节能分析报告报企业领导。

十四、企业自用电管理应用分析

（一）业务简介

自用电，是特指供电企业在其自身生产经营全过程，为完成输电、变电、配电以及售电各个生产经营环节而必须发生的电力资源消耗，是为最终实现产品销售——售电量而应计入生产费用，且与电力产出相配比的、必要的中间产品再投入。显然加强自用电的管理对于线损的降低是有积极意义的。

（二）业务流程

（三）环节参与分配

编号	流程环节	环节描述	环节参与者
1	成立机构	由供电企业经理负责领导，建立由生产、运行、营销、计划、调度、农电、计量等部门负责人组成线损管理领导小组	企业各相关部门
2	明确责任	线损管理领导小组根据有关部门的业务职能，明确各单位责任	线损管理领导小组
3	分解指标	线损管理领导小组将各种线损指标分解到各单位，线损指标实行分部门承包管理	线损管理领导小组
4	制定考核	根据企业的经营管理情况制定详细合理的线损考核制度	线损管理领导小组
5	奖惩兑现	根据考核制度对各单位线损管理的完成情况严格考核，奖惩兑现	线损管理领导小组

（四）工作表单

序号	户号	用户名称	电压等级	自用电量			
				上月表底	本月表底	本月电量	累计电量
1							
2							
3							
4							
5							
6							
7							
8							

续表

序号	户号	用户名称	电压等级	自 用 电 量			
				上月表底	本月表底	本月电量	累计电量
9							
10							
……							
合　计							

（五）工作要求

企业应按照"统一领导、归口管理"的原则，建立健全科学、完善的自用电管理制度。线损管理归口部门为自用电的直接管理部门。各基层单位自用电管理指标由线损管理领导小组制定，由线损归口管理部门进行指标下达和考核，由人力资源部门进行兑现。实行"月考核、月奖惩、月兑现"。企业对各部门自用电的管理细则要求如下：

（1）企业所属各办公场所（包括各乡镇所站）的用电要统一装表计量，并按国家有关电价政策及安全用电管理的内容进行管理和公开考核。

（2）严格变电站、供电所用电量的管理，所有所、站用电量要按生产、生活、大修（基建）分类分别装表计量，并列入考核；所有所、站不得私自转供电，变电站、供电所非生产用电应装表收费，不计入线损中，并按规定交费纳入当地管理。

（3）企业所属各办公场所（包括企业所属三产单位和各乡镇所站）的用电要做到安全用电和节约用电，严禁有违反规程的用电行为，禁止在办公场所用高耗能的用电器等。

（4）加大对用电的管理考核力度，彻底消灭夜间长明灯等浪费行为。

（5）企业本部属办公场所的用电要逐步推行定额和限量使用，对节约者奖，超用者罚，奖罚金额为超限使用用电量的金额。

（6）企业所属三产用电，要按照正常客户，以所装计量装置所计电量开票收费。

十五、线损计划、指标管理应用分析

（一）业务简介

线损指标包括线损率指标和线损管理小指标。线损率指标的管理实行分级、分压、分线、分台区管理的办法，整个过程分为指标的核定、下达计划、控制、统计分析与奖惩等，全面实施线损指标项科学管理。

（二）业务流程

（三）环节参与分配

编号	流程环节	环 节 描 述	环节参与者
1	确定考核范围	线损领导小组确定参与线损考核的单位	线损管理领导小组
2	确定考核指标	线损管理领导小组根据有关部门的业务职能,制定各单位的线损指标和线损小指标,并明确指标的计划完成情况	线损管理领导小组
3	制定考核办法	根据企业的经营管理情况制定详细合理的线损考核制度	线损管理领导小组
4	统计分析	各单位每月对线损指标和小指标进行统计分析	线损管理单位
5	奖惩兑现	根据考核制度对各单位线损管理的完成情况严格考核,奖惩兑现	线损管理领导小组

（四）工作表单

序号	线损指标分类	指标标准	控制部门	考核部门	考核周期	完成情况
一	生产技术部管理与控制的指标					
1	综合线损率（%）	≤计划	生产技术部	发展策划部	月	
2	高压综合线损率（%）	≤计划	生产技术部	发展策划部	月	
3	综合电压合格率（%）	≥96.0	生产技术部	发展策划部	月	
4	各电压等级的理论线损率（%）		生产技术部	发展策划部		
二	调度通信中心管理与控制的指标					
1	35kV 及以上电网综合线损率（%）	≤计划	调度通信中心	生产技术部	月	
2	35kV 及以上单条线路线损率（%）	≤计划	调度通信中心	生产技术部	月	
三	变电运行部管理与控制的指标					
1	母线电量不平衡率（%）	标准	变电运行部	生产技术部	月	
2	变电站电容器可用率（%）	≥96	变电运行部	生产技术部	月	
3	35kV 及以上变电站二次侧功率因数	≥0.95	变电运行部	生产技术部	月	
4	变电站母线电压合格率（%）	国标	变电运行部	生产技术部	月	
5	变电站自用电（kWh）	计划	变电运行部	生产技术部	月	
四	营销部管理与控制的指标					
1	10kV 线路综合线损率（%）	≤计划	营销部	发展策划部	月	
2	0.4～10kV 综合线损率（%）	≤计划	营销部	发展策划部	月	
	客户服务中心管理与控制的指标					
1	10kV 线路综合线损率（%）	≤计划	客户服务中心	营销部	月	
2	10kV 线路公用线路综合线损率（%）	≤计划	客户服务中心	营销部	月	
3	10kV 单条线路线损率（%）	≤计划	客户服务中心	营销部	月	
4	客户功率因数	国标	客户服务中心	营销部	月	
五	电费管理中心管理与控制的指标					
1	城区 400V 低压综合线损率（%）	≤计划	电费管理中心	营销部	月	
2	电能表实抄率（%）	100	电费管理中心	营销部	月	
3	月末及月末日 24 小时抄见售电量的比重率（%）	100	电费管理中心	营销部	月	
4	电量差错率（%）	≤0.05	电费管理中心	营销部	月	
六	配电服务中心管理与控制的指标					
1	10kV 线路功率因数	≥0.90	配电服务中心	营销部	月	
2	10kV 线路电容器可投运率（%）	≥96	配电服务中心	营销部	月	
3	城区 D 类电压合格率（%）	国标	配电服务中心	营销部	月	
4	配电变压器三相负荷不平衡率（%）	≤25	农电服务中心	营销部	抽查	
5	负荷率（%）	≥75	配电服务中心	营销部	月	
七	电能计量中心管理与控制的指标					
1	电能表周期轮换率（%）	100	电能计量中心	营销部	月	
2	电能表修调前检验率（%）	5～10	电能计量中心	营销部	月	

续表

序号	线损指标分类	指标标准	控制部门	考核部门	考核周期	完成情况
3	电能表修调前检验合格率（%）	按标准	电能计量中心	营销部	月	
4	现场检验率（%）	100	电能计量中心	营销部	月	
5	现场检验合格率（%）	按标准	电能计量中心	营销部	月	
6	电压互感器二次回路电压降	按标准	电能计量中心	营销部	月	
7	电压互感器二次回路电压降周期受检率（%）	100	电能计量中心	营销部	月	
8	计量故障差错率（%）	≤1	电能计量中心	营销部	月	
八	农电服务中心管理与控制的指标					
1	10kV 线路综合线损率（%）	≤ 计划	农电服务中心	营销部	月	
2	10kV 线路公用线路综合线损率（%）	≤ 计划	农电服务中心	营销部	月	
3	10kV 单条线路线损率（%）	≤ 计划	农电服务中心	营销部	月	
4	400V 低压综合线损率（%）	≤ 计划	农电服务中心	营销部	月	
5	400V 农村低压综合线损率（%）	≤计划	农电服务中心	营销部	月	
6	400V 城区低压综合线损率（%）	≤计划	农电服务中心	营销部	月	
7	0.4～10kV 综合线损率（%）	≤计划	农电服务中心	营销部	月	
8	400V 台区线损率（%）	≤计划	农电服务中心	营销部	月	
9	10kV 线路功率因数	≥0.90	农电服务中心	营销部	月	
10	客户功率因数	国标	农电服务中心	营销部	月	
11	农村综合配电变压器台区功率因数	≥0.80	农电服务中心	营销部	月	
12	城区综合配电变压器台区功率因数	≥0.90	农电服务中心	营销部	月	
13	10kV 线路电容器可投运率（%）	≥96	农电服务中心	营销部	月	
14	D 类电压合格率（%）	国标	农电服务中心	营销部	月	
15	电能表实抄率（%）	100	农电服务中心	营销部	月	
16	抄表正确率（%）	100	农电服务中心	营销部	月	
17	月末及月末日 24 小时抄见售电量的比重率（%）	100	农电服务中心	营销部	月	
18	电量差错率（%）	≤0.05	农电服务中心	营销部	月	
19	配电变压器三相负荷不平衡率（%）	≤25	农电服务中心	营销部	抽查	
20	负荷率（%）	≥75	农电服务中心	营销部	月	
21	供电所自用电（kWh）	计划	农电服务中心	营销部	月	

（五）工作要求

1. 指标的核定

核定原则：根据近期理论线损计算结果和前三年实际线损情况，参考电网结构的变化、用电负荷增长及降损技术措施等因素的影响，进行核算后编制指标。

2. 核定程序

（1）全局综合线损指标、35kV 及以上综合线损指标、10kV 公用线综合线损指标、400V 低压综合线损指标、电压合格率指标（包括综合指标和 A、B、C、D 分类指标，根据国家电网公司建设一流要求分别制定）的制定，由发展策划部核定，上报公司线损领导小组审查，经公司领导班子研究批准后由发展策划部通知各执行单位。

（2）各单位根据所下线损指标进行分解，制定相应考核办法，并将结果上报发展策划部。

（3）生产技术部将以上所有指标编制汇总后以公司文件形式下发各部门执行。

（4）变电站二次侧功率因数、10kV 出线功率因数、电容器可用率、电能表周期轮换率及修调前合格率、修调前检验合格率、现场检验率、现场检验合格率、计量故障差错率、电压互感器二次回路电压降周期受检率等小指标的核定，依据实际情况和国家电网公司建设一流要求分别制定。

3．指标的控制

（1）指标的控制实行分级、分压、分线、分台区控制。

（2）公司综合线损率、10kV 及以上高压综合线损率、公司综合电压合格率由生产技术部门控制，发展策划部对其进行考核。

（3）35kV 及以上综合线损率和各分线线损率以及小指标（包括母线电量不平衡率、变电站母线电压合格率、变电站 35kV 和 10kV 功率因数）由调度通信中心和变电运行部对所辖人员进行管理控制，生产技术部门对其进行考核。

（4）10kV 公用线路综合线损率、10kV 公用线分线线损率、城区 400V 综合线损率、各供电所 10kV～400V 综合线损率、城区 D 类电压合格率及小指标（包括 10kV 出线功率因数、电容器可用率、电能表周期轮换率及修调前合格率、修调前检验合格率、现场检验率、现场检验合格率、计量故障差错率、电压互感器二次回路电压降周期受检率）由营销各中心对所辖部门进行管理控制，营销部对其进行考核。

十六、线损统计分析、报告应用分析

（一）业务简介

线损统计分析是线损管理的一个重要环节，只有正确、及时、科学的线损统计分析，才能找到线损管理中存在的不足，从而采取有效的降损措施加以改进，为企业带来更大的经济效益。

（二）业务流程

（三）环节参与分配

编号	流程环节	环 节 描 述	环节参与者
1	统计	线损管理部门对线损指标完成情况进行统计	线损管理部门
2	分析	根据指标的统计情况进行分析，做好分析报告	线损管理部门
3	上报	分析报告上报线损管理领导小组	线损管理部门

（四）工作表单

供电公司　　年　　月 0.4kV 低压台区线损报表

填报单位：　　　　　　　　　　　　　　　　　　　　　　　　单位：kWh，%

序号	台区名称	线损指标	本　　月				累　　计			
			供电量	售电量	损失电量	线损率	供电量	售电量	损失电量	线损率
1										
2										
3										

续表

序号	台区名称	线损指标	本　月				累　计			
			供电量	售电量	损失电量	线损率	供电量	售电量	损失电量	线损率
4										
5										
6										
7										
8										
9										
10										
	本页合计									
	全所合计									

审核人：　　　　　　　　　　　　　编制人：　　　　　　　　　　　　上报日期：

供电公司　年　月供电所线损报表

填报单位：　　　　　　　　　　　　　　　　　　　　　　　　　单位：万 kWh，%

10kV 线路名称		本　月			累　计		
		供电量	售电量	线损率	供电量	售电量	线损率
公用线路							
	合计 1						
直供专线							
	合计 2						
合计 3（全部线路）							
公用线路专用变压器							
0.4kV 线损							
0.4～10kV 公用线损							
0.4～10kV 综合线损							
所用电	本月度示	上月度示	度示差	倍率	电量		累计电量
抄表情况	配电变压器台数	运行台数	实抄表数	低压户数	抄表户数		开票户数

审核人：　　　　　　　　　　　　　编制人：　　　　　　　　　　　　上报日期：

供电公司　　年　　月 10kV 公用线路线损报表

填报单位：　　　　　　　　　　　　　　　　　　　　　　　　单位：万 kWh，%

序号	线路名称	理论线损率	供电量		售电量		损失电量		损失率	
			本月	累计	本月	累计	本月	累计	本月	累计
1										
2										
3										
4										
5										
6										
7										
8										
9										
10										
11										
12										
合　计										

审核人：　　　　　　　　　　编制人：　　　　　　　　　　上报日期：

供电公司　　年　　月供电所 10kV 公用线路综合线损考核表

填报单位：　　　　　　　　　　　　　　　　　　　　　　　　单位：万 kWh，%

管理单位	考核指标		供　电　量		售　电　量		损失电量		线　损　率		考核结果
	指标1	指标2	本月	累计	本月	累计	本月	累计	本月	累计	
备注：	合计										

审核人：　　　　　　　　　　编制人：　　　　　　　　　　上报日期：

供电公司　　年　　月低压综合线损考核报表

填报单位：　　　　　　　　　　　　　　　　　　　　　　　　　单位：万 kWh，%

管理单位	考核指标		供电量		售电量		损失电量		损失率		考核结果
	1	2	本月	累计	本月	累计	本月	累计	本月	累计	
合　计											
备注：	合计										

审核人：　　　　　　　　　　编制人：　　　　　　　　　　上报日期：

供电公司　　年　　月直供无损电量报表

填报单位：　　　　　　　　　　　　　　　　　　　　　　　　　单位：万 kWh，%

序号	线路名称	管理单位	电压等级	无损电量		占本级电压总供电量比重（%）		备　注
				本月	累计	本月	累计	
1								
2								
3								
4								
5								
6								
7								
8								
9								
10								
11								
12								
13								
14								
15								
合　计								

审核人：　　　　　　　　　　编制人：　　　　　　　　　　上报日期：

供电公司　　年　　月供电所 0.4～10kV 公用线路线损考核表

填报单位：　　　　　　　　　　　　　　　　　　　　　　　　　　　　　单位：万 kWh，%

管理单位	考核指标		供电量		售电量		损失电量		线损率		考核结果
	1	2	本月	累计	本月	累计	本月	累计	本月	累计	
合　计											
备注：											

审核人：　　　　　　　　　　填报人：　　　　　　　　　　上报日期：

供电公司　　年　　月 35kV 及以上电网分线线损报表

填报单位：　　　　　　　　　　　　　　　　　　　　　　　　　　　　　单位：万 kWh，%

线路名称		本　月				累　计			
		供电量	售电量	损失电量	损失率	供电量	售电量	损失电量	损失率
公用线路									
合计 1									
直供专线									
合计 1									
合计 2（全部综合）									
备注：									

审核人：　　　　　　　　　　编制人：　　　　　　　　　　填报日期：

供电公司　　年　　月高压综合线损统计表

填报单位：　　　　　　　　　　　　　　　　　　　　　　　　　　单位：万 kWh，%

月份	供电量	售电量	损失电量	损失率	备 注
1					
2					
3					
4					
5					
6					
7					
8					
9					
累计					

审核人：　　　　　　　　　编制人：　　　　　　　　　填报日期：

供电公司　　年　　月各级线损综合报表

填报部门：　　　　　　　　　　　　　　　　　　　　　　　　　　单位：万 kWh，%

责任部门	线损率项目（%）		本　月				累　计				备注
			供电量	售电量	损失电量	损失率	供电量	售电量	损失电量	损失率	
发展策划部	综合线损率	1 综合									
调度运行部	35kV 及以上网损率	2 全部									
		3 直供									
		4 公用									
营销部	10（6）kV 线损率	5 全部									
		6 直供									
		7 公用									
发展策划部	高压综合线损率	8 全部									
		9 直供									
		10 公用									
营销部	0.4kV 农村低压线损率	11 全部									
		12 直供									
		13 公用									
	0.4kV 城区低压线损率	14 全部									
		15 直供									
		16 公用									
	0.4kV 低压综合线损率	17 全部									
		18 直供									
		19 公用									
	0.4～10kV 综合线损率	20 全部									
		21 直供									
		22 公用									

审核人：　　　　　　　　　编制人：　　　　　　　　　上报日期：

供电公司　　年　　月计量中心线损小指标统计表

填报部门：

序号	项　目	当月计划	实际完成	完成率	备注
1	电能表周期轮换率（%）				
2	电能表修调前检验率（%）				
3	电能表修调前检验合格率（%）				
4	现场检验率（%）				
5	现场检验合格率（%）				
6	电压互感器二次回路电压降周期受检率（%）				
7	计量故障差错率（%）				

审核人：　　　　　　　　　编制人：　　　　　　　　　上报日期：

供电公司　　年　　月查处窃电和营业计量故障统计表

填报部门：

序号	案件单位（查处）	主要情节及性质	退补电量（kWh）	查获时间	查获人员	备注
1						
2						
3						
4						
5						
6						
补、退合计						

审核人：　　　　　　　　　编制人：　　　　　　　　　上报日期：

变电站功率因数、母线电量不平衡率统计表

变电站　　　　　　填报日期　　年　月　日　　　　　　电量单位：万 kWh

指标			线路或开关名称	倍率	上月有功指数	当月有功指数	有功电量	上月无功指数	当月无功指数	无功电量	平均功率因数	备注
110kV母线	输入合计	有功	其中									
		无功										
	输出合计	有功	其中									
		无功										
	不平衡率											
	平均功率因数											
35kV母线	输入合计	有功	其中									
		无功	其中									
	输出合计	有功	其中									
		无功	其中									

续表

指　标			线路或开关名称	倍率	上月有功指数	当月有功指数	有功电量	上月无功指数	当月无功指数	无功电量	平均功率因数	备注
35kV母线	不平衡率											
	平均功率因数											
10kV母线	输入合计	有功	其中									
		无功										
	输出合计	有功	其中									
		无功										
	不平衡率											
	平均功率因数											

填写说明：

1. 若计量表为双向表，则直接将正、反向相抵的代数和电量填入输入或输出电量栏内。

2. 各侧母线平均功率因数均按输入侧有功、无功电量计算。

3. 10kV 开关站只填写 10kV 部分。

4. 已改为无人值守站的可由运行部（或生技部）线损专责填写。

线损率计划执行情况分析记录

参加人员		主持人		时间	
线损完成情况及存在的问题：					
结论及下一步计划：					

（五）工作要求

1. 线损统计分析的报告流程

各单位根据承担线损指标的完成逐月上报发展策划部、生产技术部、营销部。

（1）负责统计上报的各项线损指标完成情况报表。

（2）负责上报的线损分析内容：

1）负责控制管理的指标完成情况。

2）实际线损与计划、同期及理论线损相比升降情况。

3）线损升降的原因分析。

4）需要采取的降损控制措施。

5）分析形式：线损分析会、分析报告。

6）统计上报时间：次月 10 日前,其中线损分析记录次月 5 日前上报。

2. 线损统计分析的质量要求

（1）统计的报表必须正确，签名齐全，上报及时，不能错报、漏报或虚报，发现错报、漏报或虚报一次的，由于本部门原因不能按规定日期上报的，给予直接责任人和有关负责人一次性经济处罚。

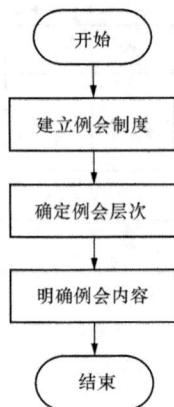

（2）线损分析应分为一般分析、重点分析和异常分析。

十七、线损分析例会应用分析

（一）业务简介

线损分析例会是线损高效查找和解决问题的组织形式，定期召开线损分析例会能够加强线损的分析工作，增加线损网络人员之间的沟通，相互学习工作经验，查找工作中存在的不足，在制定下月的降损节能措施计划中能做到有的放矢，更具针对性。

（二）业务流程

（三）环节参与分配

编号	流程环节	环节描述	环节参与者
1	建立例会制度	建立健全线损例会的各项管理制度	线损管理部门
2	确定例会层次	明确例会召开的层次，确定参加的人员	线损管理部门
3	明确例会内容	根据承担的线损管理责任明确例会中线损分析的重点	线损管理部门

（四）工作表单

线损率计划执行情况分析记录

填报单位：

参加人员		主持人		时间	
线损完成情况及存在的问题：					
结论及下一步计划：					

（五）工作要求

1. 企业线损分析例会制度

（1）线损（包括电压无功）会议原则上每月召开一次，遇有特殊情况，可随时召开。

（2）线损工作会议可以根据不同情况不同工作内容，召集有关人员参加，会议召集人可以是线损管理领导小组的正、副组长，也可以是公司线损专责。

（3）线损分析会议原则上规定每月10日前召开，遇星期天和国家法定节假日顺延，具体时间、地点由公司线损专责提前通知与会人员。

（4）线损分析会议每月由发展策划部组织，各部室及班组级线损员每月必须参加，准备相关的发言材料；线损领导小组人员、部室负责人及供电所长每季度必须参加，部室负责人、供电所长要准备上季度线损管理工作汇报材料及下季度线损管理工作计划。

（5）参加会议的人员一般不允许请假、迟到或早退，如有特殊情况，必须向线损管理领导的正、副组长请假，并得到批准，同时通知公司线损专责。

（6）所有与会人员必须签到，由公司线损专责统一考核，迟到或早退一次每人罚款50元。

2. 生产技术部分析例会制度

（1）生产技术部分析例会制度原则上每月30日召开，遇有特殊情况，可随时召开。

（2）生产技术部分析例会由生产技术部主任负责主持，线损员、运行方式及相关人员参加。

（3）线损分析必须针对当月线损指标完成情况，实际线损与计划、同期及理论线损相比升降情况以及升降的原因等进行分析，分析后必须有相关的降损控制措施，在下月分析会上要对控制措施执行情况进行总结汇报。

（4）所有参加会议人员不得无故缺席，如有特殊情况，必须向生产技术部主任请假，并得到批准。

3. 生产各部门线损分析例会制度

（1）分析例会原则上每月26日召开，遇有特殊情况，可随时召开。

（2）各部门线损分析例会由部门主任负责主持，线损员和班组长及相关人员参加。

（3）线损分析必须针对当月线损指标完成情况，实际线损与计划、同期及理论线损相比升降情况以及升降的原因等进行分析，分析后必须有相关的降损控制措施，在下月分析会上要对控制措施执行情况进行总结汇报。

（4）所有参加会议人员不得无故缺席，如有特殊情况，必须向部门主任请假，并得到批准。

4. 营销部线损分析例会制度

（1）营销部线损分析例会原则上每月8日召开，遇有特殊情况，可随时召开。

（2）营销部线损分析例会由营销部主任负责主持，线损专责、各中心主任及相关人员参加。

（3）线损分析必须针对当月线损指标完成情况，实际线损与计划、同期及理论线损相比升降情况以及升降的原因等进行分析，分析后必须有相关的降损控制措施，在下月分析会上要对控制措施执行情况进行总结汇报。

（4）所有参加会议人员不得无故缺席，如有特殊情况，必须向营销部主任请假，并得到批准。

5. 各中心线损分析例会制度

（1）分析例会原则上每月5日召开，遇有特殊情况，可随时召开。

（2）各中心线损分析例会由中心主任负责主持，线损员和班组长及相关人员参加。

（3）线损分析必须针对当月线损指标完成情况，实际线损与计划、同期及理论线损相比升降情况以及升降的原因等进行分析,分析后必须有相关的降损控制措施,在下月分析会上要对控制措施执行情况进行总结汇报。

(4)所有参加会议人员不得无故缺席,如有特殊情况,必须向中心主任请假,并得到批准。

十八、降损节能应用分析

(一)业务简介

按照线损管理标准化的要求,便于规范各单位线损管理,合理制定各单位各种降损措施,每月定期召开营销降损节能分析会,通报各级线损完成情况,异常线损分析及下一步应采取的降损措施。

(二)业务流程

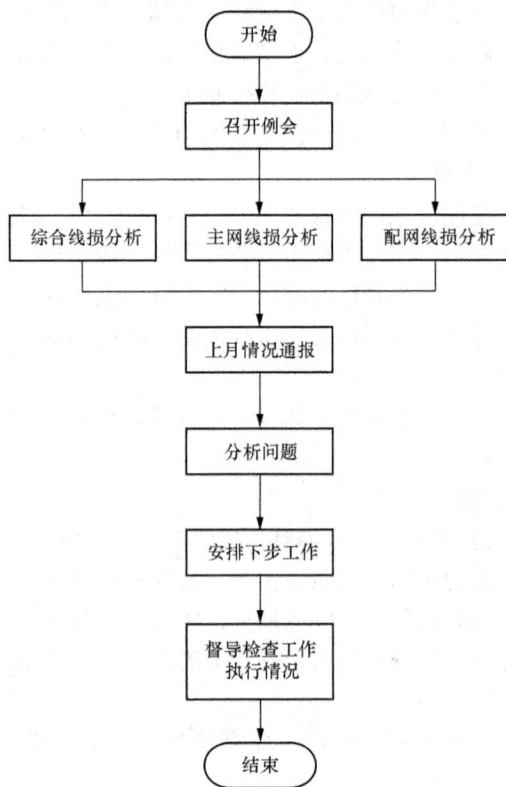

(三)环节参与分配

编号	流程环节	环 节 描 述	环节参与者
1	综合线损分析	通报综合线损率完成情况,各级线损完成情况,实际完成情况与上月、上季、上一年度同期的对比情况,以及与计划或理论线损对比情况,线损波动的原因,线损管理存在的不足,下一步应采取的降损措施	发展策划部、生产技术部、营销部、电力调度通信中心、变电运行部、营销各中心等部门领导及专责
2	主网线损分析	通报主网线损率完成情况,各级线损完成情况,实际完成情况与上月、上季、上一年度同期的对比情况,以及与计划或理论线损对比情况,线损波动的原因,线损管理存在的不足,下一步应采取的降损措施	生产技术部、电力调度中心、变电运行部线损专责及相关人员
3	配网线损分析	通报配网线损率完成情况,各级线损完成情况,实际完成情况与上月、上季、上一年度同期的对比情况,以及与计划或理论线损对比情况,线损波动的原因,线损管理存在的不足,下一步应采取的降损措施	营销及各中心线损专责及相关人员

（四）工作表单

线 损 分 析 记 录

填报单位：

参加人员		主持人		时间	
线损完成情况及存在的问题：					
结论及下一步计划：					

（五）工作要求

（1）分析工作采用科学的方法和手段，既要有定性分析，又要有定量分析，以定量分析方法为对主，突出重点，重点工作、问题要作重点分析，不回避难点和矛盾，对重点、难点问题要有针对性地提出工作措施建议。要积极开发和应用微机分析系统。

（2）分析工作坚持实事求是的原则，在调查研究、预测节能指标、制订措施、跟踪落实等工作中，必须求真务实，严禁弄虚作假。

（3）分析工作应形成分析会议记录并存档。

（4）各部门的线损分析报告应按规定时间上报，各基层部门按照规定向相应主管部门上报。

（5）各班站在开展线损分析时，要切合本部门的各种实际情况进行深入分析，对线损分析过程敷衍了事，分析内容只有数据没有影响线损的原因分析、分析结果前后逻辑明显错误、词不达意或虚报降损工作情况者，给予经济责任考核。

（6）未按规定时间开展线损分析会及上报线损分析报告的部门，每次给予经济责任制考核，并纳入全面绩效考核管理中。

十九、降损节能新技术、新设备应用分析

（一）业务简介

企业应积极推广和应用降损节能新技术、新设备，充分发挥其降损节能的作用，以实现企业"节能降耗、降本增效"。

（二）业务流程

（三）环节参与分配

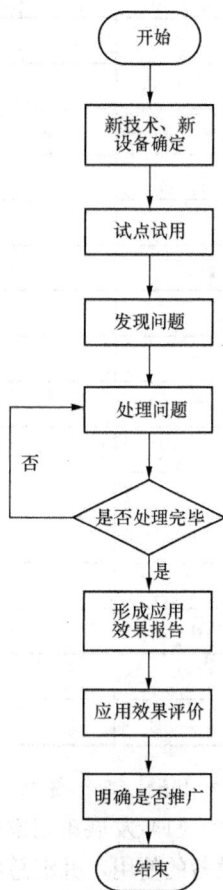

开始 → 新技术、新设备确定 → 试点试用 → 发现问题 → 处理问题 → 是否处理完毕（否→处理问题；是↓）→ 形成应用效果报告 → 应用效果评价 → 明确是否推广 → 结束

编号	流程环节	环 节 描 述	环节参与者
1	新技术、新设备的归口管理	负责组织企业的新技术、新设备的使用，并汇总各单位的使用效果报告，出具使用效果评价结果	发展策划部
2	指导和协助各单位新技术、新设备的应用	负责组织各单位新技术、新设备的使用，同时配合各单位对使用过程进行全方位的跟踪管理，审核营销各中心出具的使用效果报告	生产技术部、营销部

编号	流程环节	环 节 描 述	环节参与者
3	新技术、新设备的使用和维护	负责新技术、新设备的使用和维护，并针对使用过程中出现的问题进行跟踪处理，并在规定的时间内提交使用效果报告，对运行情况进行分析，为供电企业下一步工作的开展提供基础材料支撑	生产各单位、营销各单位

（四）工作表单

新技术、新设备应用评价表

填报单位：

序号	设备名称/技术名称	应用单位	应用效果	下一步建议

（五）工作要求

（1）发展策划部是降损节能新技术、新设备的归口管理部门，负责组织各单位的新技术、新设备的使用，并汇总各单位的使用效果报告，出具使用效果评价结果。

（2）生产技术部负责指导和协助生产单位新技术、新设备的应用，同时配合各单位对使用过程进行全方位的跟踪管理，审核各单位出具的使用效果报告。

（3）营销部负责指导和协助营销各中心新技术、新设备的应用，同时配合各中心对使用过程进行全方位的跟踪管理，审核营销各中心出具的使用效果报告。

（4）生产各单位和营销各单位负责新技术、新设备的使用和维护，并针对使用过程中出现的问题进行跟踪处理，并在规定的时间内提交使用效果报告，对运行情况进行分析，为供电企业下一步工作的开展提供基础材料支撑。

二十、线损培训管理应用分析

（一）业务简介

为全面提升供电企业线损管理水平，完善企业线损管理保障体系，以加强企业线损综合管理，提高职工业务技能和素质为根本，紧紧围绕公司中心工作和全年奋斗目标这个主题，认真做好企业线损培训工作。

（二）业务流程

（三）环节参与分配

编号	流程环节	环节描述	环节参与者
1	制订企业培训计划	每年的年初编制年度企业线损培训计划报人力资源部纳入企业总体培训计划管理	发展策划部
2	制订分级培训计划	每年12月份负责编制本部门下年度线损培训计划，由部门主任批准后报发展策划部备案	生产技术部、营销部
3	按计划开展线损管理培训	线损管理培训可采取多种多样的方法进行培训。可以进行专题、定期培训，也可利用公司、部门、班组线损分析会，由部门负责人或部门线损专责对有关人员进行不定期培训，也可进行现场讲解的方式进行现场实地培训	生产各单位、营销各中心
4	效果评价	每年企业有关部门对培训单位的线损培训情况进行月度、季度评价	人力资源部

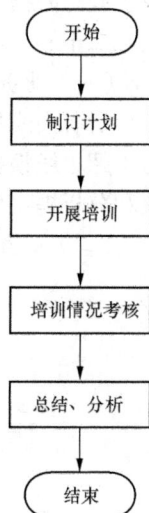

流程图：开始 → 制订计划 → 开展培训 → 培训情况考核 → 总结、分析 → 结束

（四）工作表单

线损培训记录表

填报单位：

培训日期		培训地点		
培训人		培训方式		
参加人员签到及培训情况				
序号	姓名	单位	签名	备注（培训情况）
培训内容：				
是否考核		□是　□否		
培训结果评价：				

（五）工作要求

（1）线损管理培训可采取多种多样的方法进行培训。可以进行专题、定期培训，也可利用公

司、部门、班组线损分析会，由部门负责人或部门线损专责对有关人员进行不定期培训，也可进行现场讲解的方式进行现场实地培训。

（2）不管采取何种培训，必须有培训记录。

（3）培训内容应包括线损基础知识、线损理论计算、电力网经济运行、电压与无功管理、营业管理与降损、计量装置管理与降损、降损节能新技术、新设备等。

二十一、线损异常管理应用分析

（一）业务简介

对有损线损进行测算分析，依据线损率与计划指标和同期完成值的比较结果及线损趋势图，对于超出线损指标的线路、台区的异常波动进行分类筛选和动态查询，为异常检查、工作质量考核和分析提供依据。

（二）业务流程

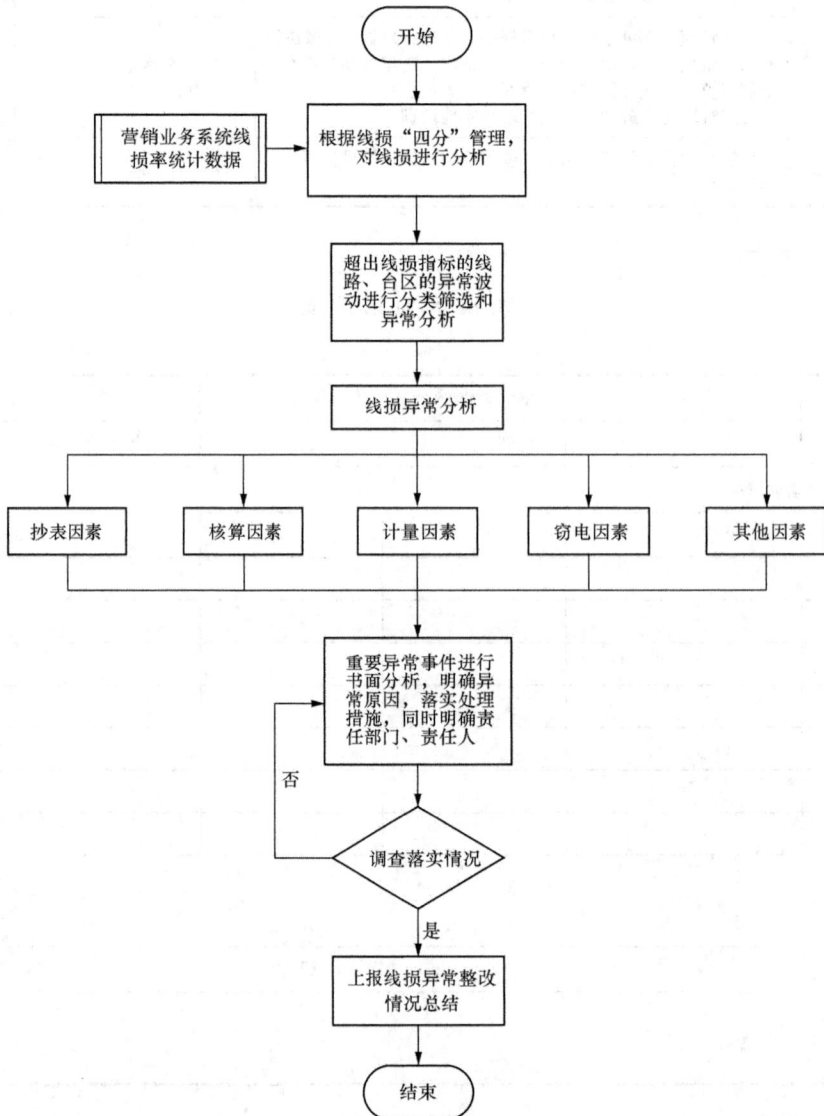

（三）环节参与分配

编号	流程环节	环 节 描 述	环节参与者
1	线损异常分析	根据线损"四分"管理，对线损异常的线路和变压器台区，进行认真、细致的定量和定性分析	发展策划部、营销部、生产技术部、生产各单位、营销各中心等部门领导及专责
2	线损异常处理	做好抄表稽查工作；核实线损"四分"基础资料数据的准确性；做好线路、台区、线路关口计量装置及联络开关双向计量装置和双电源客户参考计量装置等计量装置的异常处理；加强用电检查的力度，防止窃电现象发生	生产各单位、营销各中心线损专责及相关人员
3	线损异常的闭环管理	对于线损异常的线路和台区做好线损异常的分析及处理，落实处理措施，明确责任部门和责任人，每月及时上报线损异常处理情况总结	生产各单位、营销各中心线损专责及相关人员

（四）工作表单

线损异常情况月报表

填报单位：

序号	线路/台区名称	月线损率	异常原因	采取的措施	效果

（五）工作要求

1. 线损异常分析

对于线损异常的线路和变压器台区，进行认真、细致的定量和定性分析。针对供电企业的客观实际情况，可以从以下几个方面着手进行：

（1）抄表质量问题：①未按照抄表计划抄表；②存在估抄、漏抄和错抄；表计与抄表卡不相符。

（2）分线、分变数据不准确，是否存在变动后未及时修改"四分"基础资料的情况。

（3）线路关口计量装置是否出现计量故障，造成供电量的数据不准确。

（4）联络开关双向计量装置和双电源客户参考计量装置是否出现计量故障，造成数据不准确。

（5）供电区域内存在窃电现象。

2. 线损异常处理办法

（1）做好抄表稽查工作，抽查线损异常线路、台区的抄表质量。

（2）核实当月的线损异常报告与"四分"基础资料是否完全一致，若不一致，则立即进行数据资料的修改。

（3）核查计量装置，检查有无错误接线，接线是否合理，表计、TV、TA、导线选型是否合理，计量盘的封闭、表计的表尾、表壳、TA 的 K1、K2 以及电压线、瓷嘴以及瓷嘴至计量装置的导线的封闭是否完好，表壳铅封是否正常，及时处理接线不正确、不合理、设备封闭不好等问题。

（4）核查联络开关双向计量装置的瞬时量，检查有无错误接线或远程通信的错误；现场检查双电源客户参考计量装置的接线，避免接线错误。

（5）加大线损异常线路、台区的用电检查力度。

3. 线损异常的闭环管理

线损异常处理须按照闭环管理的原则来进行，对于线损异常的线路和变压器台区必须做好线损异常的分析和闭环管理工作。在每月的线损分析会上对线损异常的原因进行分析，得出结果之后形成处理意见，要求在次月异常分析会前完成。本月的线损异常处理情况在次月的线损分析会上通报，检查降损措施的实施效果，跟踪线损完成情况。

二十二、电压质量与无功管理应用分析

（一）业务简介

电压质量和功率因数是供电企业的重要技术指标。电压质量是电能质量的主要指标之一，电压质量对电网稳定及电力设备安全运行、线路损失、工农业安全生产、产品质量、用电单耗和人民生活用电都有着直接的影响。无功电力是影响电压质量和电网经济运行的一个重要因素。

（二）业务流程

（三）环节参与分配

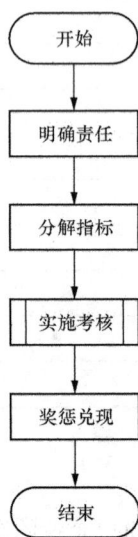

编号	流程环节	环 节 描 述	环节参与者
1	明确责任	电压质量和无功电力管理工作，实行统一领导下的分级管理负责制	企业各相关部门
2	分解指标	将指标分解到各单位，电压质量标准和功率因数考核指标实行分部门承包管理	分管副总经理
3	实施考核	根据企业的电压质量标准和功率因数考核指标完成情况对各单位进行考核	生产技术部
4	奖惩兑现	根据考核结果对各单位进行奖惩	分管副总经理

（四）工作表单

电压质量标准和功率因数考核指标完成情况统计表

填报单位：

序号	单位	指标名称	计划指标	完成情况	同期指标	同期完成	考核得分
1							
2							
3							
4							

（流程图：开始 → 明确责任 → 分解指标 → 实施考核 → 奖惩兑现 → 结束）

续表

序号	单位	指标名称	计划指标	完成情况	同期指标	同期完成	考核得分
5							
6							
7							
8							
9							

（五）工作要求

1. 职责分工

（1）主管生产的公司领导负责电压质量和无功电力的全面管理工作，负责组建公司电压质量和无功电力管理领导小组及管理网络，指导、协调、检查、落实管理工作。

（2）副总工协助主管领导电压质量和无功电力的全面管理工作。

（3）生技部是供电企业电压质量和无功电力管理的归口部门，负责协助主管领导管理全公司电网电压质量，无功电力平衡管理的日常工作，包括综合统计、电压考核报表编报、分析存在问题、向主管领导提供改善电压质量和改进无功补偿的建议措施等。

（4）调度运行部负责各变电站 10kV 及以上各电压监测点的统计、考核工作，负责各变电站和 10kV 及以上专线用户的主变压器调压装置、无功补偿装置的运行管理工作，统计各变电站主变压器调压、无功装置投切次数，分析原因及存在问题，并对存在问题提出整改意见。

（5）营销部负责 10kV 及以下线路各监测点电压质量的统计、线路无功补偿装置、10kV 配电变压器调压装置及各重要用户无功补偿装置以及各监测点电压监测仪的运行监督和统计管理工作。对运行中存在的问题，及时提出改进意见。

（6）变电检修部负责各变电站主变压器调压器和无功补偿装置的检修、维护工作，协助 10kV 线路管理部门和供电所对配网无功补偿装置及配电调压装置进行检修，确保设备性能完好，满足运行需要。

（7）各单位专（兼）职管理人员，负责本单位电压质量与无功电力的管理工作，发现电压质量和力率低于考核指标的，应立即汇报本单位负责人采取措施。对本单位解决不了的问题，应及时书面报公司有关部门或领导协调解决。

（8）以上部门应按照职责，明确具体工作负责人，建立必要的技术档案资料，按时报送有关报表。

2. 电压质量标准

（1）电网各级电压的标称额定电压值有：110kV、35kV、10kV、380V、220V，其中 220V 为单相交流电，其余均为三相交流电。

（2）电压质量指缓慢变化的电压偏差指标。

（3）用户受电端供电电压允许偏差值：

1）35kV 高压用户供电电压允许正负偏差绝对值之和不得超过额定电压的 10%，以计量点电压值为准。

2）10kV 中压用户供电电压允许偏差值为额定电压的 ±7%。

3）380V 电力用户的电压允许偏差值为额定电压的 ±7%。

4）220V 电力用户的电压允许偏差值为系统额定电压的 −10%～+7%。

5）对电压质量有特殊要求的用户，供电电压允许偏差值及其合格率由供用电协议确定。

6）各变电站 10kV 母线电压允许偏差值为额定电压的＋7%，或根据运行考核结果，在保证所带用户受电电压均合格的情况下，由调度确定具体控制范围值。

3．电压监测与统计

（1）各责任单位应明确专人负责电压监测仪的检查、维护和电压监测的数据采集、统计、分析、上报工作，每月月初将上月数据采集后与 2 日前将检测卡报生技部无功电压专责处，生技部无功电压专责将所有监测点电压读卡后，汇总统计所有电压监测点电压，并写出分析报告，每月 5 日前将报表及分析报告上报领导小组。

（2）电压和无功管理专职人员应掌握电压监测装置的正确操作方法，并应加强对电压监测装置的运行巡视检查，对不合格的装置及时进行更换，提高监测的准确性。

（3）电压合格率的计算和考核：

1）电压合格率是指实际运行电压在允许电压偏差范围内累计运行时间与对应的总运行统计时间之比的百分值。

2）供电综合电压合格率的计算公式为：

$$V = 0.5A + 0.5(B + C + D)/N$$

$$A = I - \frac{\sum n_i 电压监测点电压超出偏差时间（分）}{\sum n_i 电压监测点运行时间（分）} \times 100\%$$

式中　A——A 类电压监测点，即变电站 10kV 母线电压合格率；

　　　B——B 类电压监测点，即 35kV 高压专线用户电压合格率，计算方法同 A；

　　　C——C 类电压监测点，即 10kV 中压用户电压合格率，计算方法同 A；

　　　D——D 类电压监测点，即 380/220V 低压用户电压合格率，计算方法同 A；

　　　n——该类监测点的个数，n_i 为第 i 个监测点；

　　　N——B、C、D 类别数。

4．无功电力补偿与调压

（1）无功电力补偿的原则和方式：全面规划，合理布局，分级补偿，就地平衡。坚持集中补偿与分散补偿相结合，降损与调压相结合。

（2）各变电站装设的并联电容器，要加强维护管理，保持可投率在 95% 以上。电容器的运行除事故和危及设备安全情况外，都要按照调度命令或电压曲线逆调压的原则运行。

（3）各变电站并联电容器的容量，应按主变压器容量 10%～15%配备，应分组、可调。

（4）线路补偿电容器组由线路运行管理责任部门（或各供电所）加强维护管理，按要求运行，以降低线损。容量不够或损坏的，应及时补充和修复，保证功率因数在 0.9 及以上。

（5）10kV 及以上电力客户的无功补偿装置由客户负责运行维护管理。用电管理责任部门的管理职责是：宣传与指导、检查与监督以及按照国家有关规定执行功率因数调整电价。

（6）对装有大功率电动机的用户，要鼓励其装设无功补偿装置，使其功率因数达到 0.9 及以上。

（7）各单位应加强变压器调压装置的管理，充分利用调压手段协调系统电压，保证电压合格率目标的完成。

（8）新建变电站应采用节能型有载调压变压器。要积极进行主变压器的有载调压改造。

（9）加强有载调压开关的日常运行管理，按规定操作次数进行检修维护。

二十三、配电线路巡视管理应用分析

（一）业务简介

巡视检查是运行维护的基本，通过巡视检查可及时发现缺陷，以便采取防范措施，保障线路的安全运行。线路巡视分为定期巡视、特殊巡视、夜间巡视、故障巡视和监察性巡视。

线路运行工作应贯彻"安全第一"的方针，实现合理经济运行，提高供电可靠性，为客户提供优质服务。搞好线路运行工作是提高设备管理水平，提高经济效益和社会效益的重要保证。

（二）业务流程

（三）环节参与分配

编号	流程环节	环 节 描 述	环节参与者
1	接受巡视任务	线路运行站所负责人根据线路定期巡视周期安排巡视任务，线路运行专责人接受巡视任务	线路运行专责
2	实施巡视计划	对接受到的线路巡视任务安排巡视计划，并进行巡视	巡线人员
3	汇总缺陷	巡线工作结束后，巡线人员整理现场巡视记录，将缺陷按一般缺陷、重大缺陷、紧急缺陷和永久缺陷进行分类，并按分类记入相关缺陷记录	巡线人员
4	巡视汇报	巡线人员全面汇报巡视情况、缺陷内容及分类情况，重大缺陷特别是紧急缺陷必须当会汇报清楚	巡线人员
5	资料整理	整理完善巡视记录资料，妥善保管	巡线人员

开始 → 接受巡视任务 → 实施巡视计划 → 汇总缺陷 → 巡视汇报 → 资料整理 → 结束

（四）工作表单

线 路 巡 视 记 录 表

线路名称： 年 月 日 气候：

序号	杆号	巡 视 内 容	风险点	措施	巡视人
1					
2					
3					
4					
5					
6					
7					
8					
9					

（五）工作要求

（1）线路巡视周期：

1）定期巡视，每月至少一次。

2）特殊巡视，根据需要。

3）夜间巡视，每年至少六次。

4）故障巡视，发生事故时。

5）监察巡视，重要线路和事故多发线路每年至少三次。

（2）电杆是否倾斜、下沉、上拔；杆基周围有无挖掘或沉陷。

（3）杆塔有无裂缝、疏松、漏筋；钢圈接头有无开裂、锈蚀；铁塔构件有无弯曲、锈蚀、丢失，螺栓有无松动。

（4）电杆有无杆号等明显标志；有无危及安全的鸟巢及藤萝类植物；有无被水淹、冲的可能；防洪设施有无损坏、坍塌。

（5）横担、金具的巡视：横担有无锈蚀、歪斜、弯曲、断裂；金具有无锈蚀、变形；螺栓是否紧固，是否缺螺帽。

（6）绝缘子的巡视：绝缘子有无硬伤、裂纹、脏污、闪络；针式绝缘子绑线有无松断，是否歪斜；螺帽是否松脱；悬式绝缘子销子是否齐全，有无断裂、脱落。

（7）导线的巡视：

1）导线有无断股、烧伤；化工地区导线有无腐蚀现象；各相弧垂是否一致，是否过紧、过松；导线接头处有无过热变色、烧熔、锈蚀；并沟线夹弹簧垫圈是否齐全，螺帽是否紧固。

2）绝缘导线外皮有无鼓包变形、烧熔、磨损、龟裂；各相绝缘导线弧垂是否一致，是否过紧、过松；绝缘护罩的引出线口是否向下；沿线树枝有无刮蹭绝缘线。绝缘导线为非安全绝缘导线，在带电运行状态下，采用绝缘工具方可触及；对事故中断落的绝缘导线，应视同断落的裸导线，并采取防止行人接近的措施。

（8）避雷器的巡视：避雷器有无裂纹、脏污、闪络；安装是否牢固；引线连接是否良好；上下压线有无开焊、脱落；接头有无锈蚀。

（9）接地装置的巡视：接地引下线有无损伤、锈蚀；接头接触是否良好。

（10）拉线、拉桩、戗杆的巡视：拉线有无锈蚀、松弛、断股；拉线棒、抱箍有无变形、锈蚀；拉桩、戗杆有无倾斜、损坏，周围有无沉陷、缺土；水平拉线对地距离是否符合要求。

（11）线路交叉跨越的巡视：

1）配电线路与各电压等级电力线路的垂直交叉距离，在上方导线最大弧垂时，是否符合有关规程规定；与弱电线路的垂直距离，在最大弧垂时是否符合有关规程规定。

2）配电线路与被跨物的垂直距离、与建筑物的水平距离，在最大弧垂时是否符合规程有关规定。

3）邻近配电线路的树枝在大风时不触碰导线；城市街道绿化树木与10kV线路导线的最小水平距离为2m，最小垂直距离为1.5m。

（12）柱上油断路器、隔离开关、熔断器的巡视：

1）柱上油断路器外壳有无渗、漏油和锈蚀；油位是否正常；套管有无裂纹、脏污、闪络；安装是否牢固。

2）隔离开关、熔断器绝缘有无损伤、脏污、闪络，触头是否接触良好，有无过热、烧熔现象；安装是否牢固，各部件有无松动、脱落；消弧管有无损坏。

（13）沿线环境的巡视：

1）配电线路有无被风刮起搭落在导线上的树枝、金属丝、塑料布、风筝等。

2）有无危及线路安全运行的建筑脚手架、树木、烟囱、天线、旗杆等。

3）有无敷设管道、修桥筑路、平整土地、砍伐树木及在线下修房栽树、堆放土石等。

二十四、配网事故抢修管理应用分析

（一）业务简介

10kV及以下配网是指10kV电压等级的电缆、架空线路及其设备和用户电表前的380V/220V线路及设备。配网事故抢修是指10kV及以下电压等级的线路（包括电缆和架空线路）及设备（包括环网柜、电缆分支箱、箱式变压器高压侧等）的事故或故障抢修。

配网事故抢修管理应用是为加强配网用电侧管理，切实履行供电服务承诺，为客户提供优质的故障修复服务。

（二）业务流程

（三）环节参与分配

编号	流程环节	环节描述	环节参与者
1	故障受理	运行部门接到故障受理信息后，问明台区名称、故障情况，进行故障受理	配电抢修班
2	故障查找	抢修班组到达现场后，查明故障点，确定处理方案，明确危险点及防范措施	配电抢修班
3	故障处理	根据抢修人员到现场抢修的结果，反馈故障处理情况	配电抢修班
4	资料整理	对故障报修单进行归档，并对资料进行整理	配电抢修班

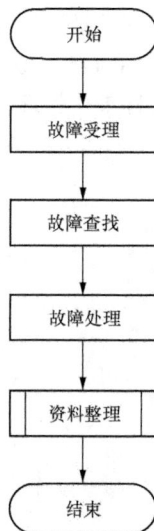

开始 → 故障受理 → 故障查找 → 故障处理 → 资料整理 → 结束

（四）工作表单

配网事故抢修情况统计表

填报单位：

序号	事故描述	事故地点	受理时间	抵达现场时间	问题	措施	责任人
1							
2							
3							
4							
5							
6							
7							
8							
9							

（五）工作要求

（1）要有完善的事故抢修措施，设有专人值班，设立报修电话。

（2）接到故障报告，抢修人员要及时赶到现场，在符合有关规程的情况下，架空线路不超过 12h、电缆线路一般事故处理不超过 24h。

（3）对危及人身或主设备安全的隐患、故障和事故，应立即组织检修、处理。

（4）对可能发生的洪水、地震、火灾、风雾灾害等要有处置预案，提高防灾、减灾能力。

（5）对供电线路要定期巡视维护，做到防患于未然，确保所辖区域内的供电可靠性指标。

（6）计划检修停电，要提前通知客户；事故检修停电，要及时通知客户；突发性故障停电，客户查询时应做好耐心解释。

二十五、电能计量装置管理标准化应用分析

（一）业务简介

电能计量装置是电贸易结算的重要设备，为了保证电能计量量值的准确统一和电能计量装置运行的安全可靠。必须加强电能计量装置的管理，从计量装置的订货验收、检定、检修、保管、安装、竣工验收、运行维护、现场检验、周期检定（轮换）、抽检、故障、处理、报废全过程管理，来提高计量装置的计量性能。

根据供电企业管理精益化、规范化的要求，以及营销专业化管理的要求，依据《中华人民共和国计量法》、《中华人民共和国计量法实施细则》、《中华人民共和国电力法》、《供电营业规则》、DL/T 448—2000《电能计量装置技术管理规程》等国家有关法律、法规，需要对电能计量装置进行标准化管理。

（二）业务流程

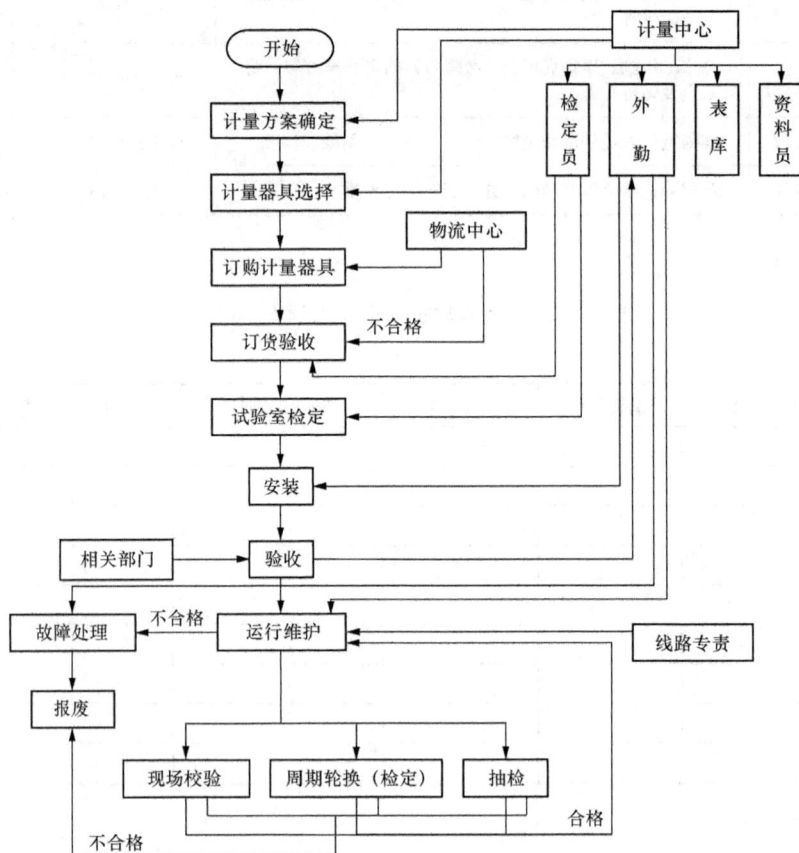

（三）环节参与分配

编号	流程环节	环节描述	环节参与者
1	计量方案确定	根据客户服务中心提供的用户业扩报装资料，参与计量方案设计	电能计量中心专责
2	计量设备选用	根据计量方案的设计，参与计量器具的选用	电能计量中心专责
3	计量设备需求计划	编报本供电公司电能计量设备及电能量采集终端需求计划	电能计量中心主任
4	订货验收、检定、配送	省公司统一招标、统一采购、统一抽检验收及检定，然后配送到供电企业	省公司电能计量中心
5	计量设备入库	电能计量中心	电能计量中心资产管理员
6	计量器具安装	检验合格计量器具和电能量采集终端，由电能计量中心外勤人员从表库取出后现场安装、调试	计量外勤人员
7	验收	由客户中心、生产计划部、安全监察部、电能计量中心组成的验收组，现场验收合格方可运行	各科室专责及计量外勤人员
8	运行维护	由线路专责人负责日常巡视，发现问题，立即通知计量外勤人员现场处理	线路专责、计量外勤人员

编号	流程环节	环节描述	环节参与者
9	现场校验	对新增用户在运行一个月内进行首次检定，及对大客户依据规程定期现场校验	计量外勤人员
10	周期轮换（检定）	对到期的Ⅰ类、Ⅱ类、Ⅲ类、Ⅳ类用户的计量器具按规程定期周期轮换（检定），对Ⅴ类用户按批量抽取一定比例检定	计量内勤人员
11	故障处理	一旦计量装置出现问题，由电能计量中心外勤人员进行故障处理，办理拆装、追退等事宜	计量外勤人员
12	报废	对校验不合格、绝缘水平不能满足要求、性能上不能满足要求的计量器具，办理报废手续，且在资产档案中及时销账	电能计量中心资料员

（四）工作表单

供电公司　　年　月　日计量器具验收入库工作单

填报单位：

序号	计量器具名称	数量	型号	规格	出厂编号	生产厂家	入库日期	验收人

电能计量中心　　年　月计量器具出入库统计表

填报单位：

序号	名称	型号	规格	生产厂家	出库	入库	库存

电能计量中心　　年　月　日计量器具报废与淘汰统计表

填报单位：

序号	名称	型号	规格	生产厂家	报废	淘汰	原因

年　　月电能计量资产统计表

填报单位：

序号	器具类别	运行		库存	总量
		电力资产	用户资产		

（五）工作要求

1. 电能计量装置的配置原则

（1）贸易结算用的电能计量装置原则上应设置在供用电设施产权分界处。

（2）对于Ⅰ、Ⅱ、Ⅲ类贸易结算用电能计量装置应按计量点配置计量专用电压、电流互感器或者专用二次绕组。

（3）安装在客户处的贸易结算用电能计量装置，10kV及以上电压供电的客户，应配置统一标准的电能计量柜或电能计量箱；0.4kV电压供电的客户，宜配置电能表集装箱。

（4）经电流互感器接入的电能表，其标定电流不宜超过电流互感器额定二次电流的30%，其额定最大电流应为电流互感器额定二次电流的120%左右。直接接入式电能表的标定电流应按正常运行负荷电流的30%左右进行选择。

（5）执行功率因数调整电费的客户，应安装能计量有功、无功电量的电能计量装置或多功能电能表；实行分时电价的客户应装设复费率电能表或多功能电能表。

（6）新建、改造居民住宅小区应采用用电集抄、预购电计费系统。

（7）电能表固定安装时选用三相四线电能表；农村浇地用选用三相四线电能表或三相三线电能表。新增客户应优先选用电子式电能表或具有预购电功能的多功能电能表。

（8）电能表原则上应采取直接接入法，其选用容量应为正常运行负荷的30%～100%。

2. 投运前管理

（1）电能计量装置设计审查：

1）各类计量装置的设计方案应经电能计量中心（主任、计量技术负责人或外试班长）审查通过。

2）设计审查内容包括计量点、计量方式（电能表与互感器的接线方式、电能表类别、装设套数）的确定；计量器具型号、规格、准确度等级、制造厂家、互感器二次回路及附件等的选择、电能计量柜（箱）的选用、安装条件的审查等。

3）电能计量装置的设计审查，应由参加审查人员写出审查意见并由各方代表签字。

4）凡设计审查中发现不符合规定的部分应在审查结论中明确列出，并由原设计部门按照审查意见进行设计修改。

5）客户服务中心、农电服务中心在与客户签订供用电合同、批复供电方案时，对电能计量点和计量方式的确定以及电能计量器具技术参数等的选择应经电能计量中心会签。

（2）电能计量器具的购置管理：

1）电能计量中心应根据业扩发展和正常周期轮换需要，编制各类电能计量器具的订货计划，报经省公司批准。

2）电能计量器具的订货应根据已批准的订货计划在上级组织的招标会议上订购，不得私自订购。订购的计量器具应具有制造计量器具许可证、进网许可证（行业已发证的产品）和出厂检验合格证。

3）在签订计量器具订货合同前必须首先签订技术合同或协议，订货合同中的计量器具的各项性能和技术要求必须满足技术合同的要求，符合相应国家和电力行业标准的要求。

4）凡首次在本供电营业区域内使用的电能计量器具应小批量试用，动力表不宜超过50块，单相表不宜超过500块。

（3）新购电能计量器具的验收管理：

1）电能计量中心负责对新购入的电能计量器具，应按照技术合同和国家及电力行业标准的要求进行验收。

2）验收内容包括：装箱单、出厂检验报告（合格证、使用说明书、铭牌、外观结构、安装尺寸）辅助部件、功能和技术指标测试等，均应符合订货合同和技术合同要求。

3）经验收的电能计量器具应出具验收报告，合格的由电能计量中心负责人签字验收，办理入库手续并建立计算机资产档案。验收不合格的，应由订货单位负责更换或退货。

（4）电能计量装置资产管理的内容包括：相关计量器具的购置、入库、保管、领用、转借、调拨、报废、淘汰、封存和清查等。

（5）电能计量装置的安装及安装后的验收，由电能计量中心制定符合本供电营业区实际的电能计量装置安装与验收管理细则。

（6）电能计量装置的安装应严格按审查通过的施工设计或客户业扩工程确定的供电方案进行。

1）安装使用的电能计量装置必须经电能计量中心或上级计量检定机构检定合格。

2）使用电能计量柜的客户或输、变电工程中电能计量装置的安装可委托施工单位安装，其他所有用于贸易结算用的电能计量装置一律由电能计量中心外勤人员负责安装。

3）电能计量装置的安装应执行电力工程安装的有关规定的要求。

4）电能计量装置安装完工后应填写竣工单，整理有关的原始技术资料，做好验收交接准备工作。

5）电能计量装置投运前应由电能计量中心组织进行全面验收。验收的项目及内容包括技术资料、现场检查、验收试验、验收结果的处理。

3. 计量装置运行管理

（1）运行档案管理：

1）电能计量中心应通过营销业务支持系统对投运的电能计量装置建立运行档案，实施对运行电能计量装置的计算机管理并实现与相关专业的信息共享。

2）运行档案应有可靠的备份和用于长期保存的措施。并能方便按照客户类别、计量方式和计量器具分类进行查询统计。

3）电能计量装置运行档案的内容包括客户基本信息及其电能计量装置的运行资料等。

a. 基本信息包括：互感器的型号、规格、厂家、等级、安装日期；二次回路连接导线或电缆的型号、规格、长度；电能表的型号、规格、厂家、安装日期、等级及套数；电能计量柜（箱）的型号、厂家、安装地点等。

b. 运行信息包括：①原理接线图、工程竣工图及投运时间、历次改造的时间和内容；②安装、轮换的电能计量器具型号、规格等内容及轮换时间；③历次现场检验误差数据；④故障情况记录等。

（2）运行维护及故障处理：

1）安装在变电站和公用配电变压器处的电能计量装置，由本企业运行及生产人员负责监护，保证其封印完好，不受人为损坏。

2）安装在客户处的电能计量装置，由客户负责保护封印完好，装置本身不受损坏或丢失。在签订协议合同或办理工作票时要明确、告知。

3）当发现电能计量装置有故障时，应及时通知电能计量中心进行处理。贸易结算用的电能计量装置故障时，由电能计量中心依照《中华人民共和国电力法》、《供电营业规则》及其有关规定进行处理。

4）电能计量中心对发生的故障应及时进行处理，对造成的电量差错，应认真调查、认定、分清责任，提出防范措施，并根据有关规定进行差错电量计算。

5）对于窃电行为造成的计量装置故障或电量差错，用电检查人员应注意对窃电事实的依法取证，应当场对窃电事实写出书面认定材料，由窃电方责任人签字认可。

6）对造成电能计量差错超过 1 万 kWh 及以下者，按营业差错处理；对造成电能计量差错超过 1 万 kWh 及以上者，按重大营业事故处理。

（3）现场检验：

1）电能计量中心应制定电能计量装置现场管理制度。

2）电能计量中心应编制并实施年、季、月度现场检验计划。

3）现场检验应执行 SD109 和 DL/T 448—2000《电能计量装置技术管理规程》的有关规定。现场检验应严格遵守《电力安全工作规程》。

4）现场检验时不允许打开电能表罩壳和现场调整电能表误差。当现场检验电能表误差超过电能表准确度等级值时，应在三个工作日内更换。

5）新投运或改造后的Ⅰ、Ⅱ、Ⅲ、Ⅳ类高压电能计量装置应在一个月内进行首次现场检验。

6）对于Ⅰ类电能表至少每 3 个月现场检验一次；Ⅱ类电能表至少每 6 个月现场检验一次；Ⅲ类电能表至少每年现场检验一次。

7）高压互感器每 10 年现场检验一次，当现场检验互感器误差超差时，应查明原因，制订更换或改造计划，尽快解决，时间不得超过下一次主设备检修完成日期。

8）运行中的电压互感器二次回路电压降应定期进行检验。对 35kV 及以上电压互感器二次回路电压降，至少每两年检验一次。当二次回路负荷超过互感器额定二次负荷或二次回路电压降超差时应及时查明原因，并在一个月内处理。

9）现场检验数据应及时存入计算机管理档案，并应用计算机对电能表历次现场检验数据进行分析，以考核其变化趋势。

（4）周期检定（轮换）与抽检：

1）电能计量中心根据 DL/T 448—2000《电能计量装置技术管理规程》的规定制定出电能计量器具周期检定（轮换）与抽检管理办法，并根据电能表运行档案、轮换周期等制订出每年（月）电能表轮换计划和抽检计划。

2）电能计量中心应根据电能表运行档案、规程规定的轮换周期、抽样方案和地理区域、工作量情况等，应用计算机制订出每年（月）电能表的轮换计划和抽检计划。

3）运行中的Ⅰ、Ⅱ、Ⅲ类电能表的轮换周期一般为 3～4 年。运行中的Ⅳ类电能表的轮换周期为 4～6 年。但对同一厂家、型号的静止式电能表可按上述轮换周期，到周期抽检 10%，做修调前检验，若满足 DL/T 448—2000《电能计量装置技术管理规程》7.4d 条要求，则其他运行表计允许延长一年使用，待第二年再抽检，直到不满足 DL/T 448—2000《电能计量装置技术管理规程》7.4d 条要求时全部轮换。Ⅴ类双宝石电能表的轮换周期为 10 年。

4）对所有轮换拆回的Ⅰ～Ⅳ类电能表应抽取其总量的 5%～10%（不少于 50 只）进行修调前检验，且每年统计合格率。

5）对于Ⅰ、Ⅱ类电能表的修调前检验合格率为 100%，Ⅲ类电能表的修调前检验合格率应不低于 98%，Ⅳ类电能表的修调前检验合格率应不低于 95%。

6）运行中的Ⅴ类电能表，从装出第六年起，每年应进行分批抽样，做修调前检验，以确定整批表是否继续运行。

7）低压电流互感器从运行的第 20 年起，每年应抽取 10%进行轮换和检定，统计合格率应不低于 98%，否则应加倍抽取、检定、统计合格率，直至全部轮换。

（5）电能表的运输：

1）待装电能表和现场检验用的计量标准器、实验用仪器仪表在运输中应有可靠有效的防震、防尘、防雨措施。经过剧烈震动或撞击后，应重新对其检定。

2）电能计量中心应配置具有良好减震性能的电力专用车。专用电力计量车不准挪作他用。

（6）计量检定与修理：

1）计量检定：

a. 电能计量检定应执行检定系统表和检定规程。

b. 经检定合格的电能表在库房中保存时间超过 6 个月应重新进行检定。

c. 电能表、互感器的检定原始记录应逐步实现无纸化，并应及时存入管理计算机进行管理。原始记录至少保存三个检定周期。

d. 经检定合格的电能表由检定人员实施封印。

e. 内勤校验班长对检定员检定合格的电能表每周随机抽取 5%的比例，用同一台检定装置进行复检，并对照原始记录考核每个检定员的检定工作质量、所选用电能表的质量和核对标准装置的一致性。

f. 受理客户提出的有异议电能计量装置的检验申请后，对低压和照明客户一般应在 5 个工作日内将电能表和低压电流互感器检定完毕；对高压客户在 5 个工作日内进行现场检验。如测定的误差超差时，应再进行实验室检定。

g. 修、调前检验电能表不允许拆起原封印。

2）计量修理：

a. 轮换拆回的感应式电能表应进行拆洗、检查和重新组装。

b. 轮换拆回的电子式电能表应对表计外部和内部进行灰尘清除。

4. 电能计量信息管理

（1）电能计量中心应建立电能计量装置计算机管理信息系统并实现与用电营业及其他有关部门的联网。

（2）电能计量资产档案应分类管理、内容翔实、查询方便。包括标准设备档案、电能表档案、电压互感器档案、电流互感器档案、其他测试仪器仪表档案等。

（3）通过运行档案信息可对任意计量器具的整个运行过程进行了解；也可以客户为线索，查询统计在该客户中使用过的电能表。

（4）根据运行档案，计算机应能制订出电能计量装置现场检验计划、轮换计划和抽检计划，并分类统计各类电能计量器具的运行情况。

（5）应用计算机进行资料的检索和管理，积极推行并逐步实现技术资料的计算机信息化。

5. 电能计量印证管理

（1）电能计量证书的种类：检定证书；检定结果通知书；检定合格证；测试报告。

（2）电能计量封印的种类：检定合格印、安装封印、现校封印、管理封印及抄表封印和注销印等。

（3）各类计量印证的制作、使用与管理由电能计量中心统一负责管理，并根据有关要求制定出电能计量印证的管理办法。

（4）本规定如有与 DL/T 448—2000《电能计量装置技术管理规程》和上级规定不一致时，按照上级规定执行。

二十六、电能计量装置运行管理应用分析

（一）业务简介

电能计量装置的运行质量直接关系着电力客户与供电企业利益，直接关系着供电企业的社会形象。保障电能量值的准确、统一和计量装置的安全可靠，必须加强电能计量装置运行中各个流程节点的管理。电能计量装置运行管理应符合《电能计量装置技术管理规程》及相关法律、法规的管理要求。

（二）业务流程

```
                              开始
                               │
                          运行计量装置
                               │
         ┌─────────────────────┼─────────────────────┐
         │                     │                     │
      随机抽检               现场校验               周期轮换
         │                     │                     │
         │           否     是否合格              拆回并实验室检定
      是否合格      ┌──────────┤                     │
    是 │    否      │       是 │            ┌────────┴────────┐
  ┌────┘            拆回检定   工作票      合格入库、待配   不合格报废存档
  │        更换       │         │
不超检定周期、运行    │      问题排查    继续运行
  │        分析原因    │
  │          │     处理结果
  └────────处理
                               │
                          资料归档
                               │
                      维护计量装置正常运行
```

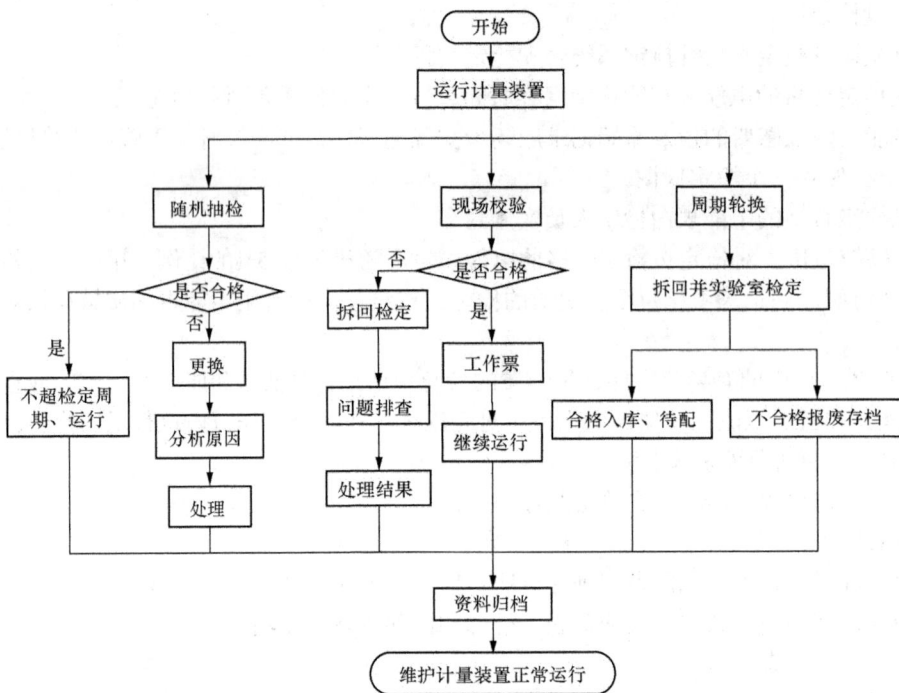

（三）环节参与分配

编号	流程环节	环 节 描 述	环节参与者
1	周期轮换	配电变压器及以上用户由电能计量中心外勤人员赴现场拆装	计量外勤人员
		低压用户电能表由管理单位依据公司周期轮换计划执行轮换计划	专责人员
2	现场校验	对新增用户在运行一个月内进行首次检定，及对大客户依据规程定期现场校验	计量外勤人员
3	线路资料管理	根据安全生产管理系统提供线路的新建、拆除、变更信息，同步更新线路资料。并向业扩提供因变更引起线路和用电客户计量点之间关系发生变动的用电客户信息	营销部线损专责
4	台区资料管理	根据安全生产管理系统和业扩提供台区的新建、拆除、变更信息，同步更新台区资料	营销各中心线损专责

（四）工作表单

年　月电能计量装置周期轮换率统计表

填报单位：

管理单位	轮换计划	实际完成	轮换率（%）
合　计			

年　月电能表修调前校验合格率统计表

填报单位：

管理单位	抽检计划	抽检数量	校验率（%）	不合格数量	合格率（%）
合　计					

（五）工作要求

1. 运行管理

（1）所有用于电费结算的电能计量装置均需经电能计量中心检定合格，由电能计量中心资产管理人员统一编号管理。相关业务人员按业扩程序办理业务工作票，无工作票的电能表不予安装。

（2）运行电能表出现质量问题需做检定、修理的，由客户服务中心、电能计量中心、电费管理中心和农电服务中心开具计量装置故障处理工作票，并安排计量工作人员到现场查验或拆回到供电企业电能计量中心进行校验。

（3）对新增或更换电能表，要及时对电能表档案进行修改和完善。

（4）定期、定点组织营业计量检查，发现未经检定、无铅封的或计量不准的缺陷应报给班长及时处理，避免漏计、错计、计量失准、计量接线错误、差错和窃电现象，保障其所辖计量装置准确无误并在有效期内。

（5）不定期进行巡视检查，发现超周期的电能表或故障影响计量准确性的，应及时排除或按照程序办理工作票进行校验。发现的窃电现象（迹象），应保护好现场并立即报告本单位领导，联系反窃电办公室或当地公安部门协助解决处理。

（6）电能表在运输、使用、保管中，任何人不得私自启封，电能表拆换后，必须送电能计量中心或经外试班现场检查封印，任何人不得擅自启封，若擅自启封，视为窃电行为。

（7）发现计量装置被盗或客户窃电时，应设专人保护现场、并迅速上报供电企业反窃电办公室、电能计量中心，计量人员会同现场勘察处理。

2. 周期管理

（1）计量器具一律不准超期运行使用，如没有按电能计量中心周期检定计划送检，造成漏检或由此引发的一切纠纷及责任由直接责任单位负责。

（2）周期轮换拆回的计量装置经检定不合格的，应按有关规定予以报废处理，不得流入市场。

（3）电能计量相关人员在每次进行现场检验或抄表时应检查计量装置运行状况，维护好计量接线，保证电能表、互感器在检定周期内准确运行，其编号、变比与计量台账相符、封印完好，并对检查结果负责，保障计量装置运行状态良好。

3. 检定仲裁

（1）运行中客户计量器具发生的争议，电能计量中心组织直接责任单位根据争执双方的意见，对计量器具做出仲裁检定，如形成计量纠纷，报请上级计量部门进行仲裁检定。

（2）客户若对电能表检定结果或运行中对电能表准确性有质疑时，首先应由客户提出申请，由营业厅（供电所）办理有关手续后到电能计量中心检定。

（3）对于电能表检定的误差结果，按照《供电营业规则》第6章有关条款处理。

4. 计量工作票管理

（1）高、低压供电客户电能计量装置的新装、迁移、故障校验、轮换校验、变更互感器变比等业务均办理计量工作票，并按照营销业务支持系统流程存档备案。

（2）计量装置的拆换应按程序办理工作票领取、退库手续，未办领退手续进行工作者视为私自拆换表。

（3）工作票需填写字迹清楚，内容填写完整，电能表读数不得涂改，工作内容要明确，工作人签字、客户签字均应签全名。

（4）电能计量中心要对工作票严格审查，确定无误后报营业部门结算，并及时归档。

（5）电能计量中心应建立完整的计量装置档案。

（6）农村居民客户计量装置新装、迁移、更名过户、故障校验、轮换校验、变更互感器变比等业务由供电所人员填写，营业专责审核并签字，供电所长定期检查。

5. 预付费计量装置管理

（1）要积极推广预购电计量装置，新增或增容专用变压器客户和住宅小区应安装预购电计量装置，其他客户也要逐步安装预购电计量装置，客户服务中心要严格控制，电能计量中心要严格把关。

（2）现运行的客户专用变压器出现欠费，要强制推行安装预购电计量装置。

（3）客户服务中心、电能计量中心和农电服务中心应做好预付费装置的运行检查，发现客户预付费装置出现故障时，用电检查人员通知采集人员，采集人员要及时处理或设备生产单位联系及时解决，不应影响客户用电。

（4）客户服务中心和农电服务中心要为客户提供 24 小时售电服务，不得因售电和预付费装置故障影响客户用电。

（5）预付费装置一经安装运行，管理权限在供电企业客户管理催费单位，其他任何单位和个人无权私自退出运行。

二十七、电能计量封印管理标准化应用分析

（一）业务简介

电能计量装置封印是供电企业堵塞营销漏洞，确保电能计量准确可靠，规范用电秩序，确保计量装置坚强可靠的"外衣"。为了明确责任，加强监督管理，电能计量中心对封印实施全过程的管理。相关应用应符合《中华人民共和国计量法》、《电力供应与使用条例》、《电能计量装置技术管理规程》的有关规定。

（二）业务流程

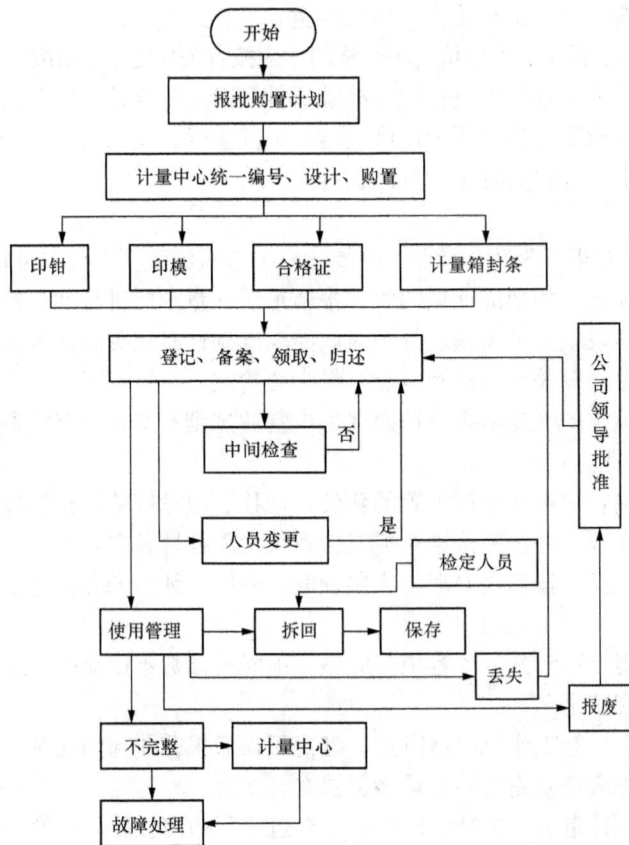

（三）环节参与分配

编号	流程环节	环节描述	环节参与者
1	编制购买计划	根据工作需要，由电能计量中心编制购买计划，并按相关规定要求统一编号、购置	电能计量中心专责
2	封印配发的管理	根据工作需要，计量专责建立发放工作记录，记录领用时间、领用人、使用地点、印钳编号、印钳的印模样品、印模编号及数量	电能计量中心专责
3	封印管理	人员变更：交回所领用的封印，并由电能计量中心专责登记其停止使用日期、交回时间、交回人、交回地点、原使用地点	电能计量中心专责
		管理人员现场检查发现电能计量封印，如不完整，立即通知电能计量中心	管理专责
		检定人员对报废的、拆回的封印，妥善保管	电能计量中心检定人员
		工作人员丢失的封印，立即报告电能计量中心，经主管领导批准后，电能计量中心专责备案报废，填明报废原因、报废时间、原使用人、停止使用时间	电能计量中心专责

（四）工作表单

计量印钳的领用、启用记录

填报单位：

日期	印钳编号	领用人	领用时间	启用时间	停用时间	归还时间	归还原因

计 量 封 印 发 放 记 录

填报单位：

日期	领 取 数 量			领取人	领取时间
	印模编号	合格证	计量箱封条		

电能计量中心　年　月封印发放统计表

填报单位：

名　称	领取数量	不合格数量	备注
印模			
合格证			
计量箱封条			
封线			

（五）工作要求

（1）企业电能计量中心负责对所有封钳、印章、合格证、封条的购置、刻制、配备和管理。所有电能计量器具必须使用本企业的印、证进行铅封或粘贴。

（2）电能计量中心对使用单位的封印钳要统一编号发放。所有封印在使用前均由电能计量中心登记、备案，并设专人负责保管档案和印模样品。各使用单位要有使用记录（包括日期、地点、使用人等），电能计量中心每半年检查一次。

（3）凡因工作需要增、减封印钳时，由需用单位申报，电能计量中心主任审核，报主管领导批准，电能计量中心编号发放，并定期检查。

（4）凡配发的封印钳、印证必须设专人保管使用，印钳必须按印模编号设专人保管使用，并严格执行领、退签字手续，不得转借，不得混用。

（5）持有印证的工作人员，在工作变更时，必须将印证退回，电能计量中心签字认可后，方可办理工作调动、退休、离职等手续。

（6）工作人员在印证启用前应检查原封印的完好性，发现问题应及时报告电能计量中心。

（7）拆回的印证必须妥善管理，不得乱扔乱放，对拆回的计量印证，电能计量中心必须进行统一销毁。

（8）计量封印只有原加封人或经授权的人员有权启封，其他任何人不得启动铅封，违犯者给予行政处分，直至追究刑事责任。

（9）管理人员在不定期检查和运行维护中，必须保障计量封印的完好性，发现问题应及时报告电能计量中心。

（10）因工作不负责任造成封印钳丢失者，首先要组织人员进行查找，并报电能计量中心，经企业领导批准，发出此封、印、钳作废通知。

二十八、电能计量装置安装与验收管理应用分析

（一）业务简介

电能计量装置包括各类电能表、计量用电压、电流互感器及其二次回路、电能计量柜（箱）。它主要是供电企业及用电客户计算电量、核算合理计收电费的重要计量设备。它的准确与否是衡量一个供电企业的技术管理水平，也是供电企业计算线损高、低的重要手段。

（二）业务流程

（三）环节参与分配

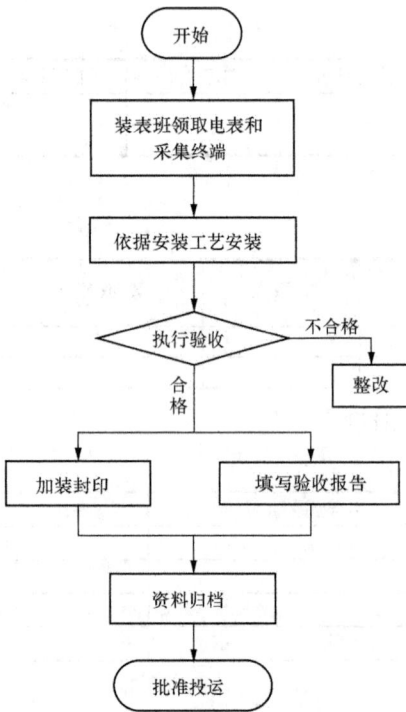

编号	流程环节	环节描述	环节参与者
1	制订安装与验收细则	由电能计量中心依据上级有关规程制订安装与验收细则	计量专责
2	领取电能表和远抄终端	装表班依据工程要求，领取电能表和远抄终端	装表班
3	工程安装	装表班人员按公司规定安装电能表和远抄终端	装表班人员
4	执行验收	客户服务中心和电能计量中心根据完成情况，执行验收	业扩专责和计量专责
5	填写验收报告和加装封印	验收合格后，加装封印，填写验收报告，同时交线路专责管理	相关管理部门
6	资料归档	依据验收报告，电能计量中心资料归档	计量专责

（四）工作表单

电能计量装置验收报告

填报单位：

用户名称：				
用户标志：	专用变压器/公用变压器		主管单位：	
供电线路：			变电站名称：	
变压器	容量	kVA	生产厂家：	
技术资料				
电能表	生产厂家：		型号：	规格：　A
	出厂编号：		资产编号：	
	正向有功表码：		正向无功表码：	

续表

用户名称：							
用户标志：	专用变压器/公用变压器			主管单位：			
供电线路：				变电站名称：			
变压器		容量：	kVA	生产厂家：			
技术资料							
电能表	反向有功表码：			反向无功表码：			
	检定时间：						
互感器	生产厂家	出厂编号	资产编号	型号	标称变比	实用变比	检定时间
产品质量				安装工艺			
接线检查				封印			
管理单位签字							
验收人：				验收日期：			
结论：							
备注：							

（五）工作要求

1. 电能计量装置的安装

（1）电能计量装置安装包括各类电能表、计量用电压、电流互感器及其二次回路、电能计量柜（箱）。

（2）电能计量装置应严格按照通过审查的施工设计或客户业扩工程确定的供电方案进行安装。

（3）安装的电能计量器具必须经供电企业电能计量技术机构检定合格，并粘贴有效的合格证。

（4）计量装置中所使用的导线截面必须符合相关规程要求，电流互感器的变比设定必须符合规程规定。

（5）计量柜（箱）所用母线与上下装头连接部分必须使用过渡接头，并压接良好，不得采用自身鼻子连接。

（6）计量箱内母线与两端连接螺丝必须压紧，螺丝帽、垫片必须镀锌、镀银或为无锈钢材质。

（7）电能表必须垂直安装，电流互感器要尽量水平安装，固定要牢固。

（8）计量柜（箱）中所使用的二次线应采用不小于 $2.5mm^2$ 铜质绝缘线，连接部位要可靠接触。

（9）安装时要注意金属导电部分保持相间、对地距离。

（10）电能计量装置安装后，应检查计量回路的正确性、可靠性；高压电能计量装置安装后应带负荷测试。

（11）电能计量装置安装完工应填写竣工单，整理有关的原始技术资料，及时传递工作传票，做好验收交接准备。

2. 电能计量装置的验收

（1）电能计量装置安装后，由安装单位向客户服务中心或电能计量中心提出验收申请，电能计量中心按照业扩程序进行验收，如是单一计量装置时应在三个工作日内给予验收。

（2）验收的内容：

1）电能计量器具的型号、规格、计量标志、出厂编号应与计量检定证书和技术资料的内容相符。

2）检查接线正确性，电能表、互感器及其二次回路接线应正确并与竣工图一致。

3）检查二次回路中间触点、熔断器、试验接线盒的接触情况。

4）产品外观质量应无明显瑕疵和受损；安装工艺质量应符合有关标准要求。

5）电流互感器、电压互感器实际二次负载及电压互感器二次回路压降的测量。

6）电流互感器、电压互感器现场检验，Ⅰ、Ⅱ、Ⅲ类电能表现场校验。

7）经验收的合格电能计量装置，验收人员应及时施加计量封印。

8）封印的位置为互感器二次回路的各接线端子、电能表接线端子、计量柜（箱）门等。

9）实施铅封后应由运行人员或客户对铅封的完好情况签字认可。

10）经验收的电能计量装置应由验收人员填写验收工作票或报告，注明"计量装置验收合格"或者"计量装置验收不合格"及整改意见，整改后再行验收。

11）验收不合格时，出具整改意见，限期复验。禁止验收不合格的计量器具投入使用。

12）验收报告及验收资料应及时归档。

二十九、电能计量装置资产管理应用分析

（一）业务简介

随着电力系统的迅速发展和科技水平的进步，电能计量资产的全生命周期（全过程）管理和信息化管理成为电能计量管理的重要工作内容，能够快速准确地完成各类电能表的数据处理和传输，大大减轻电能计量管理人员的劳动强度，减少和避免了业务差错，成倍的提高工作效率和工作质量。

（二）业务流程

（三）环节参与分配

编号	流程环节	环节描述	环节参与者
1	计量资产入库验收	表库人员依据电能计量中心计量资产验收入库管理办法进行验收入库	资产管理员
2	分类建档	计量专责对入库的资产分类建立档案	计量专责
3	实现系统管理，资源共享	对资产全过程进行管理，便于资产的查询、统计、报废等状态控制	资产管理员

（四）工作表单

电能计量装置资产管理

填报单位：

计量设备名称	型号	规格	资产编号	生产厂家	出厂编号	投入使用时间	上次检定时间	设备状态

（五）工作要求

1. 分类管理

（1）电能计量中心应设专人负责建立、保存和管理计量资产档案，应设置专用资产管理室。资产档案应分门别类，便于查找。

（2）对每一种资产档案中的每一件器具都要按名称、型号、规格、等级、厂号、局号、厂家、出厂日期、验收日期等内容逐一编号。

（3）电能资产分四类分别建账，第一类为标准装置；第二类为试验用工具类仪表；第三类为表库内用于轮换的表计；第四类为在运行表计。

（4）计量人员需领用第二类、第三类计量器具时必须按照需用计划办理相关手续，经电能计量中心主任签字同意后方可出库，工作完毕后办理归还手续。

（5）所有资产管理档案，除保存备份外，均要输入专用微机一份，并积极开发软件，实现计算机管理，信息共享。

（6）资产档案要随着资产的变动随时建立或修改，每年进行一次清点，做到账、卡、物相符。

2. 资产管理

（1）电能计量装置资产包括电能表检定装置、互感器检定装置、走字台、耐压台、标准电能表、普通电能表、互感器、封钳等电能计量设备。

（2）电能计量中心、供电所必须按照资产产权归属处理故障计量装置，按照产权将烧坏电能表、互感器退回表库或归还客户，若该块电能表已由客户赔偿或客户资产又重新购置，客户索要该块电能表，必须待表库核对完封印、表底指示数后方可退还客户。

（3）电能计量中心每年年初应制订计量设备换验计划，年末将本年度计量设备轮换任务完成情况统计上报，同时将本年度报废计量设备填写《电能计量设备报废申请表》进行处理。

（4）为加强实物管理，除供电企业财务部门按规定建立资产明细台账外，电能计量中心还必须建立资产卡，并在营销业务支持系统中建立计量资产管理档案，电能表资产要按容量分类，电能表、互感器要按只建卡。

（5）电能计量中心应始终掌握各类计量设备库存数量，及时提出购置计划，确保各类电能计量装置供应充足。

（6）资产管理人员应保证所发出的每块电能表封铅完好，对退库的每块电能表除核对厂名、编号、底度、封铅外，还应检查电能表螺丝、接线盒盖是否完好。

（7）校表班除对每块损坏、故障的电能表和互感器做记录外，最长应在15天内对退库损坏电能计量设备做出检定报告，并将此报告报电能计量中心和营销部，以便追退电量和赔偿计量设备。

（8）任何人不得随意购置、借出电能计量固定资产，对客户原因引起电能计量设备损坏或者失窃的，必须按照有关规定予以赔偿，在购置补充固定计量设备时，应坚持技术更新的原则。

（9）上级明文淘汰的或经检定属实的报废计量器具，必须在办理手续后方可注销。任何人不得私自报废或淘汰、转移计量器具。

（10）对因计量争议或其他原因封存的计量器具，应有封存人加封条。一旦封存，在没有得到当事人许可时，任何人不得启封。

三十、电能计量装置采购与验收管理应用分析

（一）业务简介

电能计量装置是发供电企业在电能营销过程中计量收费的重要依据，电能计量装置的采购与验收必须依据相关管理规程，制定切实可行管理办法，严格管控采购与验收的全过程。

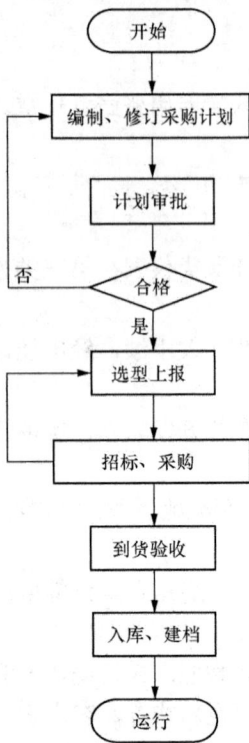

（二）业务流程

（三）环节参与分配

编号	流程环节	环 节 描 述	环节参与者
1	报批采购计划	电能计量中心按照供电企业发展的规划，提出计量标准设备、仪器、仪表配置、更新改造计划，经企业办公会议研究确定	电能计量中心及企业领导
2	设备选型	供电企业组织有关技术业务人员召开会议，对所购的计量设备进行选型，确保所选设备5年内不落后	企业主管领导组织专业技术人员
3	上报省公司电能计量中心采购计划	供电企业批准的采购计划，上报省公司电能计量中心批准并采购	企业计量电能计量中心和上级电能计量中心
4	计量设备招标	省公司按供电企业所报的计划，执行计量设备招标采购	省公司相关部门
5	设备验收	电能计量中心依据相关验收规定，对到货的计量装置进行验收	电能计量中心
6	入库、建档	电能计量中心专责对验收合格的计量装置入库，同时建立资产档案	计量专责
7	计量标准装置建标	电能计量中心对运行的标准装置及时建立技术标准	计量专责

（四）工作表单

电能计量装置订购验收报告

填报单位：

设备名称		型号		规格	
出厂编号		生产厂家		生产日期	
铭牌		外观结构		安装尺寸	
装箱单		出厂检验报告		使用说明书	
铺助部件		功能指标测试		数量	
存在问题：					
验收人			验收时间		
验收结论					

（五）工作要求

1. 管理要求

（1）电能计量中心按照企业计量发展规划，提出计量标准设备、仪器、仪表配置、更新改造计划，经企业办公会议研究确定。

（2）计量标准采购计划、申请被本企业批准后，应将所需计量标准设备、仪器、仪表上报省公司电能计量中心。

（3）计量检定标准设备选型应征得计量业务管理部门同意。

（4）选用新型计量标准设备、计量装置时，要组织企业有关技术业务人员进行论证，使用技术五年内应保持其先进性。

（5）在计量装置采购合同签订前，必须首先签订有关技术合同或协议作为订货合同的附件，与设备购销合同应具有同等法律效力。

（6）计量设备到货后，由电能计量中心主任负责组织有关技术人员，按照合同要求对购进的电能计量器具严格验收，验收的内容包括装箱单、出厂检验报告（合格证）、使用说明书、铭牌、外观结构、安装尺寸、辅助部件、设备性能和技术指标测试等，均应符合订货合同的要求。

2. 计量标准设备、仪器、仪表

（1）计量标准装置到货后，厂家技术人员负责说明操作方法，并进行安装调试，查验合格后开始试用，试用期间的被测表计不可作为合格品使用。

（2）试用期 10 日内，向省公司电能计量中心上报《计量标准考核（复查）申请书》和《建立计量标准技术报告》，同时办齐与此配套的一整套计量标准技术档案。

（3）计量标准装置必须待省公司主持考核合格，颁发《计量标准证书》后，方可正式开展检定工作。

（4）与计量标准配套附件或用于测试的其他设备，如果规程规定不需履行法律手续的，可对功能及技术指标的要求依照相关标准进行验收。

（5）验收、考核合格后，电能计量中心要对计量标准计量装置设备、仪器、仪表管理资料档案和设备运行台账进行管理。

3. 电能表、互感器

（1）电能计量中心根据业扩发展和表计正常轮换的需要，编制年度常用电能表、互感器和电能计量器具的订货计划，报企业办公会议研究同意后，企业招标管理部门统一组织进行招标、采购。

（2）所采购的电能表、互感器和计量装置，必须具有制造许可证、进网许可证和出厂检验合格证。

（3）凡首次在企业使用的电能表、互感器和电能计量装置，首先进行小批量试运行。

（4）电能表、互感器到货后按照 DL/T 448—2000《电能计量装置技术管理规程》进行验收，经验收不合格的产品，应按照合同或协议向厂家退货。

（5）按照验收规程和技术合同，对每一批电能表进行全面检验，机械表合格率不应低于 95%，电子表合格率不应低于 98%。

（6）经检验的表计由负责验收的检定员出具验收报告，合格的由电能计量中心主任和技术负责人签字验收，办理入库手续并建立资产档案。

（7）计量标准设备、仪器、仪表，电能表、互感器和计量设备订购、验收，一定要遵守组织纪律，严格认真，把好质量、性能关，确保企业计量准确、可靠。

三十一、电能计量装置现场检验管理应用分析

（一）业务简介

电能计量装置现场检验是考核电能计量装置实际运行状况下的计量性能、保证电能计量装置在运行状态下准确计量的技术措施之一，同时也是供电企业在电能营销过程的重要技术方法。

（二）业务流程

```
                    ┌────────┐
                    │  开始  │
                    └────────┘
                        │
                        ▼
                ┌────────────────┐
                │ 明确现场检验周期 │
                └────────────────┘
                        │
                        ▼
                ┌──────────────┐        ┌──────────────┐
                │  制订检验计划  │        │  计量外勤人员  │
                └──────────────┘        └──────────────┘
                        │                       │
                        ▼                       │
                ┌──────────────┐◄───────────────┘
                │  执行现场检验  │
                └──────────────┘
                        │
  ┌────────────┐       ▼
  │ 相关人员处理并 │◄─否─◇ 合格? ◇
  │   追退电费   │        │
  └────────────┘        是
       │                 ▼
       │          ┌──────────────┐
       │          │   继续运行    │
       │          └──────────────┘
       │                 │
       ▼                 ▼
  ┌──────────────────────────────┐
  │       填写现场检验证书          │◄──────
  └──────────────────────────────┘
                │
                ▼
         ┌──────────────┐
         │  检验资料归档  │
         └──────────────┘
```

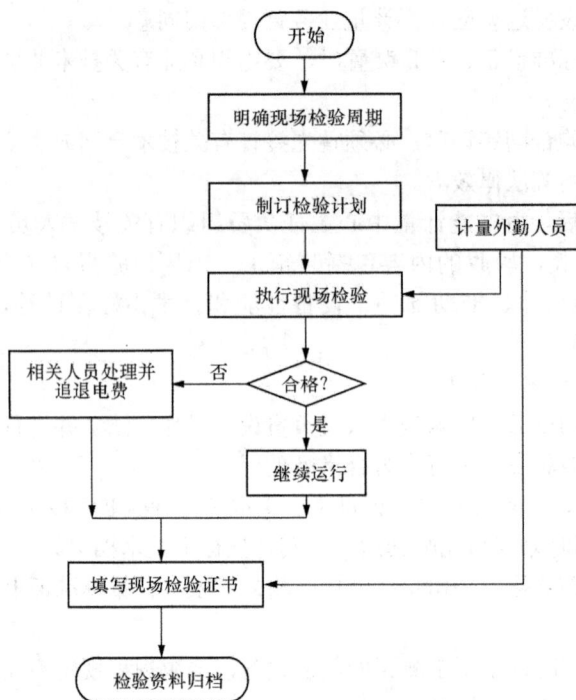

（三）环节参与分配

编号	流程环节	环节描述	环节参与者
1	制定现场检验制度	电能计量中心依据相关管理规程制定电能计量装置现场检验制度	电能计量中心
2	明确现场检验周期	电能计量中心依据相关管理规程及供电企业工作需要，确定电能计量装置现场检验周期	企业相关部门
3	制订现场检验计划	电能计量中心根据企业电能计量装置的分类，制订现场检验计划	电能计量中心专责
4	现场检验	计量人员根据检验计划和领导签发的工作单，赴现场开展现场检验工作	计量人员
5	制定现场检查内容	根据制定的现场检查内容，逐项检查，并把检验结果填入检验证书内	计量人员
6	奖惩兑现	根据考核制度对由于现场检验人员发生的计量差错，按公司规定处理	企业相关部门

（四）工作表单

年　月　　类用户现场检验合格率统计表

填报单位：

日期	应检数量	实检数量	合格数量	合格率（%）

（五）工作要求

1. 现场工作规定

（1）计量外勤工作人员现场工作，应严格遵守《国家电网公司电力安全工作规程》。从事装表、拆表或计量箱开箱检查工作时，至少由两人以上进行，一人监护，一人工作，不允许单人工作。在现场工作，应戴安全帽，穿工作服、绝缘鞋。

（2）计量人员外出工作，必须凭电能计量中心领导签发的工作票或工作任务书。到达工作现场后，应依照规定办理工作许可手续、采取相应的安全措施，经许可后方可开始工作。

（3）计量外勤人员现场检验时不允许打开电能表封印及外壳，不得现场调整电能表误差。当现场检验电能表误差超过规定时，应在 3 个工作日内更换。

（4）现场检验标准器准确度等级至少应比被检装置高两个准确度等级，其他指标仪表的准确度等级应不低于 0.5 级，量限应配置合理。

（5）现场负载功率应为实际的经常负载。当负载电流低于被检电能表标定电流的 10%或功率因数低于 0.5 时，不宜进行误差测定。

（6）现场检验计量装置时，应对运行中电能表和测量用互感器及其二次接线的正确性进行检查。

（7）计量现场工作人员在工作中，要认真填写各种有关记录，并按照规定将电能表、互感器的检验结果填入检验证书（单）。

（8）电压互感器的误差测定时，标准电压互感器二次与校验仪之间的连接导线应有足够的截面积，以保证其电阻压降引起的误差不超过电压互感器允许误差的 1/10。

（9）电压互感器二次回路电压降引起的误差测量时，对于Ⅰ类电能计量装置，其电压互感器二次回路电压降不应超过额定二次电压的 0.25%；Ⅱ类和Ⅲ类不应超过 0.5%，否则应采取改进措施。

（10）现场检验时，发现误差超差时，都应查明原因，并尽快解决。

2. 现场校验周期

（1）新投运或改造的Ⅰ、Ⅱ、Ⅲ、Ⅳ类高压电能计量装置在 1 个月内进行首次现场校验。

（2）对Ⅰ类电能表，每 3 个月现场检验一次；Ⅱ类电能表每 6 个月现场检验一次；Ⅲ类计量装置每年现场检验一次。

（3）高压互感器每 10 年现场检验一次；变电站指示仪表每年现场检验一次。

（4）对 35kV 及以上电压互感器二次回路电压降，至少每两年现场检验一次。

（5）电能表现场检验标准器应至少每 3 个月在试验室至少比对一次。

3. 在现场检验电能表时应检查的计量差错

（1）电能表倍率差错。电能表的计费倍率应按公式计算。

（2）电压互感器熔断器熔断或二次回路接触是否不良。

（3）电流互感器二次接触不良或开路。

4. 在现场检验电能表时还应检查的不合理的计量方式

（1）电流互感器的变比过大，致使电能表经常在 1/3 标定电流以下运行的；电能表与其他二次设备共用一组电流互感器的。

（2）电压互感器与电流互感器分别接在电力变压器不同电压侧的；不同的母线共用一组电压互感器的。

（3）无功电能表与双向计量的有功电能表无止逆器的。

（4）电压互感器的额定电压与线路额定电压不相符的。

因计量工作人员过错、不负责任或营私舞弊造成计量不准电量损失，按企业规定处理。

到客户工作时，应严格遵守职业道德和《供电优质规范服务标准》。

三十二、电能计量档案、资料管理应用分析

（一）业务简介

电能计量档案、资料的管理，是电能计量管理最基础的管理，直接影响到电能计量标准化、

专业化的管理水平，对计量档案、资料的归档范围、借阅等应制定完善的管理制度，按相关计量管理规程的要求，对计量档案、资料分门别类的建立书面档案、资料和电子档案、资料。

（二）业务流程

（三）环节参与分配

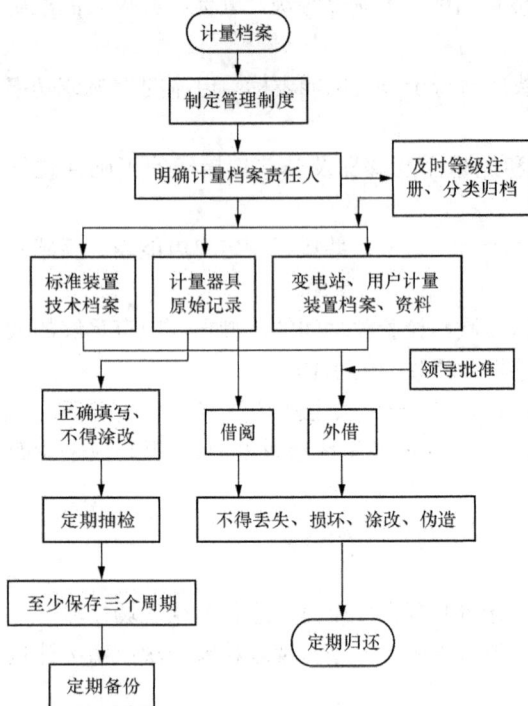

编号	流程环节	环节描述	环节参与者
1	明确责任人	为确保计量档案、资料保存完整，便于查询，电能计量中心明确计量档案、资料责任人	电能计量中心
2	管理制度	电能计量中心对计量档案、资料的归档范围、借阅等制定完善的管理制度	电能计量中心
3	档案、资料分门别类建立档案	电能计量中心资料责任人按相关计量管理规程的要求，对计量档案、资料分门别类的建立书面档案、资料和电子档案、资料	电能计量中心档案员
4	原始记录管理	检定人员应对检定电能表、互感器的原始数据及时保存、上传、备份，不得丢失、涂改	电能计量中心检定人员
5	计量档案保存方法	计量专责应按电能计量中心制定的管理制度及时保存	电能计量中心档案员
6	计量档案借阅	制定计量档案的借阅制度	电能计量中心档案员

（四）工作表单

计量档案、资料登记表

填报单位：

序号	技术档案名称	归档时间	归档人

计量档案、资料借阅登记表

填报单位：

序号	借阅时间	借阅人	档案、资料名称	归还时间	档案、资料完好性

（五）工作要求

1. 电能计量档案、资料包含的范围

（1）凡新购或在用计量器具的合格证、使用说明书、检验单等均应归企业电能计量中心入档保管，并进行登记编号后归档。

（2）计量检定装置历次检定、检修记录、检定证书（报告）、检定结果通知书等均应归档。

（3）计量器具历次检定、检修记录、检定证书（报告）、检定结果通知书等均应归档。

（4）运行中计量器具的历次现场检验记录均应归档。

（5）变电站和客户配电所电能计量装置安装施工图纸、施工记录、检查验收报告等资料均应归档。

（6）历年的计量器具账册、工作票、记录、工作计划、报表、总结等必须归档。

（7）工作结束时各类计量档案资料均应交报电能计量中心资料管理人员入档。

2. 原始记录管理

（1）检定电能表、互感器的原始数据必须正规填写，不得涂改，并妥善管理。

（2）电能表、互感器检定后，如需要另行填写检定报告，仍需保留原始记录。

（3）原始记录的数据是未经化整的原始测试数据，所填写的检定报告是经化整后的数据。

（4）原始记录由电能计量中心有关人员负责抽检，记录不合格者，视为表计检定不合格。

（5）一般计量装置原始记录应保存三个换表周期之后方可销毁，重要计量装置原始记录应随客户业扩档案永久保存。

（6）计量标准装置在计算机联网以后，计算机存放的原始记录应及时调入服务器备份保存。

（7）原始记录的存储应有可靠备份，如可打印、刻制光盘、大容量磁盘存储，当一处数据丢失，应能可靠查找到原始记录。

（8）任何人不得对原始记录数据进行涂改、伪造。

（9）电能计量中心应设专职或兼职人员负责各种技术档案和资料的管理，并定期进行更新。各种记录由相关人员填写，资料管理人员定期检查。

（10）建立技术档案借阅制度，保证资料无涂改、损坏、丢失、缺页，保证清洁完整，外借时应登记，不得转借他人，按期归还；若发现技术档案的资料有丢失或损坏，保管人员应立即报告领导。

（11）管理人员对所保管技术档案的资料应登记注册，定期清点，若有短缺负责追回。

（12）新购进电能计量装置（包括标准设备），随箱所带技术资料，开箱取出后，应先交计量专责人员或资料保管员登记注册后才能借阅。

（13）各部门需查阅上述资料，可向企业电能计量中心查阅。外借的必须办理借阅手续，说明用途，规定归还期限，阅后归还，不得遗失。

（14）计量档案资料保管应该按照供电企业档案管理制度和要求进行管理、保存。

三十三、电能计量装置抽检管理应用分析

（一）业务简介

电能计量装置运行质量的好坏，直接关系着供电企业及用户的经济利益，同时也体现着供电企业计量管理水平。对运行的电能计量装置必须进行质量监督，制订抽检计划，确保抽检合格率满足规程的要求。

（二）业务流程

（三）环节参与分配

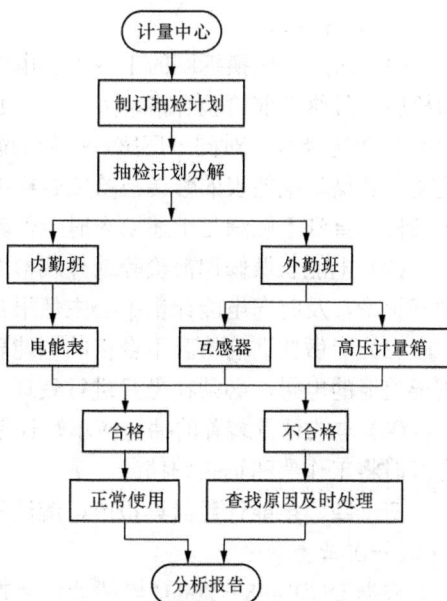

编号	流程环节	环节描述	环节参与者
1	抽检计划	电能计量中心制订详细的抽检计划	电能计量中心专责
2	抽检计划分解	电能计量中心根据抽检计划，对抽检任务进行分解	电能计量中心专责
3	抽检计划实施	电能表检定人员、互感器检定人员、外勤人员抽检任务的完成	计量检定人员
4	抽检情况统计汇总	对各类计量装置的抽检情况汇总报表	计量专责
5	故障处理	对抽检不合格的计量装置查找原因及时处理，需追退电量的用户，当月办理	计量主任和专责
6	分析报告	计量专责对抽检情况形成分析报告，上报中心主任	计量专责

（四）工作表单

电能计量档案、资料管理

填报单位：

序号	抽检日期	应检数量	抽检数量	抽检率（%）	合格率（%）

（五）工作要求

1. 抽检管理

（1）电能计量中心应根据电能表运行档案、轮换周期、抽样方案和地理区域、工作量情况等，应用计算机制订出每年（月）电能表抽检计划。

（2）电能计量中心主任应根据电能表运行档案确定批量，并用随机方式确定样品，监督抽样检验结果。

（3）抽样程序应参照 GB/T 15239—1994《孤立批计数抽样检验程序及抽样表》进行，采用二次抽样方案。抽样时应先选定批量，然后抽取样本。批量已经确定，不允许随意扩大或缩小。

2. 管理要求

（1）对所有轮换拆回的Ⅰ～Ⅳ类电能表应抽取其总量的 5%～10%（不少于 50 只）进行修调前检验，且修调前检验合格率为：Ⅰ、Ⅱ类为 100%，Ⅲ类不低于 98%，Ⅳ类不低于 95%。运行中的Ⅴ类电能表，对同一厂家、型号的静止式电能表可按轮换周期，到周期抽检 10%，做修调前检验，若满足电能表的修调前检验合格率的要求，则其他运行表计允许延长一年使用，待第二年再抽检，直到不能满足上述要求时全部轮换。

（2）电能表做修调前检验或外观检查、清理时，必须进行计量封印二次复查，如分析异常应做好记录，及时向电能计量中心主任报告，通知用电检查人员进行调查。

（3）对做修调前检验不合格的电能表，应及时查找原因，写出分析报告，并制订整改措施，需要追退的电量，必须在当月进行处理。

（4）电能计量装置的抽检应填写计量工作票和记录，每项工作应保证复查（复核），工作结束应及时将工作票和记录归档。

三十四、电能计量器具报废、淘汰管理应用分析

（一）业务简介

根据 DL/T 448—2000《电能计量装置技术管理规程》以及供电企业电能计量专业标准化要求，对经过调整或修复不能使用的电能计量器具，应办理相应报废、淘汰手续。

（二）业务流程

（三）环节参与分配

编号	流程环节	环节描述	环节参与者
1	制定报废、淘汰办法	电能计量中心依据相关管理规程，制定本企业计量器具报废、淘汰管理办法	电能计量中心
2	明确报废、淘汰的条件	电能计量中心按上级相关管理规程，具体明确计量器具报废、淘汰的条件	电能计量中心
3	履行报废、淘汰手续	供电企业各相关单位对报废、淘汰的计量器具须填写申请表，批准后才准预报废、淘汰	企业相关单位和领导
4	降级使用的标准计量装置	因检定不合格需降级使用的标准计量装置需履行降级使用手续，批准后方可降级使用	上级管理单位
5	已报废、淘汰计量器具的处理	已报废、淘汰计量器具必须在相关部门监督下销毁	企业各相关部门

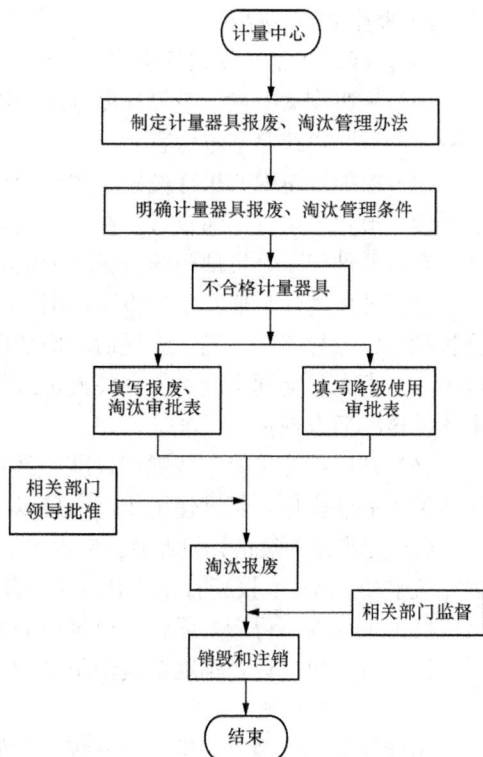

（四）工作表单

计量器具报废、淘汰、降级使用审批表

填报单位：

计量器具名称		型号	
规格		生产厂家	
出厂编号		计量器具数量	
报废、淘汰、降级使用原因：			
审报人		审核人	
批准人		监督人	
审报时间			

（五）工作要求

（1）凡符合下列条件之一的电能表，予以报废和淘汰：

1）误差调整不到误差限的70%以内者。

2）稀土磁钢元件失磁。

3）接线端子严重锈蚀的。

4）铭牌不清的。

5）绝缘性能不合格的。

6）运行12年及以上不能保证下一周期合格性能的。

7）没有修理、使用价值的。

（2）凡符合下列条件的电流互感器，予以报废或淘汰：

1）无铭牌的、无编号的。

2）互感器0.5级且其误查超过误查限70%的。

3）非全封闭式结构。

4）接线端子锈蚀或螺丝不能压紧的。

（3）报废淘汰手续一般每季度办理一次。报废、淘汰申请中应注明表计型号、厂家、规格、厂号、局号、等级等基本内容。

（4）电能计量中心进行检定、周期轮换或故障处理的电能表、互感器报废必须依下列程序办理手续：检定员出具书面报告，经技术负责人审核，电能计量中心主任签字后，报经主管领导批准，在财务部门、物资部门的监督下销毁。最后在计量资产账上进行注销。

（5）凡电能计量器具批量报废、淘汰，必须有上级文件；零星报废、淘汰必须由计量器具所属管理单位领导签字，确认无误后，申请报废，并填写固定资产报废单报电能计量中心，电能计量中心技术人员会同报废单位有关人员进行确认后，由报废单位提出分析报告交财务和物资部门审核，核准后办理报废手续。

（6）凡电能计量检定装置和标准器具降级使用与报废必须有上级检验机构出具的测试数据、证明通知书或文件。超过使用年限，可以按正常程序办理报废手续。

（7）已批准报废的计量器具，应由电能计量中心办理退库手续，并会同财务部门和物资部门办理相关手续。已批准报废的计量器具应由有关部门统一处理，一并销毁，不准重新流入市场和客户。

（8）任何人不得变卖或使用已报废的表计，一旦发生，追究当事人责任，按规定严肃处理。

三十五、电能计量标准装置使用维护管理应用分析

（一）业务简介

电能计量标准装置是供电企业统一量值、开展在用工作计量器具检定工作的重要标准设备，它的正确使用和维护直接关系着在用工作计量器具检测质量。

（二）业务流程

（三）环节参与分配

编号	流程环节	环　节　描　述	环节参与者
1	制定计量标准装置配置原则	由电能计量中心依据上级相关管理规程及企业工作要求，制定计量标准装置的配置原则	电能计量中心
2	建标与考核	电能计量中心对新购或到复查期的计量标准装置，必须依据考核规范到上级管理部门建标和考核，合格后方可使用	上级计量管理部门及企业相关部门
3	周期检验	运行的计量标准装置必须按期到上一级技术机构检验	上一级计量管理部门及电能计量中心
4	运行使用维护	电能计量中心检定人员专人负责，出现异常，立即上报，及时维护，同时填写检修记录	计量专责和检定人员

（四）工作表单

计量标准装置使用记录

填报单位：

设备名称：					型号：		设备编号：		
时间	开机时间	开机状态	使用环境条件		工作内容	关机时间	关机状态	使用人	备注
			温度	湿度					

（五）工作要求

1. 标准装置的建立与考核

（1）电能计量标准装置必须经过计量标准考核合格并取得计量标准合格证后才能开展检定工作。计量标准考核（复查）应执行 JJF 1033。

（2）开展电能表检定的标准装置，应按 JJG 597 的要求定期进行检定，并具有有效期内的检定证书。

（3）电能计量标准装置应定期及在计量标准器送检前后、或修理后进行比对，建立计算机数据档案、考核其稳定性。

（4）电能计量标准装置考核（复查）期满前 6 个月必须重新申请复查；更换主标准器后应按 JJG 1033 的规定办理有关手续；环境条件变更时应重新考核。

（5）电能计量标准器、标准装置经检定不能满足等级要求但能满足低一级的各项技术指标的，经省级供电企业电能计量技术机构技术认可、批准允许降级使用。

（6）电能计量技术机构应制定电能计量标准维护管理制度，建立计量标准装置履历书。

2. 管理要求

（1）所有在用的计量标准器具及检定装置，均应按《计量标准考核规范》的规定，办理计量标准考核手续。

（2）计量标准器具及检定装置应按照使用管理情况，明确日常运行和维护责任人，并建立设备运行维护记录。

（3）为掌握标准电能表、电能表和互感器检定装置的误差变化的情况，电能计量中心应至少每 6 个月进行误差比对一次，发现问题及时处理。

（4）新建和在用的计量标准装置，均应有上级主管部门颁发的计量标准考核合格证，方准予使用。

（5）电能表计量标准装置，应建立计量标准技术报告、历年稳定性考核记录及其他计量标准考核档案；计量标准装置考核合格证，应在规定有效期办理申请复核手续。

（6）经检定的计量标准器具和检定装置中，凡基本误差不合格的，应停止使用并送有关部门进行修理、调整，以恢复其计量性能。

3. 标准装置的使用维护

（1）计量标准装置的使用，必须由熟悉该仪器、设备的人员按各装置操作程序操作使用。

（2）对计量器具实行专人负责制，建立专门使用维护检验记录档案，计量人员有权拒绝有可能危害本计量器具的测试。

（3）各装置使用中出现异常现象应立即停止使用，做好记录，不得擅自启封、解体。如需启封应得到电能计量中心主任许可或经上级计量管理部门批准。

（4）使用人员必须熟悉该装置的结构、原理、有关接线、使用操作程序、维护方法及有关检定规程。

（5）计量器具、仪器、仪表，除应按各自的技术资料所解释的方法进行维护保养外，还应严格遵守周期检定制度，及时安排送检，送检运输中，应采取防震措施，防止仪器、仪表损坏或引起超差。

三十六、计量试验室管理应用分析

（一）业务简介

电能计量中心试验室是提供准确可靠、公平公正、服务一流计量器具的场所，电能计量的精益求精是企业的立足之本，检测质量是企业的生存之本，公平、公正是企业的信誉之本。电能计量中心应有足够面积的检定电能表和互感器的试验室，以及进行电能表修理和开展电压、电流互感器检修的工作间。

（二）业务流程

（三）环节参与分配

编号	流程环节	环 节 描 述	环节参与者
1	建立试验室	按工作内容的不同、功能不同，依计量标准化的要求建立相应试验室	电能计量中心
2	制定试验室管理制度	由电能计量中心依据计量试验室相关管理规定及检定规程，制定试验室管理制度	电能计量中心
3	试验室环境要求	按试验室功能不同、环境温湿度要求的不同，配备相关设施，满足环境要求	电能计量中心
4	试验室卫生要求	试验室卫生要按相关管理规程规定，保持整洁，每天要打扫一遍，垃圾每天清理	检定人员
5	人员出入要求	与检定工作无关的人员未经批准不得随意出入	检定人员
6	工作服要求	检定人员必须按要求着装和换鞋	检定人员
7	设备操作要求	计量设备专责人按操作程序严格操作，出现异常，立即停止工作	检定人员
8	检查与考核	组织相关人员定期或不定期检查试验管理制度执行情况，并考核	电能计量中心

（四）工作表单

试验室温、湿度记录

填报单位：

日　期	上午		下午		记　录　人
	温度	湿度	温度	湿度	

试 验 室 检 查 记 录

填报单位：

检查日期	检查人	检查地点	检查内容						检查结果
			灰尘	杂物	纸屑	摆放	衣服鞋	会客	

（五）工作要求

1. 试验室要求

（1）电能计量中心应有足够面积的检定电能表和互感器的试验室，以及进行电能表修理和开展电压、电流互感器检修的工作间。

（2）电能表检定宜按单相、三相、常规性能试验、标准以及不同等级的区别，有分别的试验室。

（3）电能表、互感器的检定试验室和开展常规计量性能试验的试验室，其环境条件应符合有关检定规程的要求。

（4）电能表的试验室应有良好的恒温性能，温度、湿度应均匀，并应设立与外界隔离的保温防尘缓冲间。

（5）检定电压互感器和检定电流互感器的试验室宜分开，且均应具有足够的高压安全工作距离；被检互感器和检定操作台应设装有闭锁机构的安全遮拦。

（6）电能表的外检修室，应具有吸尘装置，并与内检修工作室、恒温试验室分开。内、外检修工作室的温度均应保持在 15～30℃ 范围内。

（7）互感器检修间应有清灰除尘的装置以及必要的起吊设备。

（8）进入恒温试验室的人员，应穿戴防止带入灰尘的衣帽和鞋子。夏季在恒温试验室工作的计量检定人员必须配备防寒服。

2. 管理要求

（1）试验室是检定人员的工作场所，与检定工作无关的人员不得进入，因工作需要进入试验室的外来人员必须经电能计量中心主任或内勤班长批准。

（2）凡进入试验室的人员必须更换规定的试验室工作服、工作鞋。工作服、工作鞋一律不得借用，也不允许在其他场合使用。

（3）试验室工作服、鞋应有专柜存放，经常洗晒，保持清洁。

（4）试验室要保持卫生、整洁，每天要打扫一遍，垃圾每天清理。

（5）试验室内严禁吸烟，严禁放置与试验无关的物品，严禁大声喧哗，保持肃静。

（6）试验室内仪器、仪表和装置应定位存放、妥善管理，做好防尘、防震、防高温，坚持班前清洁，班后整理。

（7）试验室人员应严格按照操作程序进行设备操作，不熟悉操作程序者不允许操作试验设备。

（8）检定人员在检定过程中，若发现设备出现异常情况，要立即停止操作，关闭电源，并将有关情况向领导汇报。

（9）试验室实行轮流值日制。当值人员负责日常杂务，包括下班前关灯、关设备、关空调、锁门、清理、整理等工作。严格进行电、水源管理，做到人走后切断电源、水源。

（10）试验区内各种设备、工具（包括推车、坐椅、记录等）要按定置图摆放，不得随意更动。

（11）试验室人员应严格按照操作程序进行设备操作，不熟悉操作程序人员不允许操作试验设备。

（12）恒温试验室要保持温度为 20+2℃，湿度在 45%～75% 之间，上午、下午各记录一次。如发现超标且无法调控时，应立即停止检定，报告领导等候处理。

3. 禁止行为

（1）不更衣换鞋进入试验区。

（2）带小孩进入试验区。

（3）物品摆放无序，在试验区会客。

（4）温湿度超标而未采取措施。

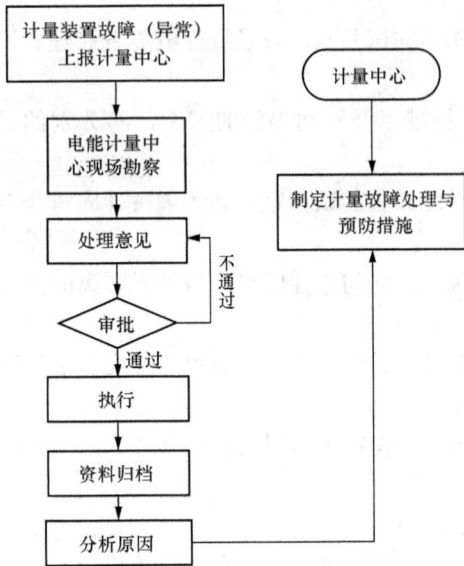

（5）在试验室做与工作无关的事，在试验室吃东西。

（6）将私人用品带入试验室；卫生区有灰尘、杂物、纸屑等。

（7）人员未经许可进入试验室，阻止不力。

三十七、计量装置故障差错处理与预防管理应用分析

（一）业务简介

电能计量装置故障及差错直接影响到客户所用电量的准确计算、供电企业电费的及时回收和线损管理，因此预防和避免电能计量装置故障及差错，是供电企业营销和电能计量管理工作的重要内容。

电能计量故障和差错主要来源于电能计量装置故障引起的计量差错和人为因素引起的差错。

（二）业务流程

（三）环节参与分配

编号	流程环节	环节描述	环节参与者
1	制定故障处理与预防管理制度	电能计量中心依据上级管理规程及公司有关管理制度，根据工作实际需要，制定《计量装置故障差错处理与预防管理制度》	电能计量中心
2	计量故障的上报	任何单位与个人发现计量装置异常，立即上报电能计量中心，不得私自处理	电能计量中心
3	现场勘察	电能计量中心受理计量装置故障，在规定的时间派外勤人员现场勘察	外勤人员
4	处理意见	外勤人员现场调查故障原因，并处理故障，然后上报审批处理结果	外勤人员
5	上报审批	外勤人员将处理意见上报后，经相关人员批复后，方可执行，否则重新调查	企业相关部门
6	执行	经相关人员批复后，外勤人员方可执行	外勤人员
7	资料归档	外勤人员把已处理的工作票交电能计量中心资料员做归档处理，同时更新计量信息	资料员
8	整改措施	对发生的计量故障定期分析，制定管理措施和预防措施	电能计量中心专责

（四）工作表单

电能计量装置故障登记表

填报单位：

日期	管理单位	故障地点	故障现象	汇报人	受理人	结果	处理人

年　月电能计量装置故障率统计报表

填报单位：

管理单位	故障次数	运行数量	故障率（%）	追退电量
合　计				

（五）工作要求

（1）凡发生下列情况之一者，列入计量事故：

1）接线错误。

2）倍率错误。

3）电能表、互感器烧毁。

4）运行表计被盗。

5）电能表不转或倒转。

6）电能表内部缺相。

7）电流互感器开路。

8）电能表或互感器误差超过10%。

（2）故障处理：

1）计量装置管理人员（或变电站、调度当值以及营业抄表等人员）对高压客户的计量装置负有巡视责任，发现计量装置有异常情况：如电能表卡字、倒转和陡转、跳盘、接线错误、过负荷烧毁或颜色、气味异常；现场查表发现误差较大、客户有异议等情况，应马上报告电能计量中心。

2）电能计量中心接到报告后，应在规定时间内组织人员到现场进行处理，办理工作票，安排退补电费等事宜，并将处理结果告知反映人。

3）计量装置故障、差错处理必须按程序领取和填写《电能计量故障处理工作票》，反映人、现场调查人在工作票上签字，然后由电能计量中心外试班赴现场检查并做出处理意见，用电检查人员、反映人及客户签字后生效。

4）对故障、差错影响电量较大或责任事故性质严重的，电能计量中心应协助有关部门进行处理。

5）对每起计量事故电能计量中心必须均应写出书面分析报告和电量退补意见，报告中要从影响电能计量装置运行、质量的各个环节、各种因素详尽跟踪调查分析，从电能表的购入验收、检定、运输、安装、巡视、检查、维护、拆换等各方面综合分析，找出原因并提出相应解决办法。

6）电能计量中心每季度对计量装置故障差错（事故）统计一次，对共性问题拿出防范措施，并不断推行新技术，减少故障差错率。

7）电能计量故障电量追退办法：

a. 客户计费电能计量装置如果发生丢失、损坏或过负荷烧坏等情况，计量人员应在五日内处理完故障、办理完电量退补手续。

b. 客户计量故障后需要进行追退电量时，按照《供电营业规则》计算追退电量，用电检查人员和客户分别签字、中心主任复核，按照如下权限办理。

c. 高压客户计量故障追退电量在5000kWh以内，由电能计量中心主任签字审批，5000kWh以上报营销主任会签审批，10000kWh以上的由主管领导会签审批。

d. 低压客户管理人员和客户分别签字、计量人员审批办理，每户追退电量在1000kWh以上的，需要报电能计量中心副主任会签、审批办理，3000kWh以上的，需要报电能计量中心主任会签、审批后办理。

8）对于客户异议的电能计量装置，如果误差超过规程规定，以"0"误差为基准按检定后的误差值进行退补电量。退补时间从上次校验或更换后投入运行之日起计算。

9）电能表发生故障后，对无法确定故障时间及底数无法确定的，其电量按正常月份的用电量为基准进行追退，追退时间从最后一次电量抄收起至故障处理结束止。

（3）计量装置丢失、损坏管理：

1）电能表发生丢失、损坏或过负荷烧坏等情况，电能计量中心应在接到通知五日内处理完故障、办理完电量退补手续。

2）对损坏或故障表计的处理，应查明事故原因，分清责任，确定赔偿办法。属供电质量、线路问题或营业人员操作不当等供电方原因造成表计损坏的，由电能计量中心负责按企业制度处理；属客户过负荷或使用不当等客户原因造成表计损坏的，由客户负责赔偿。

（4）计量管理措施要求：

1）对运行中的客户计量装置，管理单位负有管理责任，应定期对电能计量装置进行抽查。

2）用电检查人员对所管辖的台区及低压客户负有直接管理责任，如发现电能表烧坏、不走字、超差等问题，应及时通知计量人员进行处理，并办理各种客户工作票，以保证客户电能表运行的准确安全。

3）对高压客户的计量装置采用"八大封"，完善各项防窃电措施。

4）用电检查人员应经常巡视、检查电能计量装置的运行情况，每月不少于2次。

5）用电检查班长应坚持月抽查、复查制度，检查其接线是否正确、电能表是否烧坏，以保证客户准确安全的运行。

三十八、电能计量信息系统管理应用分析

（一）业务简介

电能计量信息系统的管理是提高企业计量管理水平和营销管理水平的重要平台，同时也能提高电能计量的工作效率。电能计量信息系统运行的好坏，直接关系着企业的经济效益。

（二）业务流程

（三）环节参与分配

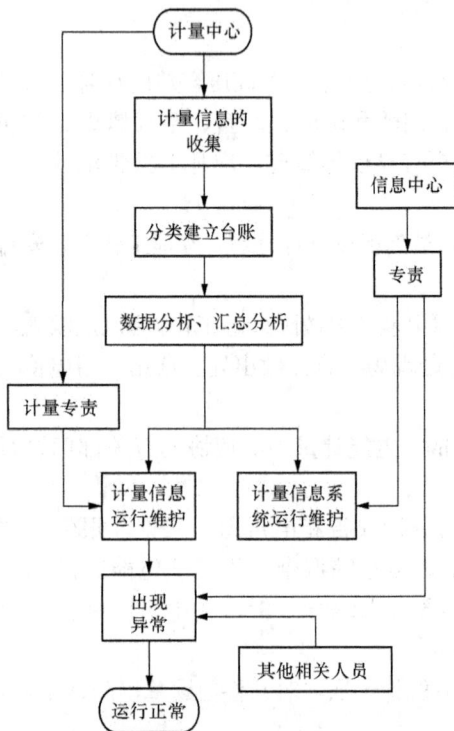

编号	流程环节	环节描述	环节参与者
1	计量信息的收集	由电能计量中心负责，相关部门配合，收集所有计量器具、标准装置等的计量信息	企业各相关部门
2	分类建立台账	由电能计量中心专责对收集的计量信息，在计量信息系统上分类建立计量标准装置档案、计量资产档案、检测数据档案等。及时更新，做到账、卡、物相符	电能计量中心专责
3	数据分析、汇总分析	由计量专责通过计量信息系统可以生成各类计量工作计划，及完成情况报表	计量专责
4	计量信息运行维护	由计量专责负责计量信息的运行维护，根据工作的变更及时进行计量信息的更新，出现异常，及时与信息中心及相关人员沟通维修，以确保计量信息准确无误	企业各相关部门
5	数据备份及系统的正常运行	由信息中心管理员（专责）负责对电能计量中心计算机及电能计量管理信息系统的正常运行、维护、培训以及数据的定期备份	信息中心

（四）工作表单

计量信息系统运行维护记录

填报单位：

日期	操作人	异常问题	处理结果	处理人	处理时间

（五）工作要求

（1）科技信息部系统管理员（专责）负责对中心计算机及电能计量管理信息系统的正常运行、维护、培训、检定数据的备份。

（2）电能计量管理信息系统应对使用者分权限修改或录入数据，并有技术保证严禁非授权人操作该系统。

（3）电能计量检定装置及现场校验装置或仪器应与电能计量管理系统进行连接，并实现数据的交换。

（4）电能计量器具的基本信息及流转，必须通过条码机与电能计量管理信息系统进行数据交换。

（5）工作人员应严格按本岗位职责和工作标准及时将其对电能计量器具的到货抽检、进入库、验收、检定、资产档案、安装、现场校验/测试、轮换、报废等信息通过条码机或数据连接口自动录入到电能计量信息系统内，以确保电能计量器具从购置到报废的全过程管理和电能计量信息的正确性。

（6）电能计量管理信息系统应该具备安全、可靠和数据完整性，其数据定期备份。

三十九、电能计量检验计划指标管理应用分析

（一）业务简介

电能计量器具的定期检验是综合评定电能计量的一项重要指标。为确保电能计量装置安全、准确运行，保障供电企业与客户的利益公平公正，应制订相应的检验计划，定期对运行中计量装置进行检验，核查其实际运行状况下的计量性能。

（二）业务流程

（三）环节参与分配

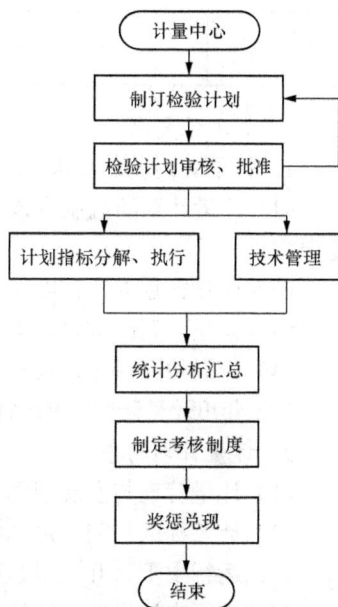

编号	流程环节	环节描述	环节参与者
1	制订检验计划	由电能计量中心专责依据管理规程、公司实际管理情况及明确责任，按专业分工，制订月、季、年检验计划	电能计量中心专责
2	检验计划审核、批准	由电能计量中心主任对制定出的检验计划审核。企业主管领导对审核过的检验计划批准	企业主管领导、电能计量中心主任
3	计划指标分解、执行	对审批的检验计划指标按工作需要分解到各单位，分部门完成所分解内容	企业相关部门
4	技术管理	电能计量中心负责从技术层面做好各自专业部分计量的管理	电能计量中心

编号	流程环节	环节描述	环节参与者
5	统计分析汇总	电能计量中心统计汇总各单位的完成情况，分析其原因，制定整改措施	电能计量中心专责
6	制定考核制度	根据企业的经营管理情况制定详细合理的检验指标的考核制度	计量管理领导小组
7	奖惩兑现	根据考核制度对各单位的检验指标的完成情况严格考核，奖惩兑现	企业相关部门

（四）工作表单

年　月电能计量检验率统计表

填报单位：

日期	检验计划（只）	完成（只）	检验率（%）	合格率（%）

单位　月份电能计量检验完成情况统计

填报单位：

单位名称	检验计划（只）	完成（只）	检验率（%）	合格率（%）

（五）工作要求

1．计量计划编制要求

（1）计量计划的编制应该按照 DL/T 448—2000《电能计量装置技术管理规程》和相关规程规定制定。

（2）计量计划的制订以保障量值传递的准确性为原则，具有科学性、可操作性。

（3）计量计划应按月、季、年和五年规划分别制定。

（4）计划按照任务、数量、时间、要求、完成情况等项目制定。

（5）年度计量计划经审批后，应该按照文件或正式通知形式发布，纳入月、季和年度的正常考核。

2．计量计划的内容

（1）计量管理与发展规划（3年或5年）。

（2）计量标准与装置定期检定（送检）计划。

（3）运行中Ⅰ、Ⅱ、Ⅲ、Ⅳ、Ⅴ类电能计量器具的检定、轮换和校验计划。

（4）运行中计量装置抽检计划。

（5）现场校验（测试）计划。

（6）日常工作任务管理计划。

3．计量计划的管理

（1）计量计划应纳入企业对电能计量技术管理机构（电能计量中心）的监督考核，保持常态考核机制。

（2）计量计划每月应对完成情况和存在问题进行总结、分析，制定改进措施。

（3）计量计划管理考核指标：

1）计量标准器和标准装置的周期受检率与周检合格率分别为：

$$周期受检率 = \frac{实际检定数}{按规定周期应检定数} \times 100\%$$

$$周检合格率 = \frac{实际检定合格数}{实际检定数} \times 100\%$$

周期受检率应不小于100%；周检合格率应不小于98%。

2）在用计量标准装置周期考核（复查）率为：

$$周期考核率 = \frac{实际考核数}{到周期应考核数} \times 100\%$$

在用电能计量标准装置周期考核率为100%。

3）运行电能计量装置的周期受检（轮换）率与周检合格率。

a. 电能表：

$$周期轮换率 = \frac{实际轮换数}{按规定周期应轮换数} \times 100\%$$

$$修调前检验率 = \frac{修调前检验数}{实际轮换回的电能表数} \times 100\%$$

$$修调前检验合格率 = \frac{修调前检验合格数}{实际修调前检验数} \times 100\%$$

$$现场检验率 = \frac{实际现场检验数}{按规定周期应检验数} \times 100\%$$

$$现场检验合格率 = \frac{实际现场检验合格数}{实际现场检验数} \times 100\%$$

周期轮换率应达100%；现场检验率应达100%；Ⅰ、Ⅱ类电能表现场检验合格率应不小于98%。Ⅲ、Ⅳ类电能表现场检验合格率应不小于95%。

b. 电压互感器二次回路电压降周期受检率应达100%。周期受检率为：

$$周期受检率 = \frac{实际检定数}{按规定周期应检验数} \times 100\%$$

c. 计量故障差错率为：

$$计量故障差错率 = \frac{实际发生故障差错次数}{运行电能表、互感器总数} \times 100\%$$

d. 计量故障差错率不应大于1%。

（4）计划指标考核：

1）电能计量中心根据表计的管理范围，每月下达周期轮换任务量（该任务量是在电脑中按周期提取的，视为按规定周期应轮换数），每月统计考核一次轮换率。

2）电能计量中心根据需要每月下达给内勤班检定表计分类任务，下达给外勤班现场检定任务。

3）电能计量中心每月根据需要下达任务，考核统计周期考核（复查）率、周期受检率、周检合格率、周期受检（轮换）率、修调前检验率、修调前检验合格率、检验合格率、现场检验率、现场检验合格率、电压降周期受检率、计量故障差错率完成情况。

4）上列各项指标计算或标准考核值，依照 DL/T 448-2000《电能计量装置技术管理规程》之规定。

四十、电能计量远抄系统管理应用分析

（一）业务简介

充分发挥远（集）抄系统功能，规范电能计量远抄信息和小区（台区）集抄信息系统的运行管理流程，为电表收费和电量平衡分析提供准确、可靠的电能信息。

（二）业务流程

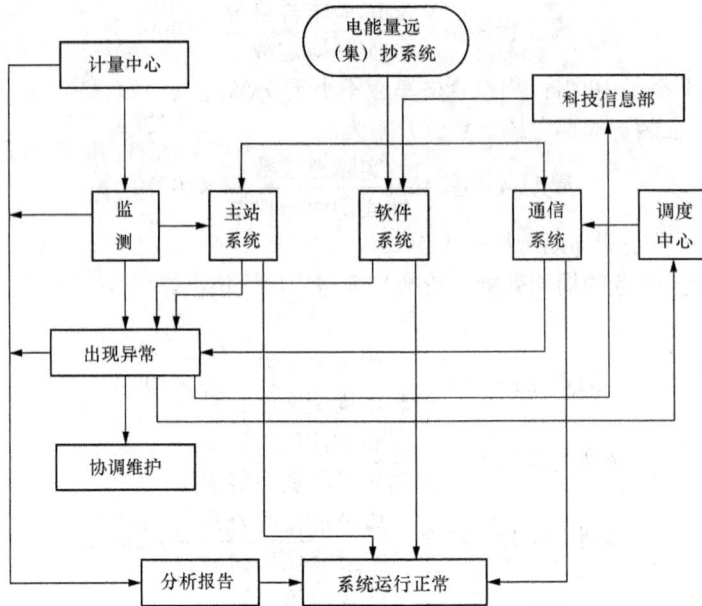

（三）环节参与分配

编号	流程环节	环节描述	环节参与者
1	主站系统运行维护	由电能计量中心集抄人员对电能远（集）抄系统进行定期监测。填写监测记录	集抄人员
2	参数数据的维护	由电能计量中心集抄人员对基础参数、基础信息进行录入、维护	集抄人员
3	软件系统运行维护	由科技信息部人员对电能远（集）抄的软件运行维护	科技信息部
4	通信系统	由调度中心对电能信息远（集）抄的通信系统运行维护	调度中心
5	异常故障	电能计量中心监测人员发现异常情况，立即通知相关部门维修，并做好记录	企业各相关部门
6	分析、汇总	根据集抄运行情况，分析、汇总、制定整改措施，确保系统运行正常	集抄专责

（四）工作表单

电能信息远（集）抄系统监测记录

填报单位：

监测日期	监测人	运行情况	处理结果	处理时间	处理人

（五）工作要求

（1）电能计量远（集）抄系统的主站在电能计量中心，主站系统运行维护由电能计量中心、软件系统由科技信息部、通信系统由电力调度通信中心负责。

（2）电能计量中心应及时对远（集）抄系统进行维护检查，做好维护检查记录，保证整个远

（集）抄系统正常运行。

（3）电能计量远（集）抄系统使用的相关班组，每月应对运行情况写出分析报告报电能计量中心，电能计量中心根据使用中存在的问题进行分析和建议，以书面形式传递到相关部门协调处理。

（4）科技信息部应按照不同岗位使用人员设置操作权限，不同岗位不能越级使用数据。

（5）远（集）抄系统中所有人工录入、修改操作严格授权，操作人、操作时间、内容、步骤等均应详细记录。

四十一、电能计量技术培训管理应用分析

（一）业务简介

电能计量是电力营销系统中的一个重要环节，加强电能计量人才队伍素质建设，是保障电力行业可持续发展的重要基础，培训电能计量人才势在必行。

（二）业务流程

（三）环节参与分配

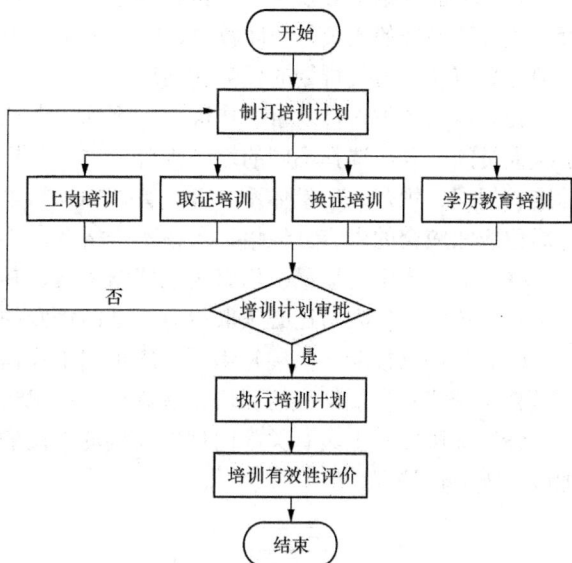

编号	流程环节	环 节 描 述	环节参与者
1	制订培训计划	由上级专业技术机构、企业人力资源、电能计量中心技术办制订培训计划及培训内容	各相关部门
2	取证或换证培训	对电能计量中心新进人员、换证人员进行取证或换证培训，否则不能上岗	上级专业技术机构
3	岗前培训	由企业人力资源部组织对新增人员进行岗前培训，否则不能上岗	企业相关部门
4	学历教育和继续教育	由企业人力资源部组织或采取其他方式进行学历教育和继续教育	相关部门
5	外送培训	由电能计量中心技术办公室配合人力资源部对部分计量人员进行外送培训	企业相关部门
6	培训的有效性评价	根据企业的经营管理情况制定详细合理的线损考核制度	电能计量中心技术办公室

（四）工作表单

年度电能计量技术培训统计表

填报单位：

序号	培训时间	培训人员	培训内容	达到效果

（五）工作要求

（1）电能计量中心技术办公室负责人力资源策划，制订本中心人员培训计划，负责员工的岗前培训、岗位培训、学历教育和继续教育工作，并对培训进行有效性评价。

（2）计量检定员不仅要按国家和行业的有关规定进行严格的培训，还必须取得相应的资格证

书后方可上岗。

（3）每年年底各部门根据工作需要，制订本部门的下年度培训计划申请，报电能计量中心技术办公室。

（4）电能计量中心技术办公室应根据本中心发展需要和人员变动情况对从事质量管理、技术管理执行和验证的人员，制订教育、培训计划，有计划地进行岗前培训、岗位培训、适时培训等，培训计划应与当前及规划的任务相适应。

（5）根据各类人员从事工作岗位的不同，专业的发展、标准或方法的变化情况，并兼顾不同层次人员的需要，选择不同的培训内容，主要包括国家有关法律法规、计量基础知识、有关技术标准、规程、规范、质量体系文件、管理知识、电力基础知识、专业理论知识、实际操作技能等各岗位应知应会的内容。经培训考核不合格者，不得上岗。

（6）对与本中心质量工作有关的新增人员、转岗人员，应按照岗位的要求组织培训，形成培训记录。特殊岗位人员还必须取得有关部门颁发的相应岗位合格证。

（7）为提高技能、拓展知识面，应根据工作需要对与质量工作有关的人员进行相应培训及继续教育，形式有参加岗位培训班、进修班、技术讲座等。

（8）按国家及上级有关部门规定需持证上岗的、与质量工作有关的特殊岗位人员，按要求参加取（换）证培训。

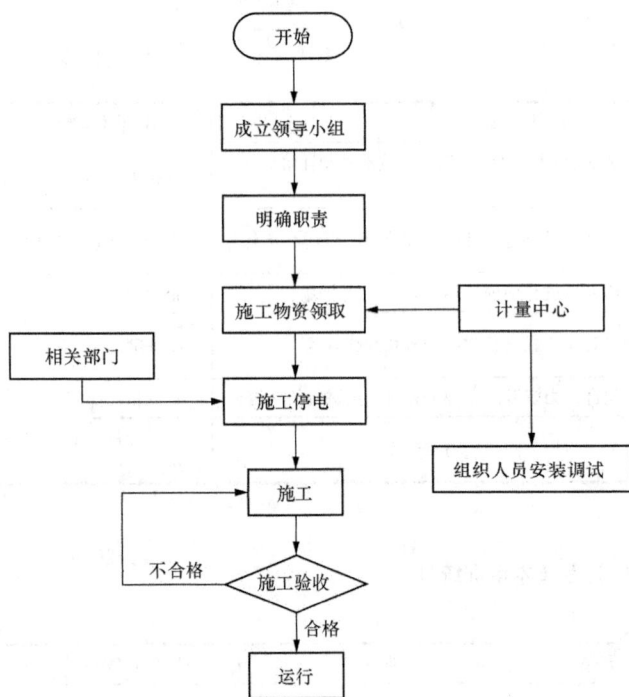

（9）部门可根据工作需要，安排或参加必要的计划外培训。外送培训应经电能计量中心技术办公室审核，主任批准后实施。

（10）负责组织与协调部门间的协作，完成报表及数据的传送与共享。

四十二、用电信息采集系统工程建设管理应用分析

（一）业务简介

用电信息采集系统建设是 SG186 信息系统工程建设和营销标准化建设的重要基础，能够提高用电信息、电费回收、用户、线损、配电网管理水平，是未来智能化电网的有力支撑。用电信息采集系统建设的质量直接关系到后期使用的效果，对于营销工作的影响意义重大，对系统工程建设应严格管理。

（二）业务流程

（三）环节参与分配

编号	流程环节	环节描述	环节参与者
1	成立领导小组	由供电企业经理负责领导，建立由营销、电能计量中心、客服中心、农电服务中心、配电服务中心等部门负责人组成的领导小组	企业各相关部门
2	明确职责	领导小组根据有关部门的业务职能，明确各单位职责	领导小组
3	组织施工物资领取、施工质量管理	由电能计量中心领取施工物资，对施工全过程进行管理及监督施工质量	电能计量中心

续表

编号	流程环节	环 节 描 述	环节参与者
4	施工停电	由客户服务中心和农电服务中心协调施工用户停电工作。由配电服务中心和农电服务中心协调公用变压器停电工作。同时办理停送电手续及安排停送电	企业相关部门
5	施工	由电能计量中心组织施工单位进行安装、调试	电能计量中心及施工单位
6	施工验收	由企业相关单位对已安装调试的用户进行验收,同时电能计量中心办理拆装工作票	企业相关部门
7	参数录入	由电能计量中心对已安装验收的用户,进行档案信息的录入及维护	电能计量中心
8	运行	经验收合格的用电信息采集系统的终端方可运行	企业相关部门

(四)工作表单

终端设备到货验收单

工程名称: 　　　　　　　　　建设单位: 　　　　　　　　　编号:

订货合同号	产品名称	规格型号	制造厂商	交货数量（台）

验收结果（交接试验报告附后）:

存在问题:

处理结果:

建设单位相关部门（公章）:

年 月 日

建设单位相关负责人（签字）:

年 月 日

用电信息采集终端安装、调试验收单

年 　 月 　 日

线路信息	线路名称			总用户数			
	专用变压器数量		公用变压器数量		低压用户数		
	专用变压器终端数量		集中器数量		采集器数量		载波表数量

序号	项 目	标 准	验收结论	负责人
1	采集终端安装	符合设计要求		
2	计量装置安装	符合设计要求		
3	施工工艺	执行电力用户用电信息采集系统管理规范:采集终端建设管理规范		

续表

序号	台区名称	类型	远程通信			本地通信				负责人
			组网方式	一次采集成功率	周期采集成功率	组网方式	通信规约	一次采集成功率	周期采集成功率	
1										
2										
3										
4										
5										

注 1. 台区类型应当填写专用变压器台区或公用变压器台区;

2. 远程通信组网方式包括光纤专网和无线公网;

3. 本地通信组网方式包括窄带电力线载波、RS485 通信和微功率无线通信;

4. 光纤专网一次采集成功率应≥99%,周期采集成功率应等于 100%;

5. 光纤专网一次采集成功率应≥99%,周期采集成功率应等于 100%;

6. 窄带电力线载波通信一次采集成功率应≥70%,周期采集成功率应≥95%;

7. RS-485 通信一次采集成功率应≥98%,周期采集成功率应≥98%;

8. 微功率无线通信一次采集成功率应≥85%,周期采集成功率应≥98%。

线路单元验收单

年　　月　　日

线路名称				专用变压器终端数量			集中器数量		
				采集器数量			载波表数量		
序号	台区名称	类型	采集终端安装	计量装置安装	施工工艺	远程通信	本地通信	综合验收结论	验收负责人
1									
2									
3									
4									
5									
6									
7									
8									
9									
10									
11									
12									

验收结论:

负责人　　　　　　时间

注 1. 台区类型指专用变压器台区或公用变压器台区;

2. 应当将同一类型台区编排在一起填写;

3. 采集终端、计量终端安装应符合设计要求;

4. 施工工艺要求应符合 Q / GDW 380.3—2009《采集终端建设管理规范》;

5. 远程通信、本地通信质量应满足国家电网公司相关标准。

工程内业验收单

年　　月　　日

序号	项　　目	验收结论	负责人
1	用电信息采集系统工程可行性研究报告、批复文件		
2	用电信息采集系统工程初步设计、概算书及批复文件		
3	用电信息采集系统工程实施方案		
4	用电信息采集系统工程组织机构		
5	用电信息采集系统工程施工管理制度		
6	用电信息采集系统工程施工技术标准		
7	用电信息采集系统工程施工承包合同书		
8	用电信息采集系统工程竣工决算报告		
9	用电信息采集系统工程审计报告		
10	用电信息采集系统工程竣工报告		
11	用电信息采集系统工程量表		
12	用电信息采集系统工程终端设备到货验收单		
13	用电信息采集系统工程采集终端安装、调试验收单		
14	用电信息采集系统工程线路单元验收单		
15	废旧物资回收记录		
16	工程设计图纸		

注　各单位依据此工程内业验收单对工程资料进行自验收，相关工程资料各单位自行存档，无须上报。

（五）工作要求

1. 相关各单位职责

（1）营销部负责项目的总体管理、前期准备和组织协调工作，对工程进度进行总体把握。

（2）电能计量中心负责项目物资、施工全过程管理和采集系统的运行维护，对工程质量进行把关。

（3）客户服务中心和农电服务中心负责按照施工进度安排协调需要改造计量装置的专用变压器客户的停电通知工作，电费管理中心和农电服务中心负责按照施工进度安排低压客户按台区的停电通知工作，保证每个客户有人协调，落实责任制，客户能按期停电不耽误施工进度。

（4）配电服务中心和农电服务中心负责指导和协助施工单位对公用变压器的停电工作。

（5）客户服务中心、电费管理中心和农电服务中心作为采集系统的直接使用单位，负责对工程建设的监督指导。

（6）施工单位的施工方式和时间应当灵活掌握，具体职责在施工合同做明确要求。

2. 用电信息采集建设中必须遵循的原则

（1）安全文明施工原则。施工前、施工中做好安全措施，确保人员和设备安全，并做到文明施工，避免不必要的纠纷。

（2）协调一致原则。现场施工人员、主站配合人员、通信信道维护人员等应协调一致，避免因不协调造成工程的迟滞和浪费。

（3）和谐建设原则。做好宣传引导工作，因施工造成停电应提前告知广大电力客户，赢得理解和支持。各单位应至少在停电安排前3天按照统一的方法和模式通知客户，对于停电造成客户的投诉，是哪一方的责任由哪一方承担。停电过程中各单位一定要保持和 95598 的通信畅通，保证客户咨询时能及时、有效沟通。农电服务中心要做好城市线路农电管理的专用变压器和公用变压器的停电通知工作。

（4）第一责任人原则。各相关单位的行政正职为项目建设第一责任人，负责落实各单位在工程中的权利和义务，保证工程进度。

（5）施工验收原则。施工过程中安装一台验收一台，不再单独进行验收，在工程结束后进行总体验收，验收资料需要施工单位、监理和计量三方人员签字认可，验收材料一式四份，施工方、计量、营销部各一份留作存档，剩余一份作为竣工验收资料。

（6）安装通信原则。高供高计专用变压器客户原则上只安装终端，如果确实需要进行监控，由客户管理单位报管控组进行单独处理；高供低计专用变压器客户安装终端并全部更换箱体，保证具备预购电的技术条件，如果有不更换箱体的情况客户管理单位须报送管控组并说明原因；公用变压器采用 B 型和 D 型计量箱安装；线路互带计量点在具备安装条件的地方进行安装，不具备安装条件的随线路改造工程进行安装；低压客户按照台区改造，整个台区按照一种通信方式进行建设，主要通过 RS-485 采集模块和载波表进行采集建设。

（7）电费差错原则。在施工过程各单位严格把关，对影响电费计算的多方面因素分析清楚，防止因施工过程造成电费计算错误。因哪一方原因导致错误发生，要追究该方责任，绝不姑息。

（8）客户采集预购电原则。所有新装高压及低压客户建设必须达到"三全"要求。新装小区公用变压器及低压客户由客户服务中心与客户协调，电能计量中心提供采集建设标准，小区投运即实现客户用电信息采集。新装专变客户由客户服务中心与客户协调，电能计量中心提供采集及预购电建设标准，客户投运即实现客户的采集及预购电。客户的预购电管理必须在客户签订预购电协议后执行，现在已经执行预购电的客户改造后继续执行。

3. 施工注意事项

（1）按线路、台区开展实施规范化、标准化施工，严格执行标准化作业指导书，确保安装调试工作高质量完成，为系统安全稳定运行打下坚实基础。

（2）在施工中对所有采集建设客户的计量装置进行一次全面普查，并及时更新营销系统中客户信息，保证营销系统中的信息准确。

（3）工作中做好各项安全措施，杜绝各种事故发生。

（4）科学组织、合理安排、高效协作、衔接紧密，确保按计划准时开工、如期完工、文明施工。

（5）整合一个平台，确保抄表成功率，实现在线监测，提高劳动生产率，为线损实时计算提供条件。

4. 工程施工流程

（1）物流分中心负责按照物资管理的相关规定做好本次工程的物资接收管理工作。

（2）电能计量中心根据工程物资清单和工程进度要求，做好抽检、验收和资产信息录入工作，并负责通信用 SIM 卡的管理和发放。

（3）施工方根据工程进度安排提前一周向公用变压器、专用变压器和低压客户管理单位等相关单位提交切实可行的停电计划，在得到许可后，办理停电工作票等相关手续。在停电计划落实后，施工方应将施工计划报送各相关单位，尤其是 95598 使客服人员能提前获得停电的信息。

（4）施工方负责从物流分中心领取安装材料。

（5）监理在开工前及时到位。

（6）客户服务中心、农电服务中心按照施工进度安排计划，至少提前 3 天通知专用变压器客户停电，并在停电当天负责全面协调客户有关事宜，联系客户按计划时间停电，保证施工进度。

（7）配电服务中心和农电服务中心在签发公用变压器停电工作票后，负责至少提前3天通知需停电公用变压器下的低压客户，并在施工过程中指导和协助公用变压器停电。

（8）电费管理中心和农电服务服务中心负责按照施工进度安排计划，至少提前3天通知低压客户停电，并在停电当天负责全面协调客户有关事宜，联系客户按计划时间停电，保证施工进度。

（9）电费管理中心和农电服务中心负责通知电能计量中心及施工方需要换表计或互感器的客户信息，电能计量中心便于提前安排表计和互感器。

（10）电能计量中心负责处理表计和箱体在营销系统中的出库和需改造客户的换表、终端安装工作票，同时在工作票传递过程中，施工方负责到电能计量中心领取表计及互感器等计量设备。

（11）电能计量中心负责采集系统的终端、表计等参数的录入。

（12）现场停电，施工方与95598联系，告知停电位置及停电时间，以备客户咨询。

（13）施工方现场施工，根据现场情况如实填写验收材料表。除高供高计客户的表计及互感器的更换由电能计量中心负责外，其他表计、终端及箱体等的安装更换工作由施工方负责。需要更换的现场表计和互感器在施工过程中一并更换，并填写换表工作票，验收材料表中填写新装表计和互感器信息。

（14）电能计量中心配合现场施工人员测试通信。

（15）监理和电能计量中心负责现场的施工验收。

（16）电能计量中心在通信测试通过后将安装客户的各项工作票归档。

（17）电能计量中心负责各项资料的检查核对。

（18）物流分中心负责废旧物资的回收管理。

（19）工程按线路和台区进行分批决算，完成一条线路决算一条，完成一个台区决算一个台区，总体完成后进行统一汇总。

（20）工程总体完工后，根据工程管理的相关规定及时完成工程的收尾工作。

（21）竣工。

四十三、电能计量关口表管理应用分析

（一）业务简介

电能计量关口表是供电企业内部经济核算的重要依据，它直接反映和体现了企业内部电能计量的管理水平，是电力系统生产运行的一项重要指标。

（二）业务流程

（三）环节参与分配

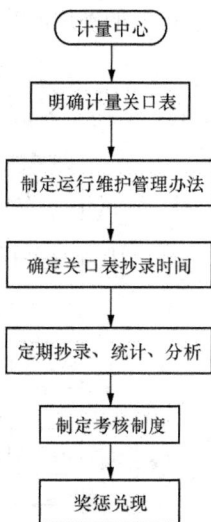

编号	流程环节	环节描述	环节参与者
1	明确计量关口表	由电能计量中心依据上级管理规程明确计量关口表	电能计量中心
2	制定运行维护管理办法	由电能计量中心依据上级管理规程制定关口表的运行维护管理办法及关口表的抄录责任	电能计量中心
3	确定关口表抄录时间	由企业相关责任部门确定关口表的抄录时间	企业相关部门
4	定期抄录、统计、分析	由企业相关责任部门定期抄录用电信息，并进行统计、分析，制订整改措施	企业相关部门
5	制定考核制度	根据关口表管理情况制定详细合理的考核制度	企业相关部门
6	奖惩兑现	根据考核制度对各责任单位和个人的完成情况严格考核，奖惩兑现	企业相关部门

（四）工作表单

电能计量××计量点关口表母线损统计表

计量点名称	上次表码	本次表码	管理单位	抄录人	抄录时间
母线损计算结果	%				

（五）工作要求

（1）以下电能计量装置应列入企业关口表（计量点）管理：

1）企业全部外购电表计。

2）企业各变电站、开关站10kV及以上电压等级母线电量进、出口表计。

3）10kV线路"手拉手"联络开关、环网柜开关等计量点表计。

4）企业与外部（供电企业、具有自备电源的客户等）联络互供线路协议贸易结算电能计量点表计。

5）变电站远方抄表系统表计。

（2）明确规定以上各类关口表（计量点）的运行维护管理和抄录责任。

（3）明确规定以上各类关口表（计量点）的抄录时间。

（4）变电站各级电压母线电量平衡率由相关表计责任人按照规定的周期、时间，认真抄录、计算、上报。

（5）除以上各类关口表（计量点）的责任抄录人员和运行维护人员外，不允许其他人员进入生产现场抄录关口表（计量点）数据。

四十四、电力营销分析应用分析

（一）业务简介

电力营销分析应用是为保证供电企业经营目标的实现，加强营销管理，及时发现和解决营销管理中存在的问题，提高经济效益和社会效益，定期围绕企业售电量、售电电价、电费回收、业务扩充、线损、优质服务、市场占有率、信息支持系统管理等经济技术指标完成情况以及政策、市场环境变化等因素进行分析，及时发现营销活动中存在的问题，确定改进提高的目标，明确下期营销管理重点和方向。

（二）业务流程

（三）环节参与分配

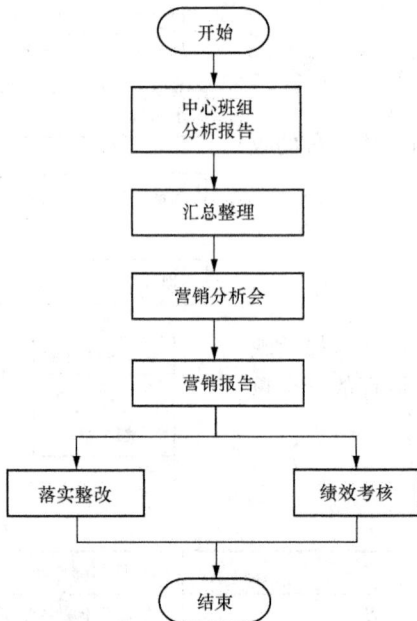

编号	流程环节	环节描述	环节参与者
1	编写报告	各中心、基层班组提出专业营销分析报告	各中心及班组
2	汇总整理	对营销报告进行整理汇总	营销部
3	营销分析会	召开营销分析会	主管领导、相关负责人
4	绩效考核	对相关室绩效考核	人力资源部

（四）工作表单

电力营销分析表

填报单位：（盖章）

类　　别	当月数量	较去年同期增减（%）	年度累计数量	较去年同期增减（%）	备注
一、售电量（万 kWh）					
其中：趸售电量（万 kWh）					
二、综合电费（万元）					
其中：售电收入（万元）					
平均电价（元/MWh）					
其中：代收基金（万元）					
三、综合电费回收率（%）					
目录电费回收率（%）					
代收基金回收率（%）					
四、线损率（%）					
其中：综合线损（%）					
高压线损（%）					
低压线损（%）					

年　月　业扩报装情况统计表

填报单位：（盖章）　　　　　　　　　　　　　　　　　　　　　　　　　　　　单位：kVA

栏　次		本期累计业扩报装完成情况					本年累计业扩报装完成情况					业扩报装累计结存				
		合　计		其中			合　计		其中			合　计		其中		
				10kV 及以上		10kV 以下			10kV 及以上		10kV 以下			10kV 及以上		10kV 以下
		户数	容量	户数	容量	户数	容量	户数	容量	户数	容量	户数	容量	户数	容量	户数	容量
合　计																
其中	一、大工业																
	二、非普																
	三、农业																
	四、非居民																
	五、居民																
	六、商业																
	七、趸售																
	八、其他																

（五）工作要求

（1）职责：

1）企业营销分析活动由营销部负责对各项指标完成情况进行分析。

2）各中心营销分析：

a）各中心营销分析活动、营销分析会议一般由主管领导主持；各相关中心负责人参加会议。

b）各中心营销分析活动由各中心负责根据职责分工对相应数据和指标完成情况进行分析。

3）各中心班组营销分析。营销各中心班组营销分析活动由班组长主持。班组成员全部参加，并负责相应本职责内的营销分析工作。

（2）形式与方法：

1）营销分析一般通过当期收集、统计、分析相关数据，客观反映出经营状况，形成书面报告后提交营销分析会议进行进一步讨论分析的形式进行。根据会议结论应形成电力营销分析报告。

2）电力营销分析活动分班组营销分析、中心营销分析、企业营销分析三个层面。

3）营销分析活动的数据分析应充分应用企业电力营销分析和辅助决策系统进行，以提高营销分析的工作效率和规范性。

4）分析工作要采取动态发展的观点，一方面通过对主要经营指标的分析，揭示经营运行的规律；另一方面，通过对主要经营指标的预测，把握经济运行的趋势。

5）分析工作要采用科学的方法和手段，既要有定性分析，又要有定量分析，以定量分析方法为主，突出重点，对重点工作、问题要作重点分析，不回避难点和矛盾，对重点、难点问题要有针对性地提出工作措施建议。

（3）活动周期。电力营销分析应每月召开一次，营销状况发生重大变化时应适时开展营销分析活动，并开展季度、年度分析。

四十五、客户业扩工程设计、施工管理应用分析

（一）业务简介

客户用电工程的设计、施工管理应用是为保证电力客户的新装、增容、减容与变更用电业务过程中，全面提高工程质量和服务水平，向客户提供规范服务。相关应用应符合《中华人民共和国电力法》、《电力供应与使用条例》、《供电营业规则》等有关规定。

（二）业务流程

（三）环节参与分配

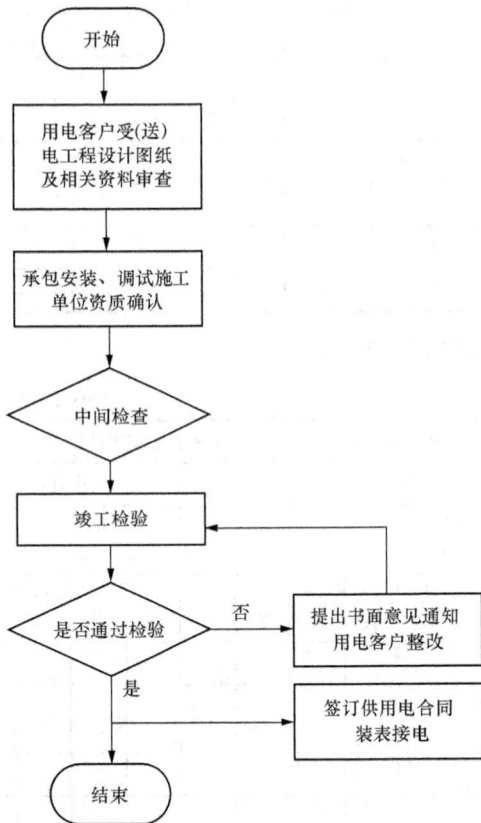

编号	流程环节	环节描述	环节参与者
1	设计资料审查	根据国家相关设计标准，审查客户受电工程图纸及其他资料	客户服务中心客户经理
2	资质确认	供电部门对承包安装、调试施工单位资质进行审查	客户服务中心客户经理
3	中间检查派工	供电企业对工程重点环节和隐蔽工程进行中间检查	各部门相关人员
4	意见汇总	根据工程中间检查的汇总意见，对客户及施工单位进行反馈	客户服务中心客户经理

续表

编号	流程环节	环 节 描 述	环节参与者
5	竣工检验	根据客户提供的竣工报告和资料，组织相关部门进行检验	各部门相关人员
6	合同签订装表接电	根据国家有关政策，供用电双方签订合同并组织相关部门进行装表接电	客户服务中心客户经理
7	资料归档	收集并整理报装资料，进行资料归档	营销各中心档案管理员

（四）工作表单

工程设计审核意见书

年 月 日	
接收审图任务时间：	
报装编号：	客户名称：
审图意见：	
审图完成时间： 年 月 日	审图人签名：
客户接收审图记录表时间： 年 月 日	客户代表签名：
审图意见反馈记录：	
完成时间： 年 月 日	审图人签名：

中 间 检 查 意 见 书

编报单位： 年 月 日 编制			
工程编号		工程类别	
工程名称		实际工程费用	
工程地点		施工单位	
实际开工日期		中间检查日期	
中间检查内容：			
整改意见：			
施工工程质量自评：		运行单位意见：	
		质量评价：	
		检查人签字：	
备注：		运行单位盖章：	

审核：　　　　　　　　施工负责人：　　　　　　　　编制人：

竣 工 检 验 意 见 书

编报单位：		年　月　日		编制	
工程编号			工程类别		
工程名称			实际工程费用		
工程地点			施工单位		
实际开工日期			实际竣工日期		
工程完成简要内容及效果：					
提前或延期开、竣工原因：					
施工工程质量自评：			运行单位意见：		
			质量评价：		
			检验人签字：		
备注：			运行单位盖章：		

审核：　　　　　　　　　　施工负责人：　　　　　　　　　　编制人：

（五）工作要求

1. 客户电力工程建设管理

（1）为了加强对电网的统一运行维护管理，方便设备的检修和事故处理，便于城市规划和城市电网规划建设的实施，所有客户电力工程的设计、施工均应遵循和满足供电企业统一规划和建设要求。

（2）客户负责投资从供电企业提供的电源点到客户受电点的线路、电缆、环网柜等配电设施的建设，并且在工程建成后将占用公共通道的线路、电缆、环网柜出线隔离开关及以上设备资产无偿移交给供电企业管理，环网柜出线隔离开关以下设备由客户自己维护管理或委托供电企业代维护管理。所有维护责任双方均应协商签订移交、维护、管理责任。

（3）客户在使用上一个电源点的出线柜间隔及电源通道时，还有义务为下一个客户提供出线柜间隔及电源通道。

（4）客户由公用配电站专板专线供电的，使用开关柜的专板建设费用按供电企业与客户双方签订的供电方案协议确定。

（5）按照电网规划要求客户无偿提供公用配电所场所的，免收该客户使用开关柜的专板建设费用。

（6）客户供电工程接电点以下的供配电工程由客户投资建设。客户供电工程接电点以上的供配电工程由供电企业投资建设。

（7）客户申请用电在 35kV 及以上的，客户供电工程接电点按供电企业与客户双方签订的供电方案协议确定。

（8）不具备专板专线条件的重要客户可从两个 10kV 公用配电站（或一个配电站的两段母线）向其提供两路电源。对供电有特殊要求的客户，除供电企业提供的两路电源外，客户还应自备发电机作保安电源。

（9）客户最终用电安装变压器容量在 4000kVA 及以上者可从变电站出专板专线供电。重要客户可从两个变电站（或一个变电站的两段母线）向其提供两路电源。对供电有特殊要求的客户，除供电企业提供的两路电源外，客户还应自备发电机作保安电源。

（10）客户使用双电源时或多电源的，应该按照《国家发展和改革委员会关于停止收取供电贴费有关问题的补充通知》（发改价格〔2003〕2279号）规定向供电企业交纳高可靠性供电费用。

（11）为了保证向客户提供电力，供电企业提供给客户的受电电源点之前的供、配电设备（包括上一级电压供电工程）的改造、增容工程均由供电企业负责投资建设。

（12）供电企业应加强对公用高低压供电设备运行维护，配电变压器容量已满负荷的，应及时更换大容量配电变压器或增加配电变压器布点分负荷。

（13）供电企业应保证供电设备满足负荷增长的要求。如不能满足要求，应提前对供电线路进行改造或在送电时改变运行方式。

2. 资质规定

（1）承担客户用电工程设计的单位，应具有相应等级的资质并取得当地政府主管部门核发的资格证书。

（2）承担客户用电工程施工的单位应具有相应等级的资质。

（3）工程项目要实行"项目法人制"、"监理制"、"合同制"等工程管理办法，努力提高工程质量，控制工程造价。

（4）设计、施工单位要加强队伍建设，积极开展员工行业作风教育和业务培训工作。

（5）客户服务中心负责客户业扩工程设计、施工单位资质的审核、验证工作，并应复印存入客户业扩档案。

3. 业扩工程设备材料管理

（1）按照"三不指定"要求，客户用电工程所需的设备材料，客户可以委托施工单位提供，也可自行购买合格的设备材料。

（2）施工单位要积极主动地组织货源，为客户提供的设备材料应具有入网许可证或质量保证，经试验合格方可安装。

4. 客户业扩工程设计、施工管理

（1）客户用电工程的设计施工应符合国家和电力行业有关标准，国家和电力行业尚未制定标准的，应符合电力管理部门有关规程、规定。

1）为提高业扩工程设计、施工的透明度，客户用电工程的设计、预算、安装，应采用"典型设计"，"格式化预算"模式。

2）施工单位对工程执行预决算制。

（2）用电工程设计、施工工期，应根据客户的要求在与客户签订的合同（协议）中予以明确约定。

（3）客户用电工程设计（含预算）工期原则上不应超过的期限：低压客户不超过2个工作日；315kVA及以下高压客户不超过3个工作日；315kVA及以上高压客户不超过15个工作日。

（4）客户用电工程的施工单位，应根据客户要求，对于投资超过20万元或客户要求的用电工程要实行"监理制"，实行施工全过程质量监督，工程结束后要出具监理报告。

（5）施工单位要强化优质、文明服务意识，摆正与客户的关系，文明施工。

（6）施工单位在施工期间，对工程重点环节和隐蔽工程，要主动联系供电企业进行中间检查，对检查意见认真整改。

5. 设计审查与竣工验收

（1）客户电力工程设计完毕后，设计单位要会同客户将工程设计提报供电企业进行审核。

（2）供电方案的工程设计、预算审核由营销部门负责组织，生产、审计、安监、调度等部门参加。

1）审核供电方案、设计、预算是否合理、科学、安全，是否符合电网发展规划等。

2）对供电企业提出的问题，设计单位要按期进行整改，并会同客户提报复审，直至合格。

（3）客户用电工程安装调试完毕后，施工单位要做好验收前的准备工作，包括施工资料准备，会同客户向供电企业提供竣工报告。

（4）工程验收后，对供电企业提出的问题，施工单位要按期进行整改，并会同客户提出复验申请，直至验收合格。

（5）客户内、外部供电工程均由供电企业负责中间检查和竣工验收，检查验收合格后方可装表送电。

（6）客户业扩工程验收应参照电气装置有关安装验收规程等法规进行，验收结束应出具合格报告或整改通知书。

（7）为了加强对电网的统一运行维护管理，方便设备的检修和事故处理，便于城市规划和城市电网规划的实施，客户的外部供电工程由客户出资，交有相应资质的单位统一组织设计、施工。

6．客户工程投资分界点划分原则

（1）客户由公用变电站、开关站（配电站）接入系统工程，出线隔离开关及以上设备由供电企业投资建设，出线隔离开关受电侧接线桩头以下由客户投资建设，所有投资均包括土建施工费用（下述工程所有投资均包括土建施工费用）。

（2）客户由公用 10kV 及以上线路 T 接或 π 接方式接入系统工程，线路 T 接点及以下或 π 接点以下（不包括 π 接点）由客户投资建设。

（3）客户由公用 10kV 分接箱（环网柜）接入系统工程，出线接线桩头以下由客户投资建设。

（4）客户由公用 0.4kV 低压网接入系统工程，电源接入点及以下由客户投资建设。

（5）从供电企业的 10kV（6kV）或 0.4kV 公用电缆线路供电的，供电企业的变电站或公用配电室（包括开关站、箱式变电站、环网开关柜、电缆分支箱，以下相同）出线隔离开关线路侧接点为客户供电工程接电点。

（6）客户申请用电在 35kV 及以上的，客户供电工程接电点按供电企业与客户双方签订的供电方案协议确定。

（7）客户的外部供电工程是指在客户的供电方案中，从供电企业的供电装置接电点到客户的受电装置受电点之间的供电工程。

（8）客户的内部供电工程是指客户的受电装置受电点以下（负荷侧）的供电工程。

（9）因客户增容引起供电设施改造所需投资，不改变接入系统方式时，按照首次接入系统投资分界确定；如改变接入系统方式，按照上述原则确定。

7．工程项目经理制

（1）客户工程项目经理由客户服务中心业扩人员或生产技术人员担任。

（2）高压客户申请的用电容量为 800kVA 及以上、县市重点工程中的供电工程和有特殊供电要求的客户供电工程，供电企业实行项目经理制。

8．管理要求

（1）客户的内部供电工程按政府电力管理部门有关供用电设备安装维修的管理规定进行工程的建设和管理，供电企业不指定设计单位、安装单位和设备制造厂家。严禁国家明令禁用的不合格的电气产品进入电网运行，所用设备材料必须使用节能型的合格产品，经过试验合格才能进行安装。

（2）高压客户的外部供电工程由供电企业客户服务中心受理，上报工程建设项目，列入供电企业生产计划。

（3）凡由供电企业组织施工的客户内、外部供电工程，施工单位和供货单位在 1 年内负责免费维修和设备更换。

（4）客户的外部供电工程由客户出资建设并自行组织施工时，必须经供电企业验证后具有相应资质的单位设计、订货、施工。

（5）供电企业要明确电力客户业扩工程投资划分界限，在客户报装时要向客户做详细说明，禁止让客户分摊上级电网建设改造费用。

（6）供电企业在业扩报装中要坚持"一口对外、便捷高效、三不指定、办事公开"的管理原则，严格按照明确的工作流程和对外承诺的工作时限办理。

（7）强化客户服务中心"一口对外"功能，在受理业扩报装业务的营业场所，按客户要求公布所有具备资质的有关设计、施工和设备供货单位，公示收费标准和依据。

（8）属于客户出资的业扩工程的设计、施工、设备采购由客户自行组织招标，供电企业按照客户要求可以提供所有具备资质的有关设计、施工和设备供货单位的信息服务，供客户自主招标选择，坚决杜绝"三指定"。凡因在业扩报装中搞"三指定"而影响公司企业形象的，要追究单位主要领导和责任人的责任。

四十六、客户业扩工程接入电力系统应用分析

（一）业务简介

客户业扩工程接入电力系统应用是为了更好的满足客户需求，理顺供用电关系，明确客户业扩工程接入系统的注意事项，进一步提升优质服务水平，相关应用应符合《中华人民共和国电力法》、《电力供应与使用条例》、《供电营业规则》等相关法律法规。

（二）业务流程

（三）环节参与分配

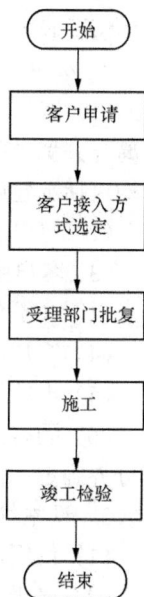

```
开始
  ↓
客户申请
  ↓
客户接入方式选定
  ↓
受理部门批复
  ↓
施工
  ↓
竣工检验
  ↓
结束
```

编号	流程环节	环 节 描 述	环节参与者
1	客户申请	用电客户向供电企业提出用电申请	用电客户及客户服务中心业扩专责
2	选定接入方案	供电企业根据工程接入情况制定工程接入方案	供电企业
3	施工	接入工程施工	有资质施工单位
4	竣工检验	客户服务中心组织竣工检验	客户服务中心客户经理

（四）工作表单

客户接入电力系统统计表

客户名称		用电地址	
用电容量		用电性质	
接入线路（台区）		接入方式	
是否双电源			
备注：			

（五）工作要求

1. 接入系统原则

（1）政府规划部门最终批复容量（以下简称最终容量）在 4000～8000kVA（各企业根据本地

情况制定具体实施细则）及以上的客户接入公用变电站，如最终容量在 4000kVA 以下，但对供电质量有特殊要求的，也可接入公用变电站。

（2）最终容量在 1250～4000kVA 的客户接入公用变电站。

（3）最终容量在 1250kVA 及以下的客户接入 10kV 公用线路或公用分接箱（环网柜）。

（4）最终容量在 50kVA 或 100kW 及以下的客户，如果供电企业条件允许，可接入公用 0.4kV 低压网。最终容量在 15kVA 或 30kW 及以下的客户接入公用 0.4kV 低压网。

（5）根据《供电营业规则》需建设双（多）电源的客户，接入系统方式可参照上述条款并视具体情况确定。

2. 分界点划分原则

（1）客户由公用变电站接入系统工程，出线隔离开关及以上设备由供电企业投资建设，出线隔离开关受电侧接线桩头以下由客户投资建设，所有投资均包括土建施工费用（下述工程所有投资均包括土建施工费用）。

（2）客户由公用 10kV 分接箱（环网柜）接入系统工程，出线接线桩头以下由客户投资建设。

（3）客户由公用 10kV（及以上）线路 T 接或 π 接方式接入系统工程，线路 T 接点及以下或 π 接点以下（不包括 π 接点）由客户投资建设。

（4）客户由公用 0.4kV 低压网接入系统工程，电源接入点及以下由客户投资建设。

（5）电能计量用表计、互感器及二次回路由供电企业与客户协商投资安装。

（6）因客户增容引起供电设施改造所需投资，不改变接入系统方式时，按照首次接入系统投资分界确定；如改变接入系统方式，按照上述原则确定。

3. 设施维护管理

（1）供用电设施运行维护管理范围，原则按产权归属确定。

（2）属于公用性质或占用公用电网规划走廊的，供电企业与客户签订供用电设施运行维护管理协议，由供电企业统一管理。

（3）属于客户专用或共用性质但不占用公用电网规划走廊（通道）的客户供用电设施，由拥有产权的客户运行维护管理。

（4）如客户运行维护管理确有困难，可与供电企业协商，就委托供电企业代为运行维护管理有关事项签订协议。

（5）各项维护管理及产权划分均需按照本意见双方协商一致，签订协议或合同进行明确。

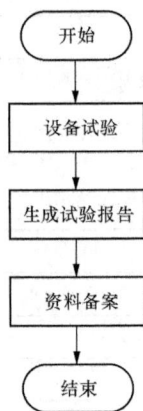

四十七、客户受电设备试验管理应用分析

（一）业务简介

凡接入供电公司企业电网客户的配电设备，在安装投运前必须做相应的安全、入网合格试验，以保证接入电网的客户配电设备安全、合格，确保公司企业电网安全可靠运行。

（二）业务流程

（三）环节参与分配

编号	流程环节	环 节 描 述	环节参与者
1	设备试验	对接入供电公司电网的设备进行试验	具备国家相应试验资质的试验单位
2	生成试验报告	根据试验结果生成试验报告	具备国家相应试验资质的试验单位
3	资料备案	将加盖试验专用章的试验报告交予客户服务中心备案存档	客户服务中心档案员

（四）工作表单

变 压 器 试 验 报 告

运行单位		试验地点	
型号		容量（kVA）	
接线组别		出厂编号	
制造厂		出厂时间	
试验日期		实验性质	
温度℃		湿度（%）	

一、直流电阻测量（Ω）

高压						低压	
	1	2	3	4	5	A0	
AB						B0	
BC						C0	
CA							

二、电压比连接组标号鉴定（V）

分接位置	AB/ab	BC/bc	CA/ca
1			
2			
3			
4			
5			

三、绝缘电阻测量（MΩ）

高对低及地	
低对高及地	

四、工频耐压（kV）

高对低及地	
低对高及地	

五、空载电流及空载损耗测量

电压（V）	电流（%）	损耗（W）

六、短路阻抗及负载损耗测量

电压（%）	电流（A）	损耗（W）

备注	
结论	合格

审核		试验人员	

电 器 试 验 报 告

委托单位： 　　　　　　　　　　　　　　　　　　　　　　　　　　日期：

名称	规格	数量	试 验 内 容	时间（分）	结果
跌落式熔断器			交流耐压（42kV）		
悬式绝缘子			交流耐压（42kV）		
棒式绝缘子			交流耐压（42kV）		
避雷器			绝缘电阻均为 2500Ω		
接电电阻			$0.75V_{ImA}$ 电压下的泄漏电流均小于 $30\mu A$		

（五）工作要求

1. 适用范围

（1）客户新装（新购）或停用连续超过6个月的变压器、避雷器、计量装置、开关设备、高压电缆、高压开关、接地网、继电保护装置均需进行安全、合格试验。

（2）客户变压器、电缆、避雷器、开关设备等烧坏，重新更换、改造安装的，也需要进行试验。

（3）上述设备在安装前均应作电气交接与安装前试验。

（4）规程规定的其他设备或供电企业特别要求的设备。

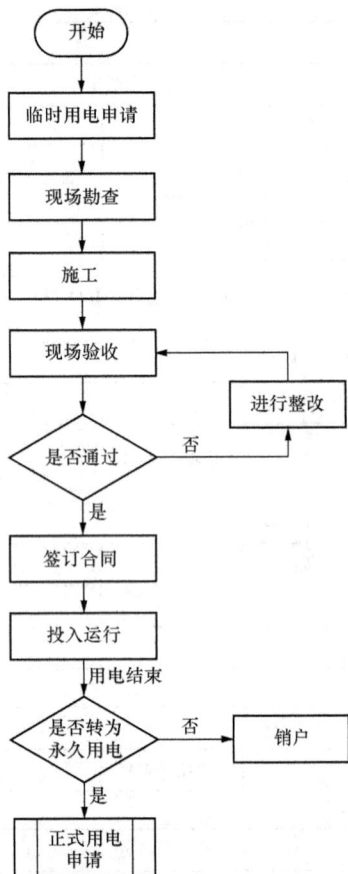

2. 试验要求

（1）试验应由承揽客户业扩工程的安装单位负责组织，安装前必须验证其试验合格方可安装。

（2）用户选择或自行安装的业扩工程，应向供电企业提交设备资料、证明，客户服务中心审核批准后，需经供电企业试验合格。

（3）试验单位必须具备国家相应试验资质。

（4）试验报告应加盖试验专用章，需经两人签字生效。

3. 管理规定

（1）试验报告格式按照要求统一制定，报客户服务中心备案。

（2）试验报告应加盖试验专用章，需经两人签字生效。

（3）试验报告一式两份，试验单位客户各一份。

四十八、客户临时用电管理应用分析

（一）业务简介

临时用电是指用于基建工地、农田水利、市政建设等非永久性用电。客户临时用电管理应用是为了规范临时用电管理，方便广大客户，有效避免不安全用电现象的发生。临时用电不包括农业周期性、季节性已由各供电所装设固定接电装置的用电。

（二）业务流程

（三）环节参与分配

编号	流程环节	环节描述	环节参与者
1	业务受理	作为临时用电业务的入口，接收并严格审查客户资料，接收客户用电申请	营业厅业务员
2	勘查派工	接收到客户用电申请后，到现场勘查工作派工	城市：客户服务中心业扩班长、电能计量中心装表班班长 农村：供电所所长
3	勘查意见汇总	根据客户用电申请信息到现场核实用电容量、类别等客户信息，形成勘查意见	城市：客户服务中心客户经理、电能计量中心装表员 农村：供电所抄检员
4	方案审批、业务费审批	根据审批条件（按电压等级、用电设备容量等）提交相关部门审批，签署审批意见。按照国家相关规定及物价部门批准的收费标准确定相关费用并通知客户交费	城市：电费管理中心抄核收专责 农村：农电服务中心抄核收专责

续表

编号	流程环节	环 节 描 述	环节参与者
5	合同起草	根据客户申请选择相应的供电合同范本，并在此范本的基础上编制形成新的供电合同文本	城市：客户服务中心客户经理、电能计量中心装表员 农村：供电所抄检员
6	合同签订	供用电双方进行合同签订并记录客户接收供用电合同的日期，双方签字盖章	城市：客户服务中心客户经理、电能计量中心装表员 农村：供电所抄检员
7	归档	收集整理并核对客户资料，完成客户资料归档	营销各中心档案管理员

（四）工作表单

临 时 用 电 申 请

业务编号：

客 户 资 料			
客户名称：		身份证号：	
客户地址：		联系电话：	
临时用电用途：		申请用电设备总容量：	
申请时间：		截止日期：	
核 实 情 况			
启用表码：	倍率：	用电性质：	
装表接电日期：		终结用电日期：	
核实意见：		签字： 年　　月　　日	

受理人：　　　　　　　　　建档人：　　　　　　　　　开票人：

（五）工作要求

1. 工作标准

（1）供电电压 10kV 及以上客户。

1）临时客户向供电企业营业厅或供电所提出用电申请，办理临时用电报装手续。

2）营业厅或供电所接到临时客户的报装申请后一个工作日内报各相关中心。

3）配电变压器容量在 315kVA 及以上的，由客户服务中心组织有关人员按照新增办法进行现场勘测，15 日内答复客户供电方案。

4）配电变压器容量在 315kVA 以下的，由客户服务中心现场勘测，7 日内答复客户供电方案。

5）客户受电工程所需的材料费和施工费用由客户承担。

6）工程完工后，由施工单位出具竣工报告（附相关设备的交接性试验报告、相关设备的调试记录、隐蔽工程施工记录等相关资料），递交客户服务中心现场验收。

7）工程验收合格后，应与客户签订临时用电合同，合同签订后方能接火送电。

8）工程验收不合格，验收人员要向客户提出整改意见，并限期整改。整改结束后，施工单位要向客户服务中心提交复验申请。两次检查不合格，从第三次开始按规定收取复验费用。

9）工程验收送电后，业扩人员负责把客户的资料整理归档，并把客户档案上传营销业务应用系统。

（2）供电电压 0.4kV 及以下客户。

1）客户向供电所提出临时用电申请，办理临时用电报装手续。

2）营业厅或供电所在接到 0.4kV 及以下临时客户的报装申请 3 个工作日内现场勘测，经过相关部门审批，5 日内答复客户供电方案。

3）客户受电工程所需的材料费和施工费用由客户承担。

4）工程结束验收合格后，应与客户签订临时用电合同。

5）临时用电合同签订后，方能接火送电。

6）接火送电后，核算员要把相关信息资料整理归档，并把客户档案上传营销业务应用系统。

2. 临时用电的技术要求

（1）供电电压 10kV 及以上工程。

1）配电变压器设施必须使用国家推广的先进节能设备。

2）配电变压器高压侧必须安装安全可靠的保护装置。

3）低压配电系统应符合电力技术规程的有关规定。

（2）供电电压 0.4kV 及以下工程。

1）必须按规程要求安装临时用电配电箱。

2）必须装设漏电保护和短路、过载保护，并和计量表计合装在配电箱内。

3）配电箱应装设在供电企业与客户的产权分界处。

4）如需架设临时架空线路，则应符合电力技术规程的有关规定。

3. 临时用电的管理

（1）临时用电的管理应责任到人。管理责任人应加强对临时用电的检查和巡视。

（2）临时用电应采取预购电费方式。

（3）抄表人员应对临时用电按规定进行抄表，并及时传递到电费管理中心进行当月电费结算，抄表人员不得采取估算、不加装表计计量，以及漏抄、包干等形式进行计费。

（4）预购电费余额不足时，抄表用电检查人员应及时通知客户充费。

（5）临时用电合同内容应明确用电地址、用电设备总容量、供电方式、用电性质、计量装置、产权及安全责任分界点、约定事项、违约责任、合同有效期等事项。

（6）临时用电合同要由专人进行管理。

（7）客户不得私自接电，一经发现按窃电处理。

（8）客户不得私自拆除、移动用电设施和计量装置，不经供电企业同意不得私自转供电。

（9）供电企业工作人员或电工如果在临时用电管理过程中，不按规定办理临时报装手续，私自接电或不加表计计量的，按截留电费处理。

4. 临时用电的终结

（1）客户在临时用电结束后应及时到营业厅（供电所）办理销户手续，供电企业应及时安排拆除临时用电装置，记录终止用电能表计读数，告知客户及时结清临时用电期间全部电费，在记录档案上注明拆除销户时间、人员。

（2）如果客户需将临时用电转为永久用电，客户应向供电企业办理永久性正式用电申请，经过有关部门审核批准后可成为正式客户。

四十九、居民住宅小区供用电管理应用分析

（一）业务简介

居民住宅小区供电电管理应用是为规范供电企业供电范围内对新建或改造后移交给供电企业维护管理的居民住宅小区的供用电管理，提高供电设备建设质量，利于日常运行维护。相关应用应符合《电力供应与使用条例》、《中华人民共和国物业管理条例》等规定。

（二）业务流程

（三）环节参与分配

编号	流程环节	环节描述	环节参与者
1	业务受理	作为移交业务的入口，接收并审查客户资料，确认客户是否满足移交的条件，接收客户移交申请	营业厅业务员
2	组织检验	对客户工程进行移交检验	城市：客户服务中心业扩班长 农村：农电服务中心供电所长
3	审核批准	按照移交的相关规定，根据审批权限由相关部门对组织检验意见进行审批，签署审批意见	城市：客户服务中心主任 农村：农电服务中心主任
4	合同起草	根据客户申请选择相应的供电合同范本，并在此范本的基础上编制成新的供电合同文本	城市：客户服务中心客户经理 农村：供电所抄检员
5	合同签订	供用电双方进行合同签订并记录客户接收供用电合同的日期，双方签字盖章	城市：客户服务中心客户经理 农村：供电所抄检员
6	归档	收集整理并核对客户资料，完成客户资料归档	营销各中心档案管理员

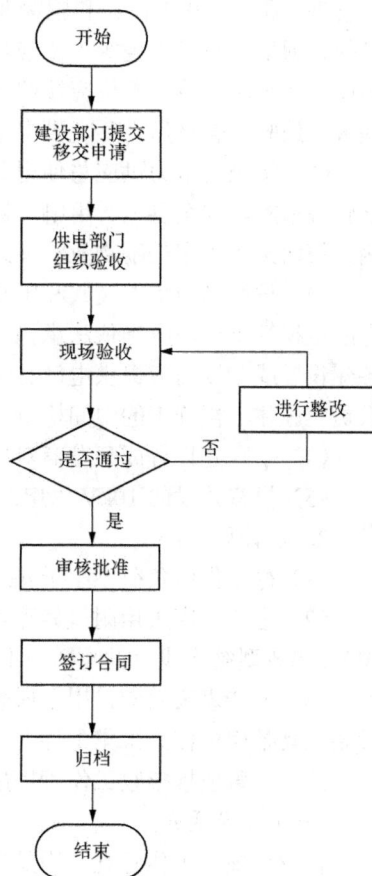

（四）工作表单

资 产 转 让 协 议 表

客户名称：				客户地址：			
转让设备							
表计型号		表编号		厂家		校验日期	
原产权分界点：				现产权分界点：			
图纸				备注：			
原资产单位签字盖章： 年　月　日				接管单位（签字）盖章： 年　月　日			

（五）工作要求

1．政策依据和规定

（1）按照《电力供应与使用条例》第十七条"公用供电设施建成投产后，由供电单位统一维护管理"和《中华人民共和国物业管理条例》第四十五条"物业管理区域内，供水、供电、供气、供热、通信、有线电视等单位应当向最终客户收取有关费用"的规定。为此，对新建房地产开发居民住宅小区，建设单位应按照电气规程和设计规划要求，建设安装配电装置和业主的用电计量装置，经验收合格后，移交供电单位管理。

（2）按照《电力供应与使用条例》第二十九条"供电企业和客户应当采用先进技术、采取科学管理措施，安全供电、用电，避免发生事故，维护公共安全"和《中华人民共和国物业管理条例》第四条"国家鼓励物业管理采取居民用电自动化集抄系统。

（3）按照《中华人民共和国物业管理条例》第五十二条"供水、供电、供气、供热、通信、有线电视等单位，应当依法承担物业管理区域内相关管线和设施设备维修、养护的责任"规定，各建设者或开发商应提供电气、配电设计图纸，并经供电企业审核批准，供电企业指派有关技术人员实施住宅楼施工的中间检查。

（4）小区建设者或开发商对居住户应按照一户一表制进行建设，不能自行供电。

（5）投资建设的 10kV 供电线路负荷、变压器容量，应按小区内每户不小于 4kW 标准设计。

2．设计要求

（1）每户供电负荷不小于 4kW，表计量程不小于 5（20）A，应采用智能表。

（2）进户线应采用耐气候型绝缘电线，推荐采用 BXY、BLXY 型橡皮绝缘固定敷设电线或 BLV、BV 型绝缘线。铜线截面不小于 $4mm^2$，铝线不小于 $6mm^2$。

（3）电能表表箱应采用金属表箱或玻璃钢表箱，金属表箱外壳应做防腐处理，安装用电采集设备，具备用电信息采集条件。

五十、营业抄核收工作管理应用分析

（一）业务简介

营业抄核收工作管理应用是指营业工作中的抄表、电量电费核算、电费收取及电费账务管理等工作，为加强营销基础工作，规范并完善营业抄核收工作的管理制度和业务流程，提高工作效率，减少工作差错。

营业抄核收工作应坚持标准化、集约化、信息化管理原则，通过管理创新和技术进步，对抄核收工作过程实施量化监控和流程优化，不断提高工作质量、工作效率和自动化管理水平。

（二）业务流程

（三）环节参与分配

编号	流程环节	环节描述	环节参与者
1	抄表	对各类用户抄表段进行抄表	电费管理中心、农电服务中心抄表员
2	抄表数据输入	对各类用户抄表段进行微机录入	电费管理中心、农电服务中心抄表员
3	抄表数据复核	对抄表数据进行人工复核	电费管理中心、农电服务中心抄表班长
4	电费计算、审核	根据各类用户抄表数据以及执行电价标准进行电量电费计算并对电量电费异常进行审核	电费管理中心核算员

续表

编号	流程环节	环 节 描 述	环节参与者
5	收费交易对账	对各类收费方式形成日报表并进行交易对账，核对交费数据	电费管理中心收费员
6	财务交接	根据日实收电费交接报表与财务交接	电费管理中心账务员，财务出纳

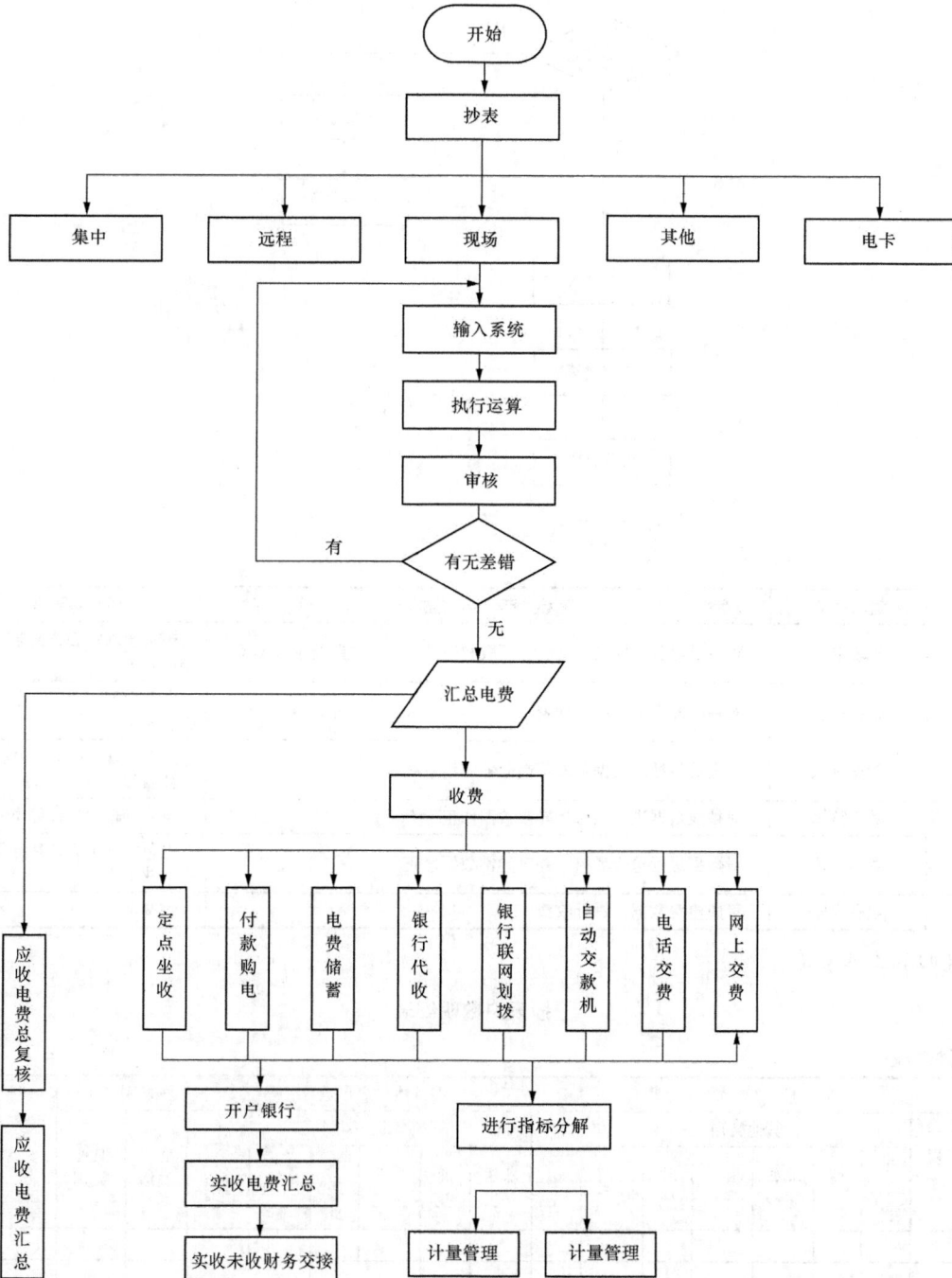

```
        ┌──────────┐
        │   开始   │
        └──────────┘
             │
        ┌──────────┐
        │ 抄表准备 │
        └──────────┘
             │
        ┌──────────┐
        │各类用户抄表│
        └──────────┘
             │
         ◇抄表数据◇    是
         ◇是否异常◇ ──────────┐
             │                │
             │否          ┌──────────┐
             │            │ 异常处理 │
             │            └──────────┘
             │                │
             │            ┌──────────┐
             │←───────────│修正抄表数据│
             │            └──────────┘
        ┌──────────┐
        │ 数据录入 │
        └──────────┘
             │
        ┌──────────┐
        │ 数据核算 │
        └──────────┘
             │
        ┌──────────┐
        │ 电费收取 │
        └──────────┘
             │
        ┌──────────┐
        │   结束   │
        └──────────┘
```

编号	流程环节	环 节 描 述	环节参与者
1	抄表准备	抄表员对各种抄表工具进行领取和检验，对抄表路线进行熟悉	电费管理中心、农电服务中心抄表员
2	数据抄表	对抄表段内数据进行抄表	电费管理中心、农电服务中心抄表员
3	数据录入	抄表员将抄表数据录入营销业务应用系统	电费管理中心、农电服务中心抄表员
4	数据核算	对抄表数据进行核对，异常数据修正	电费管理中心核算员
5	数据考核	对数据进行检查考核，并对异常数据修正	电费管理中心、农电服务中心营业专责
6	电费收取	形成电费数据，进行收费	收费员

（四）工作表单

抄表户数明细表

抄表段：　　　　　　　　　　　　　　　　　　　　　　　　　　　　　　　年　　月

抄表段	应 抄 户 数							实 抄 户 数							抄表率（%）		抄表员	审核员
	居民生活	其他类别						居民生活	其他类别						居民生活	其他类别		
		非居民	商业	非普工业	大工业	其他	小计		非居民	商业	非普工业	大工业	其他	小计				

续表

抄表段	应抄户数								实抄户数								抄表率（%）		抄表员	审核员
	居民生活	其他类别							居民生活	其他类别							居民生活	其他类别		
		非居民	商业	非普工业	大工业	其他	小计			非居民	商业	非普工业	大工业	其他	小计					

审批：　　　　审核：　　　　填表：　　　　填表时间：

抄表率、电费差错率统计表

单位（公章）：

抄表率：

当月应抄户数=月末总户数－当月新增户数			当月实抄户数		抄表率	
月末总户数		当月新增户数	应抄户数	当月实抄户数	抄表率	
居民生活用电		居民生活用电	居民生活用电	居民生活用电	居民生活用电	
其他		其他	其他	其他	其他	

注　1. 当月抄见总电量（万 kWh）：

　　2. 当月月末抄见电量（万 kWh）：

占抄见总电量比重（%）

电费差错率：

客户数	其中：						差错客户数	其中：						电费发票差错率（%）
	居民	非居民	商业	非普工业	大工业	其他		居民	非居民	商业	非普工业	大工业	其他	

审批：　　　　审核：　　　　填报人：　　　　填报日期

抄表器交接记录单

单位：

时　间	抄表器编号	领用人签字	保存人签字	损坏情况记录

审批 ：　　　　审核：　　　　填表人：

票 据 领 用 单

票据种类		
上期结余	号 码	
	总份数	
本期领取	号 码	
	总份数	
	领取人签字:	领取时间:
本期使用	号 码	
	总份数: 　　其中有效份数: 　　作废份数:	
	作 废 号 码	
	管理员签字:	交回时间:
本期结余	号 码	
	总份数	
备 注		

注 此凭证一式两联，第一联由票据管理员留存，第二联由领取人保管，交回已开具的票据时返给电费管理中心票据管理员。

电价调整及退补电费执行情况确认表

编号：

序号	项 目	处 理 内 容	处理人签字	处理时间
1	《政策性退补电费申请书》及文件依据			
2	审核《政策性退补电费申请书》			
3	审批《政策性退补电费申请书》			
4	修改程序，提交程序电子文档及打印文件			
5	人工验证程序			
6	人工验证审核			
7	打印清单传供电公司确认			
8	核对供电公司确认情况，并将已论证正确表存档			
9	审核确认情况			
10	发布程序			
11	工作单存档			

退补电费情况统计表

工作票编号	审核员签收时间	退补电费客户户名	退补电费原因	退补电量	退补金额	资金到账时间	审核员处理签字	审核员处理时间

审核：　　　　　　　　　填表人：　　　　　　　　　填表时间：

（五）工作要求

1. 管理原则

（1）坚持标准化管理原则。建立抄表、电量电费核算、电费收取、电费账务、营业稽查、营业责任事故追究等管理制度，制定抄核收业务流程规范、作业程序、工作标准，并完善质量监督管理体系。

（2）坚持集约化管理原则。优化整合抄核收工作流程，电费管理中心对电量电费核算、电费收缴、电费账务、电费资金实行集中监管，有效实现对抄核收管理过程的可控、在控。

（3）坚持信息化管理原则。积极推进营销现代化建设，采用信息化技术提高抄核收作业及管理手段，逐步取消传统的手工作业方式，不断提高抄核收工作的自动化管理水平。

2. 抄表

（1）抄表的准备：

1）到卡片管理处领取抄表卡片或抄表仪，检查卡片内容或抄表仪是否符合要抄录的客户；要注意携带临时用电户卡片。

2）抄表时应携带钢笔、手电筒、验电笔、电工工具、铅封钳等。

3）必须将应带物品放在抄表袋内，严防损坏、丢失。

（2）抄表周期按以下原则确定：

1）对电力客户的抄表一般为每月一次。各地可根据实际情况，对居民客户实行双月抄表。

2）对用电量较大的客户每月可多次抄表。

3）对临时客户、租赁经营客户以及交纳电费信用等级较差的客户，应视其电费收缴风险程度，实行每月多次抄表并按国家有关规定或约定，预收或结算电费。

（3）抄表例日按以下原则确定：

1）每月 25 日以后的抄表电量不得少于月售电量的 70%，其中，月末 24 时的抄表电量不得少于月售电量的 35%。

2）根据营业区范围内客户数量、客户用电量和客户分布情况确定客户抄表例日。抄表例日确定以后，应严格按照抄表例日抄表。

（4）正确抄录。

抄表时，要抄表到位，不错抄、不漏抄、不估抄、不委托他人代抄。

具体抄表时还应做到思想集中，正对表位，抄录时必须上下位数对齐，核对电能表的编号以防错抄。抄表时应读数正确并达到必要的精度。特别是抄录经互感器接入的电能表，当电量变比很大时，应抄读到最小位数。

（5）定时抄录，力求做到上下同期。

35kV 及以上变电站关口表要定点抄录，所谓定点就是说规定在抄表例日的某一时刻统一抄录；配电台区总表要定天抄录，一般要求在例日的一天之内抄完；每一个抄表员对自己所分管的低压客户电能表的抄录要定起止时间，以台区总表抄表例日为中心的前后几天的最短时间之内抄完。

（6）确定科学的抄表顺序。

为尽量减少因对客户抄表先后的因素引起的线损波动，还应该确定抄表顺序。

各级电能表抄表例日、时确定之后，再根据客户电能表的分布及路况安排抄表的顺序，每月定时按顺序路径抄表，不得无故打乱。

（7）特殊关口表计的抄录。

对一些特殊的电能表，如高压输配电线路双向联络线开关表计、变电站旁路开关表计、地方电厂上网关口表计、网口间互供表计、10kV 手拉手开关表计、环网柜表计等，当线路或设备的运行方式发生变化时，应由调度运行方式专责（或线损专责）提前通知线损员和有关人员对以上关口表的抄录。

对用电大客户要增加抄表例日次数，一般每月不得少于 3 次。月末抄表时要求与购电关口表同期定时正点抄录。受电容量在 315kVA 及以上大客户也可以由市场营销部门直抄、直管。

对用电大客户及重要客户，抄表记录应经双方认可并在抄表卡片上签字（集抄、远抄除外）。

（8）抄表"四戒"。

1）戒未办理计量工作票擅自拆、装电表，开启电能表封印；

2）戒有抄表仪时先在卡片上手工抄录；

3）戒随意更改台账、卡片上的数据；

4）戒在履行抄表职责时从事任何有可能影响公正、正确抄录电表的行为。

（9）电能计量装置轮换、抽检、现场检验以及故障处理时，计量工作票负责人要通知线损员或抄表员到场加抄。

（10）对报停户应坚持照常抄表。对大工业客户申报暂停使用的设备，应增加探访、巡视次数。

（11）积极稳妥推进抄表数据自动采集系统建设。

1）加快推进并完善抄表数据自动采集系统建设，提高抄表自动化应用水平，逐步提高月末抄表电量比例。

2）对实行远程抄表或集中抄表的电力客户，3 个月内至少对远抄数据与客户端电能表记录数据进行一次校核。

（12）抄表时要认真核对相关数据。对新装或有用电变更客户，要对其用电容量、最大需量、电能表参数、互感器参数等进行认真核对确认，并有备查记录。

（13）抄表时发现异常情况要按规定的程序及时提出异常报告并按职责及时处理。

（14）加强对抄表工作内部监督和激励。

1）对抄表员要进行线损率、电能表实抄率、抄表差错率等小指标考核及相关指标如售电均价和电费回收率的考核。

2）抄表员 2 人一组为宜。对抄表员的责任片应实行定期轮换。

3）公司主管线损领导应不定期组织专人进行线损率摸底抽查。即抽查 10kV 公用线路或台区，连续直接抄录 2 个月及以上，以考查线损指标完成的真实性以及员工的诚信度。

4）对抄表员实行严格地小指标考核，重奖重罚。

（15）鼓励对抄表环节的社会监督。

1）设立"客户举报监督奖"。

2）低压客户实行电量、电价、电费三公开，在本台区附近选定合适地点设栏公布。

3. 电量电费核算

（1）加强电量电费核算管理，确保电量电费核算的各类数据及参数的完整性、准确性和安全性。

1）及时审核新装和变更工作单，保证计算参数及数据与现场实际情况一致。

2）电价设置、计量及计费参数等与电量电费计算有关的资料录入、修改、删除等操作，要有严格的管理权限，并有操作记录备查。

3）电量电费核算必须有可靠的数据备份和保存方法，确保数据的安全。

（2）电量电费核算要求：

1）对新装客户、用电变更客户、电能计量装置参数变化的客户，业务流程处理完毕后的首次电量电费计算，应进行逐户审核。

2）在电价政策调整、数据编码变更、营销管理信息系统软件修改、营销管理信息系统故障等事件发生后，应对电量电费进行试算并对各类客户的计算结果进行重点抽查审核。

3）编制应收电费日报表、日累计报表、月报表，并核对无误，保证统计数据的准确性。

（3）建立电量电费差错统计、分析及报告制度。对核算中发现的电量电费突增或突减情况及电量电费差错的，要逐户分析原因，并按规定的程序和流程及时进行处理。

（4）要按规定要求健全并保管好各种营业统计报表和台账以及"客户用电档案"、"报装接电登记簿"、"临时用电登记簿"、"供用电合同"等重要资料。

（5）建立电费差错考核制度。对电量电费结算数据的完整性、准确率，以及电量电费差错、报表差错率进行考核。

4. 电费收取

（1）为客户提供方便快捷的电费交费方式，加强电费风险控制与管理，缩短电费资金在途时间，确保电费资金安全，提高收费工作效率。

（2）推广银行联网收费方式，开通并完善电话付费、充值卡付费等收费方式，除边远地区外，取消走收电费的收费方式。

（3）对月用电量较大的电力客户实行每月分次划拨电费（一般每月不少于3次），月末抄表后结清当月电费制度，并逐步实现按抄表数据自动采集系统抄录的电量进行电费划拨。

（4）对交纳电费信誉等级较差等电费风险较大的电力客户，可以合同方式约定实行预购电制度。

（5）设立电费专项账户，并交财务部门进行统一集中管理，取消营销部门设立的电费账户。

（6）电费收取应做到日清月结，并编制实收电费日报表、日累计报表、月报表，不得将未收到或预计收到的电费计入电费实收。任何部门及个人不得同意减免应收电费。

（7）加强电费账龄管理，及时对电费账龄进行分析排查。在收取电费时，首先确保不发生当期欠费，然后按照发生欠费的先后时间排序，先追交早期的欠费，最大限度地降低形成3年以上欠费账龄的风险。

（8）开展电费风险控制与研究工作，建立电费回收预警机制。根据电费风险类别和等级，制定防范电费坏账风险的预案。

（9）建立电费收取情况内部稽查及电费回收工作质量考核制度。对电费回收率、电费收取差错率、报表差错率等指标进行考核。

5. 电费账务

（1）建立电费账务管理制度。按照《企业会计准则》的规定，完善电费账务管理体系，做到电费应收、实收、预收、未收电费台账及银行对账台账等电费账目完整清晰、准确无误；电费发票、凭证及账单的领取、核对、核销、保管有完备的登记和签收手续。电费账务管理要审核严格，稽查到位。

（2）实收电费应当日入账入行，单款相符。每日应审查各类日报表，确保实收电费明细与银行进账单数据一致、实收电费与进账金额一致、各类发票及凭证与报表数据一致。

（3）建立电费账务管理工作质量考核制度。对电费账务台账与各类报表、银行账单、凭证等数据的一致性进行考核。

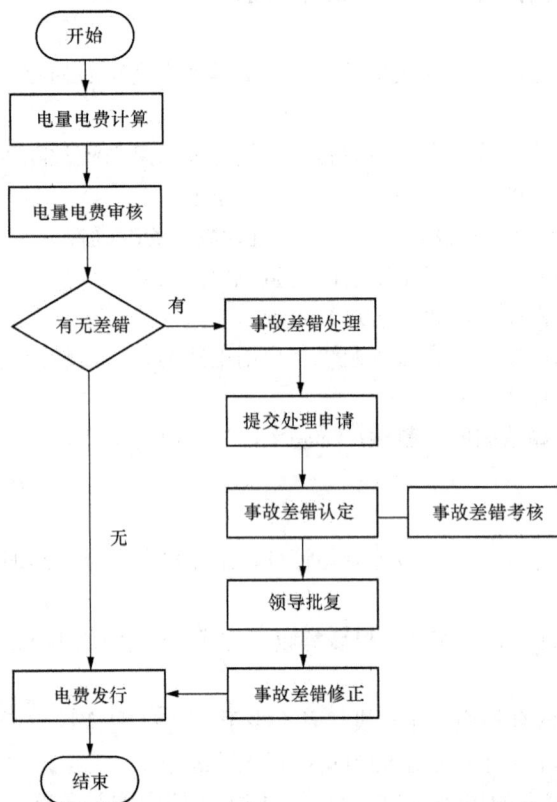

6. 报表管理

（1）加强抄核收工作的统计报表管理。根据抄核收工作的管理要求，建立健全抄核收统计报表制度，对抄核收过程的每一个控制点都要进行日报表、日累计报表、月报表统计。

（2）建立抄核收统计报表考核制度。对抄核收统计报表的真实性、准确性进行考核。

五十一、营业工作差错和事故考核应用分析

（一）业务简介

营业工作差错和事故考核应用是为加强供电企业营销各环节工作质量监督管理，强化对电力营销人员工作业绩和工作质量考核，提高营业工作效率，减少营业工作差错，明确工作人员因违反抄表、核算、收费、业扩、装表和电能计量等营销工作有关规定或工作失职，造成营业差错和事故应受处罚。相关应用应符合《电力供应与使用条例》、《供电营业规则》、《国家电网公司营业抄核收工作管理规定》等法律法规及有关规定。

（二）业务流程

（三）环节参与分配

```
开始
  ↓
电量电费计算
  ↓
电量电费审核
  ↓
有无差错 ──有──→ 事故差错处理
  │无               ↓
  │            提交处理申请
  │                 ↓
  │            事故差错认定 ──→ 事故差错考核
  │                 ↓
  │             领导批复
  │                 ↓
  └──→ 电费发行 ←── 事故差错修正
         ↓
       结束
```

编号	流程环节	环 节 描 述	环节参与者
1	电量电费计算	根据用电客户抄表数据进行各类用电客户电量电费计算	电费管理中心核算员
2	电量电费审核	根据系统设置审核规则进行各类电量电费审核	电费管理中心核算员
3	事故差错处理	对营业事故差错提出处理申请	电费管理中心核算员
4	事故差错认定	对营业事故差错处理单进行责任认定	电费管理中心核算班长
5	事故差错考核	根据营业事故差错认定事故类型，并对相关责任人根据考核标准进行责任追究	电费管理中心主任 营销部主任
6	电费发行	将修正结果形成应收	电费管理中心核算员

（四）工作表单

电量电费差错处理单

类　　别		申请编号			
归　档　号：		归档日期：		年　　月　　日	
户　　号		用电地址			
户　　名					
装见容量		用电类别		计量方式	
电量、电费（按目录和各项代收基金分类）差错情况					
处理意见				申请人： 年　　月　　日	
审　　批				营销部门负责人： 年　　月　　日	
				主管经理： 年　　月　　日	
办理情况				经办人： 年　　月　　日	
备　　注					

（五）工作要求

1. 营业差错和事故分类

（1）营业差错和事故按其性质、差错电量电费、经济损失及造成的影响大小，分为重大营业事故、营业事故、营业重大差错、营业一般差错四类。

（2）重大营业事故。凡造成 10 万元以上差错的为重大营业事故。

（3）营业事故。凡造成 1 万元以上、10 万元及以下差错的为营业事故。

（4）营业重大差错。凡造成 1000 元以上且 1 万元及以下差错的为营业重大差错。

（5）营业一般差错。凡造成 1000 元及以下差错或营销业务支持系统基础数据不准确、不完整的为营业一般差错。

2. 考核内容

（1）业扩人员违反岗位工作要求，发生以下情况，造成电量电费差错，承担相应责任：

1）未正确执行国家电价政策，致使电价、用电容量等客户信息错误，造成电量电费差错；

2）违反营业管理有关规定，没有按工作要求和时限要求录入和传递工作票，造成电量电费差错。

（2）计量人员违反岗位工作要求，发生以下情况，造成电量电费差错，承担相应责任：

1）由于工作失误，致使现场客户计量信息错误，造成电量电费差错；

2）营销业务支持系统计量信息与客户现场信息不符，造成电量电费差错；

3）违反营业管理有关规定，没有按工作要求和时限要求录入和传递工作票，造成电量电费差错。

（3）用电检查人员违反岗位工作要求，发生以下情况，造成电量电费差错，承担相应责任：

1）客户电价、用电容量等现场实际信息与营销业务支持系统不符，造成电量电费差错；

2）违反营业管理有关规定，没有按工作要求和时限要求录入和传递工作票，造成电量电费差错。

（4）抄表人员违反岗位工作要求，出现错抄、漏抄、估抄或私自变更工作例日、工作路线，延误工作时间，造成电量电费差错，承担相应责任。

（5）核算人员违反岗位工作要求，发生计算、审核、发行、统计等工作失误，造成电量电费差错，承担相应责任。

（6）收费人员违反岗位工作要求，出现多收、少收、资金上交、信息处理等工作失误，造成电量电费差错，承担相应责任。

（7）营销业务人员在营销业务应用系统中处理应该由本岗位处理的信息时，违反相关工作要求，造成营销业务支持系统基础数据的不完整、不准确，承担相应责任。

（8）其他人员违反岗位工作要求，造成营业工作差错和事故，均按本办法考核。

3．统计上报与处理

（1）当发生营业差错和事故时，由责任人提出申请，经过部门领导审核签章后，按相关流程进行修正。各中心每月对受理的差错和事故进行统计并于次月6日前上报营销部，企业每季度对营业差错和事故进行考核。

（2）营销部每季度组织有关人员对营销业务支持系统中客户信息进行核查。对发现差错者，按相关流程进行修正并进行考核。

4．考核标准

（1）营业工作差错和事故纳入企业绩效考核，实行月度统计、季度考核。

（2）发生营业一般差错，按差错金额的5%对责任人进行处罚，同时对发现人进行同等奖励。

（3）发生营业重大差错，在营业一般差错处罚上限金额的基础上，再按差错金额的2%对责任人进行处罚，同时对发现人进行同等奖励。

（4）发生营业事故，在营业重大差错处罚上限金额的基础上，再按差错金额的1%对责任人进行处罚，对发现人进行同等奖励，同时对责任人所在单位给予2倍的处罚。

（5）发生重大营业事故，对责任人处罚2000元，对责任人所在单位进行双倍处罚，对发现人给予2000元奖励。

（6）发生营销业务支持系统中客户信息错误，对责任人进行以下标准处罚：高压客户50元/户，低压客户10元/户。

五十二、用电检查管理应用分析

（一）业务简介

用电检查管理应用是为加强用电检查管理，规范用电企业的用电检查行为，维护供用电公共安全，保障正常供用电秩序，相关应用应符合《中华人民共和国电力法》、《电力供应与使用条例》、《用电检查管理办法》、《供电营业规则》等法律法规及国家有关规定。

（二）业务流程

```
        开始
         │
       制订计划
         │
      审批检查任务
         │
      现场检查客户
         │
      ┌─────┐
      │是否符│ ───否──┐
      │合规定│        │
      └─────┘        ▼
         │      下达用电检查通知单或违章
        是      用电、窃电通知单
         │        │
         │      ┌────┴────┐
         │   客户整改    取证、处理
         │      └────┬────┘
         │           │
       存档 ◄── 用电检查记录填写
```

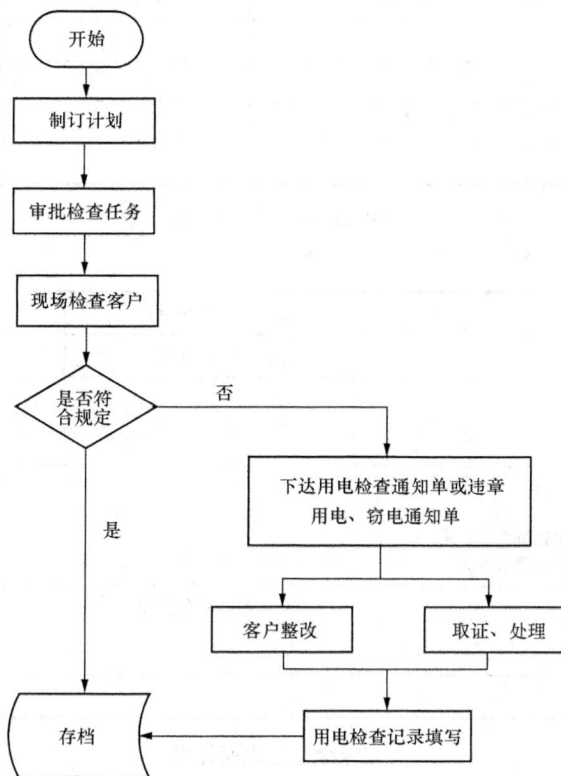

（三）环节参与分配

编号	流程环节	环 节 描 述	环节参与者
1	审批检查任务	根据用电检查计划填写、审批用电检查单	各中心用电检查专责，各中心主任
2	现场检查	根据国家相关标准制度对客户现场进行用电检查	各中心用电检查专责
3	用电检查界定	根据检查情况对用户下达对应通知单	各中心用电检查专责
4	检查处理	对客户违反相关规定整改或者对违反规定取证处理	各中心用电检查专责，反窃电办
5	记录归档	用电检查人员对检查结果归档处理	各中心用电检查专责

（四）工作表单

用电检查记录统计表

填报单位：

序号	客户名称	检查内容	检查人员	检查日期
1				
2				
3				
4				

续表

序号	客户名称	检查内容	检查人员	检查日期
5				
6				
7				
...				

用 电 检 查 工 作 单

编号：

客户名称		用电地址	
检查人员		审核批准	

检查项目及内容：

检查结果
1. 正常
2. 检查结果见《用电检查结果通知单》
3. 检查结果见《违章用电、窃电通知单》

用户签字：	检查单位盖章：
	年　　月　　日

用电检查结果通知书

编号：

用户名称		用电地址	

经我单位用电检查人员现场检查，根据《用电检查工作单》编号：　　　　，确认你方在电力使用上存在以下问题，请按要求在规定期限内整改完毕，并将处理结果书面报我公司用电检查部门，否则由此造成的一切后果由贵方承担。

存在问题	整改期限
用户签收	供电单位加盖印章：
用电检查人员签字：	检查日期：　年　月　日

用电检查人员统计表

填报单位：

序号	姓　　名	用电检查证级别	证书编号	发证日期	有效期限
1					
2					
3					
4					
5					
...					

（五）工作要求

1. 用电检查设置

营销各中心应有专业的用电检查人员，根据客户多少及工作量配备合格、适量的用电检查人员。

2. 用电检查人员资格

（1）用电检查资格分为：一级用电检查资格、二级用电检查资格、三级用电检查资格三类。

（2）国家电网公司或省公司统一组织用电检查资格考核，合格后发给相应等级的《用电检查资格证书》。

（3）申请各级用电检查资格者，应分别满足以下条件：

1）申请三级用电检查资格考核，应已取得助理工程师、技术员资格；或者具有电气专业中专以上文化程度，在用电岗位工作 1 年以上，或者已在用电检查岗位连续工作 5 年以上者。

2）申请二级用电检查资格者，应已取得电气专业工程师、助理工程师、技师资格；或者具有电气专业中专以上文化程度，在用电岗位工作 3 年以上，或者取得三级用电检查资格后，在用电检查岗位工作 3 年以上者。

3）申请一级用电检查资格者，应已取得电气专业高级工程师或工程师、高级技师资格；或者具有电气专业大专以上文化程度，并在用电岗位上连续工作 5 年以上者；或者取得二级用电检查资格后，在用电检查岗位上工作 5 年以上者。

4）聘任为用电检查职务的人员，应具备下列条件：

a. 作风正派、办事公道、廉洁奉公。

b. 已取得相应的用电检查资格。

c. 经过法律知识培训，熟悉与供用电业务有关的法律、法规、方针、政策、技术标准以及供用电管理规章制度。

d. 了解电网运行要求和主要用电行业的生产过程及用电特点，熟悉客户电气设备配置、安全运行要求和继电保护方式，掌握客户内部继电保护整定方案和计算方法。

e. 三级用电检查员仅能担任 0.4kV 及以下电压受电的客户的用电检查工作。二级用电检查员仅能担任 10kV 及以下电压受电的客户的用电检查工作。三级用电检查员仅能担任 220kV 及以下电压受电的客户的用电检查工作。

（4）用电检查的内容和范围：

1）检查客户执行国家有关电力供应与使用的法规、方针、政策、标准、规章制度情况。

2）客户受（送）电装置工程质量检验。

3）客户受（送）电装置中电气设备运行安全状况。

4）客户保安电源和非电性质的保安措施。

5）客户反事故措施。

6）客户进网作业电工的资格、进网作业安全状况及作业安全保障、安全保障措施。

7）客户执行计划用电，节约用电情况。

8）用电计量装置、用电信息采集装置、继电保护和自动装置、调度通信等安全运行状况。

9）供用电合同及有关协议履行的情况。

10）受电端电能质量状况。

11）违章用电和窃电行为。

12）并网自备电源并网安全状况。

（5）用电检查程序：

1）进入检查现场，用电检查人员不得少于 2 人。

2）进行用电检查任务前，用电检查人员应依照规定填写《用电检查工作单》，经审核批准后方能赴客户处执行检查任务。检查工作终结后，用电检查人员应将《用电检查工作单》交回存档。

3）用电检查人员在执行检查任务时，应向被检查客户出示《用电检查证》，客户不得拒绝检查，并应派员随同配合检查。

4）经现场检查确认客户的设备状况、电工作业行为、运行管理等方面有不符合安全规定的或者在电力使用上有明显违反国家有关规定的，用电检查人员应开具《用电检查结果通知单》或《违章用电、窃电通知单》一式两份、一份送达客户并由客户代表签收，一份存档备查。

5）现场检查确认有危害供用电安全或扰乱供用电秩序行为的，用电检查人员应做好取证工作。取证后，用电检查人员按规定处理，拒绝接受供电企业处理的，可按国家规定的程序予以中止供电，并请电力管理部门依法处理，或向司法机关起诉，依法追究其法律责任。

（6）用电检查纪律：

1）用电检查人员必须遵守企业纪律，严格执行用电检查管理办法，维护供用电双方权益。

2）用电检查人员应按照用电检查计划对客户开展用电检查，根据工作需要和实际情况，对部分客户可增加普查次数。

3）用电检查人员应认真履行用电检查职责，赴客户处执行用电检查任务时，应随身携带《用电检查证》，并主动向客户出示，按《用电检查工作单》规定项目和内容进行检查。

4）用电检查人员在执行用电检查任务时，应遵守客户的保卫保密规定，不得在检查现场替代客户进行电工作业。

5）用电检查人员应按时统计上报所管客户的用电检查报表工作。

6）受理有关部门和个人反映的问题或举报，并对举报人进行保密。

7）到客户处工作，不准收受客户的礼品，不准吃、卡、刁难客户。

8）用电检查人员在客户处执行用电检查任务时，应使用文明用语，并自觉遵守客户的有关规章制度。

9）检查结束离开客户时，要主动征求客户意见，并向客户宣传有关电力法规及安全用电常识。

10）用电检查人员必须遵纪守法，依法检查，廉洁奉公，不徇私舞弊，不以权谋私，对违反《用电检查管理办法》规定者，依据有关规定给予经济或行政处分，构成犯罪的，依法追究其刑事责任。

（7）用电检查计划管理：

1）用电检查应每年年底进行上年度用电检查工作总结，并制订下一年度用电检查计划。

2）每月根据年计划内容制订月度用电检查工作计划。

3）每月的用电检查情况在月度的工作例会上进行通报。

五十三、违章用电和窃电行为查处管理应用分析

（一）业务简介

违章用电和窃电行为查处管理应用是为维护正常的供用电秩序，规范查处违章用电和窃电行为，相关应用应符合《中华人民共和国电力法》、《电力供应与使用条例》、《关于打击窃电违法犯罪行为的若干规定》等有关规定。

（二）业务流程

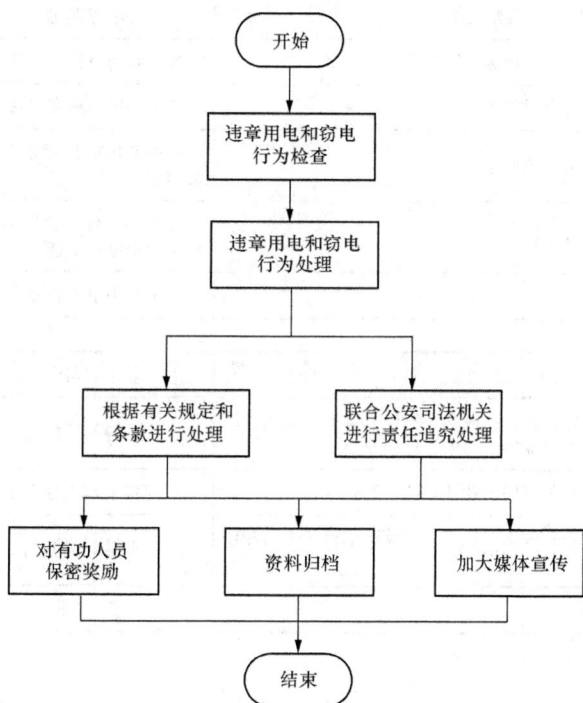

违章用电和窃电行为检查业务流程

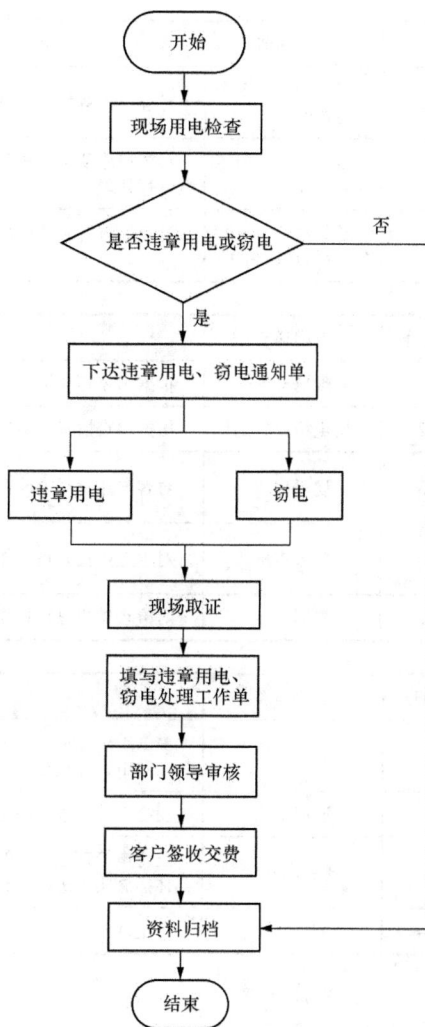

违章用电和窃电行为处理工作流程

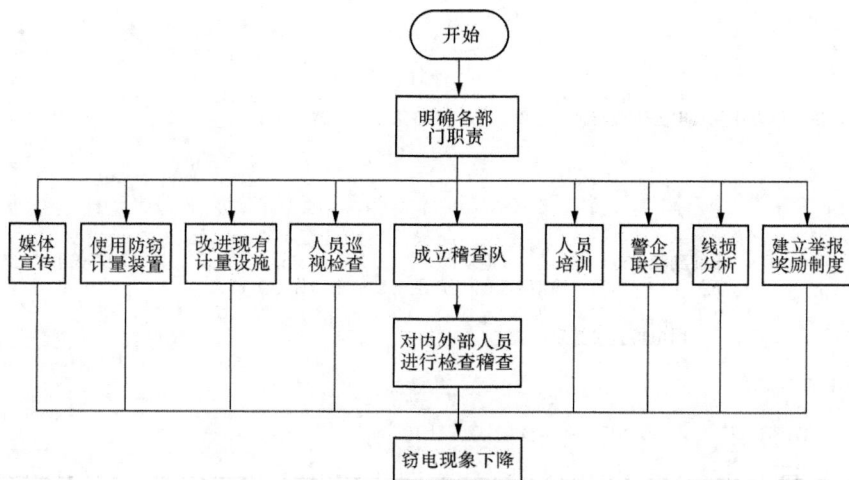

（三）环节参与分配

编号	流程环节	环节描述	环节参与者
1	违章用电和窃电行为查处	对客户违章窃电和窃电行为进行查处	各中心用电检查专责、反窃电办专责
2	违章用电和窃电行为处理	对客户违章窃电和窃电行为进行认定，根据供电营业规则及有关条款进行处理	营销部及各中心、反窃电办、司法、公安机关
3	避免违章用电和窃电行为保障措施	对查处有功人员进行保密，并给予适当奖励，加大媒体宣传	供电企业、相关媒体

编号	流程环节	环节描述	环节参与者
1	现场检查	根据国家相关标准制度对客户现场进行用电检查	各中心用电检查专责
2	用电检查界定	根据检查情况对用户下达对应通知单	各中心用电检查专责
3	现场取证	对客户违章用电或窃电行为现场取证	各中心用电检查专责，反窃电办
4	领导审核	对用电检查人员工作单进行审核	各中心主任、营销部主任、反窃电办主任
5	资料归档	对检查结果进行处理归档	各中心用电检查专责

编号	流程环节	环节描述	环节参与者
1	成立机构	由供电企业总经理负责领导，建立由监察、审计、营销、生产、计划、农电、计量等部门负责人组成的反窃电管理领导小组	企业各相关部门
2	明确责任	反窃电管理领导小组根据有关部门的业务职能，明确各单位责任	反窃电管理领导小组
3	措施执行	反窃电管理领导小组根据各有关部门职责，将反窃电管理中的各项具体措施实施进行划分	企业各相关部门
4	完成目标	窃电现象明显减少	供电企业

（四）工作表单

违章用电、窃电通知书

编号：

经现场检查，确认你方违反《电力供应与使用条例》第　　条第　　款，属于　　　　　　　行为。
行为内容：

请你方在　年　月　日前到我单位　　　　（地址：　　　　　　电话：　　　　）办理有关手续（受理时间：每周　至周　上午　　　下午　　　），逾期不到而引起的一切后果由你方负责。

用户签收：　　　　　　用电检查员签字：

供电单位加盖印章：

签收日期：　年　月　日　　检查日期：　年　月　日

违章用电、窃电处理单

编号：

根据我单位《违章用电、窃电通知书》第　　号，现对你方　　　　　　　　行为处理如下：

（1）违章用电行为
根据《供电营业规则》第一百条的规定，你方应缴纳如下费用：
补交电费计算：
违约使用电费计算：
共计：
（2）窃电行为
根据《供电营业规则》第一百零二条、第一百零三条的规定，你方应缴纳如下费用：
补交电费计算：
违约使用电费计算：
共计：
请你方在　　年　月　日前到我单位　　　　（地址：　　　　电话：　　　）缴纳上述费用（受理时间：每周　至周　上午　　　下午　　　），逾期不缴纳而引起的一切后果由你方负责。

用户签收：　　　　　　供电单位加盖印章：

签收日期：　年　月　日　　　填写日期：　年　月　日

（五）工作要求

1．窃电行为

（1）在供电企业的供电设施上，擅自接线用电。

（2）绕越供电企业的用电计量装置用电。

（3）伪造或者开启供电企业加封的用电计量装置封印用电。

（4）故意损坏供电企业用电计量装置。

（5）故意使供电企业用电计量装置不准或者失效。

（6）采用其他方法窃电。

2．窃电的处理

（1）供电企业对查获的窃电者应予制止，并可当场中止供电。窃电者应按所窃电量补交电费，并承担补交电费3倍的违约使用电费。拒绝承担窃电责任的，供电企业应报请电力管理部门依法处理。窃电数额较大或情节严重的，供电企业应提请司法机关依法追究刑事责任。

（2）窃电量按以下方法确定：

1）在供电企业的供电设施上，擅自接线用电的，所窃电量按私接设备额定容量（kVA视同kW）乘以实际使用时间计算确定。

2）以其他行为窃电的，所窃电量按计费电能表标定电流值所指的容量乘以实际窃用的时间确定。

3）窃电时间无法查明时，窃电日数至少以180天计算，每日窃电时间：电力客户按12h计算，照明客户按6h计算。

3．违章用电行为

（1）擅自改变用电类别。

（2）擅自超过合同约定的容量用电。

（3）擅自使用已经在供电企业办理暂停使用手续的电力设备，或者擅自启用已经被供电企业查封的电力设备。

（4）擅自迁移、更动或者擅自操作供电企业的用电计量装置、用电信息采集装置、供电设施以及约定由供电企业调度的客户受电设备。

（5）未经供电企业许可，擅自引入、供出电源或者将自备电源擅自并网。

4. 违章用电的处理

（1）电价低的供电线路上，擅自接用电价高的用电设备或私自改变用电类别的，应按实际使用日期补交其差额电费，并承担 2 倍差额电费的违约使用电费。使用起讫日期难以确定的，实际使用时间按 3 个月计算。

（2）私自超过合同约定容量用电的，除应拆除私自增容设备外，属于两部制电价的客户，应补交私增设备容量使用月数的基本电费，并承担 3 倍私增容量基本电费的违约使用电费。其他客户应承担私增容量每千瓦（千伏安）50 元的违约使用电费。如客户要求继续使用者，按新装增容办理手续。

（3）擅自使用已在供电企业办理暂停手续的电力设备或启用供电企业封存的电力设备的，应停用违约使用的设备。属于两部制电价的客户，应补交擅自使用或启用封存设备容量和使用月数的基本电费，并承担 2 倍补交基本电费的违约使用电费，其他客户应承担擅自使用或启用封存设备容量每次每千瓦（千伏安）30 元的违约使用电费。启用属于私自增容被封存的设备的，违约使用者还应承担本条第 2 项规定的违约责任。

（4）私自迁移、更动和擅自操作供电企业的用电计量装置、电力负荷管理装置、供电设施以及约定由供电企业调度的客户受电设备者，属于居民客户的应承担每次 500 元的违约使用电费，属于其他客户的应承担每次 5000 元的违约使用电费。

（5）未经供电企业同意，擅自引入（供出）电源或将备用电源和其他电源私自并网的，除应当立即拆除接线外，应承担其引入（供出）或并网电源容量每千瓦（千伏安）500 元的违约使用电费。

5. 检查违章用电和窃电的方法

（1）检查违章用电、窃电工作时必须有 2 人及以上人员参加，其中应有 1 名人员持有用电检查证。

（2）检查人员发现窃电行为时，应保护好现场物证，及时汇报或拍照，找好见证人，做好现场笔记，必要时请公安部门协助取证。

（3）对于窃电工具、痕迹、表计等需要鉴定的，检查人员应予封存。

（4）客户对其违章用电或窃电行为拒不承认和改正的，可依据《电力供应与使用条例》终止供电，对窃电行为交有关部门依法处理。

6. 违章用电、窃电的查处要求

（1）在查处违章用电和窃电过程中，应积极取得当地政府有关部门及司法部门的支持，加大对违章用电、窃电的打击力度。

（2）发现客户有违章用电、窃电行为时，应及时做好取证工作。

（3）保护好现场，及时拍摄照片或录像、录音，询问目击证人，做好现场笔录，必要时请公安机关协助取证。

（4）对现场进行勘验，及时收缴与窃电有关的物证并登记备案，对不易移动的物证进行拍照。

（5）对于窃电工具、窃电痕迹、计量表计等需要鉴定的，检查人员应当与客户一起对以上物品、痕迹进行封存，并与客户共同在封条上签字，交电力管理部门委托的鉴定机构进行鉴定，鉴定机构出具的书面鉴定结论应及时登记备案。

（6）对违章用电和窃电行为的处理必须按《供电营业规则》、相关法律法规的有关条款执行。

（7）殴打、公然侮辱、非法拘禁履行职务的用电检查人员或使用其他方法威胁用电检查人员人身安全的，应及时提请公安机关按照《中华人民共和国治安管理处罚条例》的有关规定予以处罚；构成犯罪的依法提出控告，追究肇事者的刑事责任。

（8）对已经查获的窃电者，其窃电数额较大或情节严重的，应报请公安机关依法追究刑事责任。

（9）客户对其违章用电或窃电行为承认的，要及时做好笔录并让其签字摁指印；拒不承认和改正的，可依据规定的停电程序予以中止供电，并做好证据保全措施。

（10）对违章用电和窃电事实的认定和作出的处理决定做到证据确凿，适用法律、法规、规章及规范性文件正确，处理适当，程序合法。

（11）检查人员必须廉洁奉公，按规定权限办理，不得私自或不经批准对违章用电、窃电行为进行处理。

7. 对违章用电、窃电的奖罚

（1）对查处的违章用电和窃电罚款金额应按一定的比例奖励用电检查人员和参与人员。

（2）对举报者按查获违章用电和窃电罚款金额给予一定比例的奖励，并对举报者做好保密工作。

（3）对于被举报查获或经企业检查发现的窃电违章用电行为，属管理不到位的，对责任人应按照企业有关规定进行处罚。

（4）对于企业员工参与窃电行为的，交企业有关部门严肃处理。

8. 坚持以防为主，查处与防范相结合

（1）在依靠经济、行政、法律措施的同时，采用科学技术手段，逐步推广和应用防窃电的先进工具及技术装置，扼制违章用电和窃电行为的发生。

（2）安装使用具有防窃电功能的计量装置。

（3）为了增加窃电的难度，让窃电者留下更多的证据，对现有计量装置要有计划地进行改进和完善。如把表前线改为电缆和铠装电缆；改造表箱进线，消灭破口明头；箱表使用特制锁，另加特殊封条，涂漆做记号等。

（4）加强对计量装置的巡视、检查，保持计量装置封印和箱锁完好。

（5）组织、选配好一支爱岗、敬业并有一定专业知识的反窃电队伍，并注意加强对他们的思想教育和专业培训，提高查处窃电的能力。

（6）加强对企业员工的政治思想教育，对那些内外勾结包庇纵容协助他人窃电的案件必须严重查处；一经查实，予以除名或下岗、直至依法追究刑事责任。

（7）成立稽查队，可归口于供电企业的纪检、监察口领导。对外查处违章用电与窃电，对内同时查究企业员工失职、渎职以及以电谋私、外送"人情电"的行为。

（8）组织领导和有关人员认真学习有关法律知识，研究供电企业在电力管理行政职能移交后如何依法保护自己的合法权益，如正确履行用电检查程序，查处窃电程序，依法停电程序，如何获取合法的、有效的证据等。

（9）采取不同的形式，实行警企联合，加大打击窃电的力度。

（10）加强线损分析、对比，筛选重点嫌疑户。

（11）建立线损指标的考核和重奖重罚的激励机制，调动企业员工预防和查处窃电的积极性。

9. 加大宣传

（1）通过电视、报刊等新闻媒体以及用其他方式加大反窃电、反违章用电的宣传力度，使广大群众充分认识到窃电是盗窃公私财物的违法犯罪行为。

（2）利用各种形式，对全社会进行"电是商品，窃电违法"的宣传。

（3）建立对窃电和违章用电的举报奖励制度，通过新闻媒体对全社会公示。如举报属实必须兑现奖励承诺。

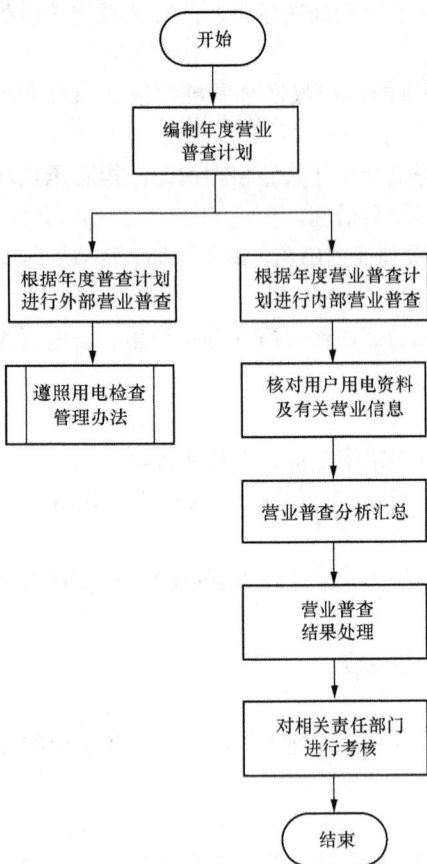

五十四、营业普查开展应用分析

（一）业务简介

为维护正常的供用电秩序，保证电网安全，维护国家和供电企业经济利益，供电企业应定期组织开展营业普查活动，保证营业普查质量。

（二）业务流程

（三）环节参与分配

编号	流程环节	环节描述	环节参与者
1	编制年度普查计划	根据供电企业年初生产计划编制年度营业普查计划	营销部
2	开展营业普查	安排各中心对所辖客户进行营业普查	各中心用电检查专责，营销部用电检查专责
3	营业普查分析汇总	对营业普查结果分析并进行汇总	各中心用电检查专责，营销部用电检查专责
4	营业普查结果处理	对营业普查结果进行追究处理	各中心主任、营销部主任
5	责任考核	对相关责任部门进行考核	营销部

（四）工作表单

营 销 业 务 工 作 单

行业分类：　　　　　　　供电单位：

业务类别：　　　　　需求表编号：　　　　　　　工作单编号：

目前用电情况	户名：	客户编号：	用电地址：	
	联系人：	联系电话：		
	用电类别：		用电容量：	
	供电方式：			
事由：				
现场核实（勘查）意见：				
审核意见：				
批准意见：				
处理结果：				

客户签（章）：

经办人：　　　年　　月　　日

（五）工作要求

1. 营业普查的组织

每次营业普查应专门成立普查领导小组，营销部具体负责营业普查日常管理工作及营业普查工作的分析、汇总报表工作。

2. 营业普查的内容

（1）核对供电企业内部各种营业基础资料。

（2）核对客户基本用电情况有哪些变化。

（3）检查客户实际使用容量、计费容量、备用容量、转供容量是否与合同相符。

（4）检查双电源客户是否私自改变运行方式，是否私自将冷备用变压器转为热备用。

（5）检查客户是否启用自己申请报停或经供电企业封停的变压器和用电设备。

（6）检查客户用电性质是否与实际相符，是否与合同相符。

（7）检查客户是否有私自转供电或引入电源情况。

（8）检查电价执行是否正确，约定的不同电价电量比例是否发生变化。

（9）检查双方约定的特殊条款执行情况。

（10）检查进网作业电工的资格、进网安全作业状况及安全措施。

（11）计量装置检查：

1）检查用电计量装置（计量柜、计量互感器、计量表、封印、计量回路等）运行是否正常。

2）检查执行最大需量客户电能表瞬时功率与同一时刻用电负荷是否相符。

3）检查客户计量用电流互感器变比、表计倍率是否与开票倍率和档案倍率相符，配置是否合理。

4）检查计量装置是否按要求进行轮换。

5）检查计量装置是否有缺陷和漏洞。

6）检查电能表指示数和表计计量是否正确。

7）了解客户上年同期用电量、上月用电量及客户用电变化规律，核实客户近期用电量是否正确。

（12）检查客户违章用电、窃电行为。

3. 营业普查方式

（1）普查活动主要以内查和外查相结合的方式进行。

（2）内部检查。主要检查营业规章制度的执行情况，核对客户用电资料、计量和电费账卡、计算机录入信息是否一致和正确。

（3）外部检查。主要是到客户用电现场进行的检查。实施现场检查时，人数不得少于2人，并遵照《用电检查管理办法》进行。

（4）营业普查应严格按计划执行，由于配电变压器新增、变更、调整致使配电变压器设备变化较快，供电企业每年至少进行一次全企业范围内的营业普查，普查要有方案，对有发现的问题要期限整改措施，普查结束后要写普查总结。

（5）营业普查应有一定的针对性，营业普查要和线损分析紧密结合。要将理论线损与实际线损差距较大的线路列为普查重点，要将当前与历史同期变化较大的线路列为普查重点，要将电量突增、突减的配电变压器列为普查重点。

（6）结合每月的线损分析，用电检查人员应针对线损高的线路、台区进行有目的的检查。

4. 营业普查要求

（1）参加营业普查人员应严格遵守《用电检查管理办法》所规定的检查纪律和检查程序。

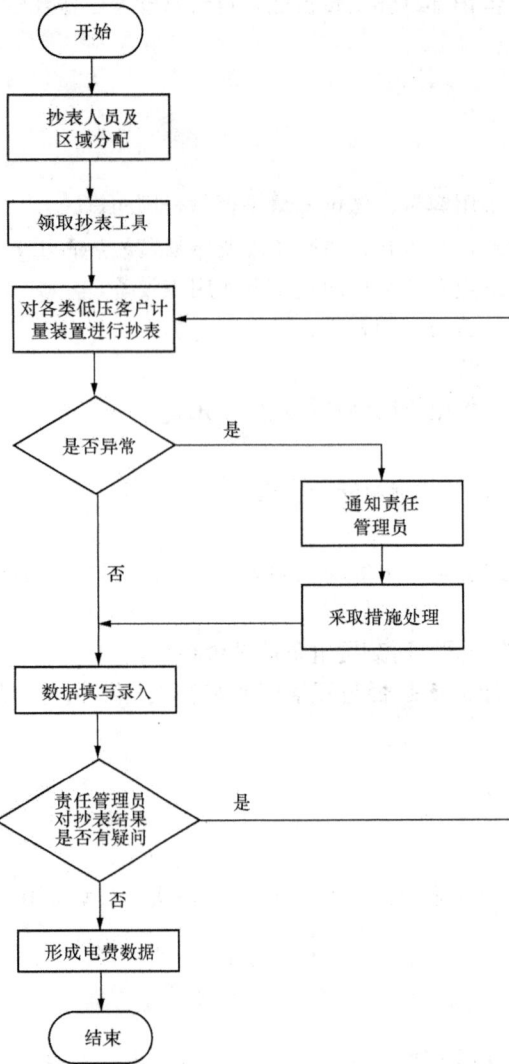

（2）普查人员应熟悉电力法律法规和用电业务，办事公道认真，严禁以权谋私、敲诈勒索、变相受贿等违法行为。

（3）用电检查人员在现场检查中发现计量装置及封印有异常或漏封时应予以加封，同时分析原因，在《用电检查工作单》注明。

（4）营业普查中发现的问题必须依照《供电营业规则》要求进行处理到位。

（5）在对违章用电、窃电客户进行处理的过程中，应重点检查其防范违章用电、窃电措施是否到位。

（6）营业普查中发现由于用电计量装置接线错误、熔断器熔断、倍率不符等原因使电能计量或计算出现差错时，除按规定对客户进行退补电费，还应对责任人实行责任追究。

五十五、供电所抄、管分离管理应用分析

（一）业务简介

为适应"四到户"管理的新形势，建立用电新秩序，开创农电管理工作的新局面，着力解决在电力营销工作中存在的丢失和隐瞒电量、中低压线损不实等问题，结合农村用电管理的实际，开展此应用分析。

（二）业务流程

（三）环节参与分配

编号	流程环节	环 节 描 述	环节参与者
1	抄表	责任抄表员对各类用户现场抄表	责任抄表员
2	数据录入	抄表员将抄表数据录入营销业务应用系统	责任抄表员
3	数据核对	责任管理员抄录用户数据，对抄表数据进行核对，并对异常数据修正	责任管理员
4	数据考核	公司考核组及职能部室对错误数据进行检查考核，并对异常数据修正	企划部、营销部
5	数据归档	形成电费数据，进行收费	责任核算员

（四）工作表单

抄表户数明细表

抄表区域：　　　　　　　　　　　　　　　　　　　　　　　　　　　　　　　　　　　年　　月

抄表区域	应抄户数								实抄户数								抄表率（%）		抄表员	审核员
	居民生活	其他类别							居民生活	其他类别							居民生活	其他类别		
		非居民	商业	非普工业	大工业	其他	小计			非居民	商业	非普工业	大工业	其他	小计					

审批：　　　　　审核（责任管理员）：　　　　　填表人（责任抄表员）：　　　　　填表时间：

××××年××月抄表台账

供电所：　　　　　　　　　　　　　　　　　　　　　　　　统计日期：　　年　　月　　日

线路名称	户号	户名	出厂号	上抄表底	本抄表底	倍率	抄见电量	追补电量	旧表电量	变损电量	总电量
小计											

审批：　　　　　　　　审核（责任管理员）：　　　　　　　　填表人（责任抄表员）：

（五）工作要求

1. 原则

配电台区和各类低压客户的计量电能表，一律由供电所责任抄表员（企业员工兼职）负责统一抄表、统一核算。电工班负责所辖 10kV 线路设备和线损的管理，农村电工负责分包台区设备和低压线损的管理，责任抄表员每月定期抄录的电量作为开票收费和中低压线损考核的依据，责任管理员每月不定期抄录的电量作为线损常规考核的手段。做到抄、管分离程序化，管理专业化，抄表专责化，核算一体化，营销工作规范化。

2. 人员组成

责任抄表员由下列人员组成：①供电所全体管理人员；②企业安排在电工班工作的员工。

3. 抄表范围

（1）配电变压器计量电能表。

（2）农村低压客户的生活、工副业、农业及其他用电类别的计量电能表。

（3）农村临时用电计量电能表。

4. 职责任务

（1）供电所根据人员和行政村大小编排抄表小组，每组两人，责任落实到村、到台区、到表箱、到客户。

（2）配电变压器计量电能表应在公司规定日期内半个工作日完成抄表，计量箱钥匙由供电所统一保管，执行领取和上交签字登记制度。

（3）各类低压电力客户计量电能表应在2个工作日内完成抄表。

（4）线路和台区管理人员应定期开展营业普查，严格管好临时用电，查处违约用电和窃电行为，堵塞管理漏洞，完成下达的中低压线损指标。

（5）抄表员必须保证抄表的工作质量，做到不漏抄、不估抄、不错抄，计费电能表的实抄率达到100%。

（6）抄表员发现计量装置异常或故障时，应及时通知责任管理员并采取相应措施。

（7）抄表员必须按规定日期领取抄表卡、抄表器，按规定区域抄表。抄表卡填写准确、清晰，抄表器录入数据正确。

（8）责任管理员对抄表员工作质量有疑问时，抄表员应进行复抄，并将复查结果及时通报。

5. 检查与考核

（1）抄、管分离工作质量接受企业考核组和职能科室的检查和考核，对检查出的问题，按企业经济责任制考核细则处罚。

（2）抄表员抄表不到位，让他人替抄者每户扣2元。

（3）超过规定时限完不成任务者每户扣0.5元。

（4）发现估抄、漏抄、错抄者每户扣1元。

（5）抄表卡填写不清、抄表器录入数据不准每户扣1元。

（6）发现临时用电不报或少报电量按损失金额的全额赔偿。

（7）发现无表用电按用电容量每千瓦扣责任管理员10元。

（8）瞒报新增客户表计一户扣责任管理员100元，并视情节给予行政处分。

（9）10kV线损实行动态管理，由电工班负责，完成指标情况与企业安排在电工班工作的员工实行经济责任制挂钩，节奖超罚。

（10）低压线损由台区责任电工负责管理，供电所合理核定分类台区线损指标，严格执行线损奖罚制度。

（11）抄表员有徇私舞弊行为的，一经发现按待岗处理。

第四章

线损的文化管理及应用

坚持开展企业文化思想建设、制度建设和环境建设，形成价值导向，健全企业的行为规范，营造健康和谐的文化环境。开展"四进活动"（文化进班子、进部室、进班组、进家庭），使文化理念成为企业广大员工共同遵守的道德观念、价值标准和从业规范，形成良好的道德风尚、"扶正祛邪、激浊扬清"的舆论导向、"知荣辱、讲正气、促和谐"的企业氛围，树立"诚信兴业、文明服务"的社会形象。

所谓企业文化，就是企业信奉并付诸于实践的价值理念。企业文化是企业的灵魂；企业文化是实现企业制度和企业经营战略的重要思想保障；企业文化是企业制度创新和经营战略创新的理念基础；企业文化是企业行为规范的内在约束；企业文化是企业活力的内在源泉。线损文化是企业经营文化的重要组成部分。重线损文化管理，以价值观为核心，促进人本管理，基业长青，保证企业经营长治久安。

第一节　线损管理体系的文化建设

一、企业线损文化的内涵

企业线损文化是在企业发展过程中长期积累、沉淀和梳理形成的。它包括物质文化、精神文化、制度文化和行为文化四种形态。

物质文化是线损文化的物质和平台，包括企业线损管理用具、线损教育书籍、具有线损教育功能的文化场所、宣传品等。

精神文化是线损文化的核心与灵魂，包括企业的核心价值观、线损理念、线损从业意识、线损典型事迹等。

制度文化是线损文化的固化形态与机制保证，包括员工行为准则、技术管理、保证体系、违反线损规定的处罚办法等。

行为文化是线损文化的外在表现和结果，是线损文化的人格化，包括企业依法经营、线损经营的行为，领导干部正确用权、线损分析的行为，员工的线损管理从业、规范履行职责的行为等。

线损文化的四种形态构成了线损文化的基本内涵，它们相互联系，相互影响，最终决定着线损文化建设的成效。

二、线损文化建设的方法与途径

1. 做好规划

制订符合企业实际、科学合理、便于操作、长远目标与阶段性目标相结合的线损文化建设规划，是开展线损文化建设工作的前提。线损文化规划既要全面考虑，又要有重点安排，提出明确要求和阶段性目标。

2. 理念引导

充分利用多种媒体广泛宣传线损文化理念，及时反映线损文化建设成果，扩大认知度，增强认识效果；统一企业线损标识，加大线损文化标识建设；开发线损文化产品，吸引企业上下的关注和认同，使线损理念转化为广大员工共同的行为规范。"全员降损，增供节支"的核心理念内化于心、固化于制、外化于行，形成良好的降损氛围。

3. 加强教育

加强社会主义荣辱观教育，树立"以少损一度电为荣，以多损一度电为耻"的价值理念，发挥社会主义荣辱观的道德规范作用、价值导向作用、素质提升作用和精神动力作用，引导广大员工成为践行社会主义荣辱观的模范；加强以权力观教育为重点的理想信念教育；加强以"全员降损、全员营销"为主题的线损从业教育。引导广大员工勤俭节约、干事创业，增强线损从业的自觉性。把线损文化融入企业社会责任、经济责任中，渗透到企业经营管理各个环节，延伸到员工生活领域。

4. 健全制度

建立用制度规范运作、按制度办事、靠制度管人的制衡控制机制，努力做到凡事有人负责、凡事有章可循、凡事有据可查、凡事有人监督。

5. 抓好线损文化管理的基础建设

线损管理需要一支高素质的企业员工队伍，没有一种对企业忠诚、对工作认真负责的精神，线损就不可能管理好。因此我们在工作中必须坚持以人为本，充分挖掘员工的内在动力，对职工要加强思想教育，使他们牢固树立主人翁的思想，确立企兴我荣、企衰我耻的工作理念，一心一意为企业的发展勤奋工作，形成"以少损一度电为荣，以多损一度电为耻"及"向多供一度电努力，向少损一度电看齐"的核心价值文化理念。

6. 抓好线损文化管理的日常培训

强化职工的技术培训，通过各种途径来提高职工的技术业务水平。只有培养建立一支高素质员工队伍，并充分调动员工的劳动积极性和创造性，才能推动企业持续快速向前发展。加强职业道德教育和业务技能培训工作，努力打造一支高素质的农电管理队伍。不断加强职业道德教育，树立爱岗敬业、诚实守信、办事公道、服务群众、奉献社会、内强素质、外塑形象的观念。同时要开展好业务技能培训工作和岗位练兵热潮，提高职工队伍整体素质。通过加强日常学习和岗位轮训，充分利用电能表故障接线仿真机系统做好模拟仿真培训，线损管理做到持证上岗，职工拥有技工证和职称资格证，进行流程化、规范化、标准化作业，按能力、业绩、态度科学分配奖金，强力推进企业高培训率、高技能密度和高人才比例的建设，夯实线损管理团队的凝聚力、战斗力和创新力。

7. 抓好线损文化管理的动态考试和考核

每年定期开展职工定岗考试考核，其中线损管理应作为重要内容，尤其是装表和查表应作为职工工作的基本功，考试考核分理论测试、实际操作、平时工作态度和业绩表现的领导打分等，通过考试考核培养职工效益素质、质量素质、安全素质、科技素质、队伍素质，真正形成企业线损文化管理的态势，激发职工的积极性，提高职工管理线损的凝聚力、向心力和创造力，挖潜职工的工作潜力，全员营销，全员创效，打造核心价值理念，在工作中学习，在学习中工作，团队化管理促和谐，精益化管理促业绩，科学化管理促发展，以科学发展观统领全局，企业步入良性循环轨道。

第二节　线损技术体系的文化建设

一、建设完善的线损文化理念体系

线损理念是线损文化的核心，"全员降损、增供节支"是线损文化的核心理念。在线损文化建设中，要注重结合企业实际，充分运用线损文化的丰富资源，依靠群众，上下结合，集思广益，在深厚的企业文化底蕴中挖掘、提炼和培育出特色鲜明的企业线损文化理念，确立线损价值观，明确行为规范，构建线损理念体系，形成员工的线损价值追求和线损精神支柱，构筑线损文化建设的思想基础。

二、建设完善的教育引导体系

1. 建立大宣教格局

要有效整合各部门的职能优势，形成工作合力，提高线损文化建设的效率和质量。以大宣教格局作支撑，加强宣传、教育、引导，营造浓厚的线损文化建设氛围，形成共同推进线损文化建设的良好局面。

2. 加强教育阵地的建设

充分利用各种宣传教育阵地，发挥网络、电视、报刊等媒体的优势，在办公区、营业窗口、住宅小区等工作生活场所，因地制宜地开展线损文化景观建设。

3. 加强线损文化景观教育

要运用员工喜闻乐见、雅俗共赏的形式，集中组织主题鲜明、内容丰富、方法灵活、形式多样的线损文化教育活动，从而筑牢思想道德防线，提高线损文化素养，增强线损文化的影响力、渗透力和感染力。

三、建设完善的线损制度体系

制度是线损文化建设的基础。要进一步健全和完善制度体系，使线损理念转化为员工必须遵守的行为准则，形成良好的制度执行环境，培训遵守制度的自觉性，保证制度取得应有的成效，推动企业线损文化建设的发展。

建立线损文化组织保障制度。建立与经营体系、企业文化建设相统一的领导体制和工作机制，做到任务明确、职责清晰，建立分工负责、关系协调的责任体系。形成统一协调、上下联动、全员参与、动态管理的工作格局。

构建企业线损制度体系，一是要把线损从业的要求融入企业各项经营管理规章制度之中，及时修改完善有关制度；二是要根据工作需要，将线损文化建设的一些做法和经验系统化，将系统化的做法常态化，将常态化的做法制度化，制定新的有用的制度；三是要进一步完善和细化企业工作程序、操作规程、工作标准和考评办法，把线损文化的基本理念贯穿于企业生产经营管理全过程，形成规章制度配套体系。

第三节　线损保证体系的文化建设

建立规范有效的协调机制。在线损文化建设中，线损管理部门要协调理顺线损文化建设的各种关系，建立线损文化建设责任制，充分发挥好组织谋划、任务分解、聚集合力、督促落实等各方面的作用。

建立常抓不懈的监督奖惩机制。在建立责任考核的基础上，对线损文化建设成绩突出的单位和个人要给予表彰奖励，对组织不力、工作乏力的单位和个人进行严格考核，推动线损文化建设健康顺利的开展。

建立人才保证、资金支持和物质保障机制。进一步加强队伍建设，为线损文化建设提供人才保证。设立线损文化建设专项经费并纳入企业预算，加大线损文化建设软硬件投入，为线损文化建设提供坚实的物质保障。

建立科学合理的评价机制。运用现代管理方法，研究制定符合企业实际的考核评价标准和办法，定期对线损文化建设的每个阶段的任务及其实施情况作出客观、全面、量化的评价，准确提供改进的意见，工作能够稳定扎实的推进。

第四节　线损文化管理的标准化应用

1. 线损文化应用分析概况

线损文化是企业经营文化的根本，从文化管理作好规划、理念引导、加强教育、健全制度入手，全方面塑造员工价值思想，使理念转化为广大员工共同的行为规范，推进"全员降损，增供节支"的核心理念内化于心、固化于制、外化于行，形成良好的降损氛围和主流风尚。重线损文化管理，以价值观为核心，促进人本管理，基业长青，保证企业经营长治久安。

2. 线损文化应用分析业务流程

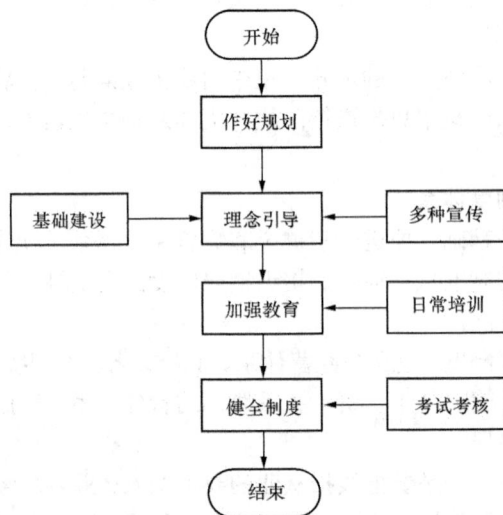

3. 线损文化应用分析环节参与分配

编号	流程环节	环节描述	环节参与者
1	作好规划	制订符合企业实际、科学合理、便于操作、长远目标与阶段性目标相结合的线损文化建设规划	政工部门负责
2	理念引导	充分利用多种媒体，广泛宣传线损文化理念，及时反映线损文化建设的成果，扩大认知度，增强认识效果	线损归口单位
3	加强教育	加强价值理念教育，引导广大员工勤俭节约、干事创业、增强线损从业的自觉性	人事部门和线损归口单位
4	健全制度	建立用制度规范权力运作、按制度办事、靠制度管人的制衡控制机制	人事部门和线损归口单位

4. 线损文化应用工作表单

序号	文化用语	宣传次数	培训次数	考试人数	奖惩金额	合格率（%）

5. 线损文化应用工作要求

（1）线损理念：

1）全员降损。电网线损管理工作涉及诸多部门、专业和环节，渗透到供电企业生产、经营及技术管理的每一个角落，其得失成败取决于企业每一位管理、生产、运行人员及每个农电工的认知、参与和落实。

2）增供节支。企业应采取一切措施尽力增加供电量，采取一切措施尽力减少所有支出，尽力实现"节约每一度电、节约每一分钱、节约每一寸导线"。

（2）基本要求。在线损文化建设中，要注重结合企业实际，充分运用线损文化的丰富资源，依靠群众，上下结合，集思广益，在深厚的企业文化底蕴中挖掘、提炼和培育出特色鲜明的企业线损文化理念，确立线损价值观，明确行为规范，构建线损理念体系，形成员工的线损价值追求和线损精神支柱，构筑线损文化建设的思想基础。

第五章

线损的科学管理及应用

第一节　管理思想演变概述

管理理论的产生发展同管理实践活动有着密切的关系。管理理论是在对管理实践中积累的经验进行总结、提炼以后而形成的对管理活动的体系化的认识，这种认识反过来又对管理实践活动起指导和推动的作用。

一、古典管理思想

19世纪末、20世纪初产生的科学管理思想，使管理实践活动从经验管理跃升到一个崭新的阶段。对科学管理思想的产生发展作出突出贡献的人物主要有泰罗、法约尔、韦伯，他们分别对生产作业活动的管理、组织的一般管理、行政性组织（或称官僚组织）的设计提出了系统的管理理论。

1. 科学管理理论

美国的弗雷德里克·泰罗是最先突破传统经验管理格局的先锋人物，被称为"科学管理之父"。他在1911年出版《科学管理原理》一书，提出了通过对工作方法的科学研究来改善生产效率的基本理论和方法，泰罗总结出了四条基本的科学管理原理。

2. 一般管理理论

一般管理理论是站在高层管理者角度研究整个组织的管理问题，该理论的创始人是亨利·法约尔，他是法国一家大矿业公司的总经理。法约尔以自己在工业领域的管理经验为基础，在1916年出版了《工业管理与一般管理》一书，提出了适用于各类组织的管理五大职能和有效管理的十四条原则。

3. 行政组织理论

行政组织理论是科学管理思想的一个重要的组成部分，它强调组织活动要通过职务或职位而不是一个人或世袭地位来设计和运作。这一理论的创立者是德国社会学家马克斯·韦伯，他从社会学研究中提出了所谓"理想的"行政性组织，为20世纪初的欧洲企业从不正规的业主式管理向正规化的职业性管理过渡提供了一种纯理性化的组织模型，对当时新兴资本主义企业制度的完善起了划时代的作用。所以，后人称韦伯为"组织理论之父"。

韦伯是德国柏林大学的一位教授。他认为，理想的行政性组织应当以合理—合法权利作为组织的基础，而传统组织则以世袭的权力或个人的超凡权力为基础。所谓合理—合法权利，就是一种按职位等级合理地分配，经规章制度明确规定，并由能胜任职责的人，依靠合法手段而行使的权力，通称职权。以这种权力作为基础，韦伯设计出了具有明确的分工、清晰的等级关系、详尽的规章制度和非人格化的相互关系、人员的正规选拔及职业定向等特征的组织系统，他称之为"行政性组织"（或译为"官僚组织"，但这里并不带有任何贬义）。

二、行为管理思想

古典管理思想把人看做简单的生产要素，也即像机器一样的"工具人"，只考虑如何利用人来达成组织的目标，忽视了人性的特点。20 世纪 20 年代中期以后产生的人际关系说和行为管理论开始注意到"人"具有不同于"物"的因素的许多特殊的方面，需要管理当局采取一种不同的方式来加以管理，对"人"的因素的重视，首先应该归功于梅粤和他在霍桑工厂所进行的试验。

1. 霍桑试验与人际关系学说

梅粤 1933 年出版的《工业文明中的人的问题》一书对霍桑试验的结果进行了系统总结。其主要观点是：

（1）员工是"社会人"，具有社会心理方面的需要，而不是单纯地追求金钱收入和物质条件的满足。比如照明度试验中，参加试验的人员就是因为感到自己受到了特别的关注，所以表现出了更高的生产效率。因此，企业管理者不能仅着眼于技术经济因素的管理，而要从社会心理方面去鼓励工人提高劳动生产率。

（2）企业中除了正式组织外还存在非正式组织。正式组织是管理当局根据实现组织目标的需要设立的，非正式组织则是人们在自然接触过程中自发形成的。正式组织中人的行为遵循效率的逻辑，而非正式组织中人的行为往往遵循感情的逻辑，合得来的聚在一起，合不来的或不愿交往的就被排除在组织外。哪些人是同一非正式组织的成员，不取决于工种或工作地点的相近，而完全取决于人与人之间的关系。非正式组织是企业中必然会出现的，它对正式组织可能会产生一种冲击，但也可能发挥积极的作用。非正式组织的存在，进一步证实了企业是一个社会系统，受人的社会心理因素的影响。

（3）新的企业领导能力在于通过提高员工的满意度来激发"士气"从而达到提高生产率的目的。

2. 人性假设理论

在哈佛大学和麻省理工学院长期从事心理学教学和研究工作的道格拉斯·麦克雷戈，在 1957 年发表的《企业的人性面》一文中提出了著名的 X-Y 理论。麦克雷戈认为，管理者对员工有两种不同的看法，相应地，他们就会采取两种不同的管理办法。他将这两种不同的人性假设概括为"X 理论"和"Y 理论"。

三、定量管理思想

定量管理思想的核心，是把运筹学、统计学和电子计算机用于管理决策和提高组织效率。通过将科学的知识和方法用于研究复杂的管理问题，可以帮助组织确定正确的目标和合理的行动方案。定量管理思想与其说是探求管理本身的科学，不如说是努力把科学应用于管理。正是在这一意义上，我们这里就称之为定量（数量）管理思想。

时代的发展要求管理人员改进他们的决策和管理方法，以求更合理地分配资源，取得更大的积极效果。因此，定量管理思想在管理决策中得到了广泛的运用，特别是辅助管理者作出计划和控制方面的决策。定量管理思想的特点是，力求减少决策中的个人艺术成分，依靠建立一套决策程序和数学模型来寻求决策工作的科学化，各种可行方案均以效益高低作为评判的依据，有利于实现决策方案的最优化；广泛使用电子计算机作为辅助决策的手段，使复杂问题能在较短时间内得到优化的解决方案。但定量管理思想并不能很好地解释和预测组织中成员的行为，有时还受到实际情境难以定量化的限制。

四、系统和权变管理思想

系统和权变管理思想的最大特点是，强调管理者要把其所在的组织看做是一个开放的系统，因此要研究组织内外对管理活动有重大影响的环境或情境因素，希望对这些影响因素的研究找到各种管理原则和理论的具体适用场合。这两种管理思想实际上是相互关联、相互促进的。

1. 系统管理思想

20世纪60年代中期到20世纪70年代中期，从系统角度分析组织与管理问题的思想、理论和方法得到了迅速的发展。所谓"系统"，就是由若干相互依存的部分以一定的形式组合而成的一个整体。如图5-1所示，每一个系统都包括四个基本方面：

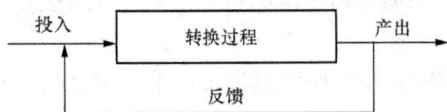

图5-1 系统管理思想

（1）投入：从周围环境中获得这个系统所需的输入物—资源。

（2）转换：通过技术和管理等过程促进输入物向输出物的转化。

（3）产出：向环境提供其转处理后的输出物—产品或劳务。

（4）反馈：即环境对组织所提供的产品或劳务作出反馈。

系统管理思想认为，组织作为一个转换系统，是由相互依存的众多要素所组成的，组织是一个开放的系统。按照系统理论的观点，系统有两种基本类型：一种是封闭性系统，另一种是开放性系统。封闭性系统不受环境的影响，也不与环境发生关系。但前期的科学管理思想和行为管理思想都倾向于把组织作为是封闭系统，没有注意到环境的影响作用。而现代管理者则必须把组织视为一个开放的系统，也即与周围环境产生相互影响、相互作用的系统。现实中，企业是不可能作为封闭系统来运作的。像劳动力市场中供应的劳动力是素质和工资水平、外部资金的宽裕程度、政府的政策、用户的需求变化等，都会影响到企业的经营状况。正因为如此，一个组织的成败，就往往取决于其管理者能否及时察觉环境的变化，并及时地作出正确的反应。

2. 权变管理思想

权变管理思想可以看做系统管理思想向具体管理行动的延伸与应用。所谓"权变"，就是随机应变的意思。权变管理思想强调，管理者在采取管理行动时，需要根据具体环境条件的不同而采取相应不同的管理方式。这种思想认为，组织的管理应根据其所处的内外部环境条件的变化而变化。世界上没有一成不变的、普遍适用的"最佳的"管理理论与方法。

权变管理思想的产生实际上是适应了当代经济活动的国际化、组织的大规模化和组织环境的复杂多变等新形势而提出的对管理方式多样性、灵活性的要求。它告诉管理者，不仅需要掌握处理问题的多种模式和方法，还必须清楚各种模式和方法究竟要在什么样的条件下使用才会取得最好的效果。任何管理模式和方法都不可能是普遍最佳的，而只可能是最合适、最适用的。适合的才会是有效的。因此，管理者不但要注重学习和开发管理的新模式、新方法，还应该通过实践和自身的体会领悟各种模式或方法适用的场合，以便将管理的学问变成其卓越的管理业绩。

第二节　线损科学管理的意义与管理思想

一、线损科学管理的意义

科学发展观，第一要义是发展，核心是以人为本，基本要求是全面协调可持续，根本方法是统筹兼顾。现代科学管理关键在于系统、决策和权变思想，能够系统地看待每一个环节，能够针对每一单项做到随机应变，真正实现线损管理"综合体系、科学管理、全员参与"的基本原则。

二、线损的科学管理思想

电网线损管理工作应不断引入科学管理方法，运用科学管理手段，使用先进科技技术，变传统的经验管理为科学管理。表5-1为科学管理思想发展的四阶段模型。

表 5-1　　　　　　　　　　　　　科学管理思想发展的四阶段模型

人性观		封　闭　性	开　放　性
	理性人	第一阶段 古典管理学派 科学管理学派	第三阶段 管理科学学派 数学模型学派
	社会人	第二阶段 人际关系学派 行为管理学派	第四阶段 现代综合管理学派

1. 树立辩证唯物论的科学管理思想

唯愿求实、难得认真。我们要树立辩证唯物论的科学管理思想，以科学的管理思想重视工作的效率和效果。按照"统一领导、归口管理、分级负责、监督完善"的原则，建立健全科学、完善的线损管理网络。线损管理网络应当由线损管理领导小组、线损归口管理部门、考核监督部门、专业管理部门及班组站所组成，形成体系健全、运行有效的管理机构。

建立科学的领导体制和组织管理制度，优化组织机构，简化管理层次，保证管理信息传递的通畅、快捷，实现领导协调层、管理层及执行层职责分配科学合理，权责利相一致，使各个管理环节既密切配合，又相互监督和制约，最大限度地实现整个管理体系良性运转。

线损管理严格执行国家电网公司关于电能损耗的管理办法，完善相关工作标准、管理标准、规章制度，以分级、分单位线损率考核结果和激励双指标管理为核心，综合考核供电量、销售均价，形成经济责任制科学的考核效能管理系统，重奖重罚，当月考核、当月兑现，季、年考核物质奖励和精神奖励双管齐下。

2. 树立科学的行为管理思想

树立科学的行为管理思想，注重以人为本，建立良好的激励。在管理工作中应注意综合运用现代管理理论和科学管理方法，提高管理水平。如：运用 PDCA 循环的方法，调动全员参与线损管理工作，采用先进的线损理论计算软件开展线损理论计算、分析，并应用于电网规划建设、指标管理等方面。

运用现代管理理论建立行之有效的监督制约机制和激励手段，激发一切积极因素提高管理水平。如引入以标准化建设基础标准体系为准则的绩效管理系统，部室和岗位执行标准并加以目标激励，形成基于业绩、能力、态度为主要内容的绩效系统。

绩效考核工具优先采用平衡记分卡实现线损目标管理、人本管理。罗伯特.卡普兰的平衡计分卡理论被《哈佛商业评论》评为 75 年来最具影响力的管理学说，作为一个战略实施工具，平衡计分卡能够帮助战略实施人员明确公司在财务、客户、内部管理、学习与发展四个方面的内在联系。

平衡计分卡是一个增强公司长期战略计划编制的工具，一个形象的比喻是：平衡计分卡是飞机驾驶舱内的导航仪，通过这个"导航仪"的各种指标显示，管理层可以借此观察企业运行是否良好，随时发现在战略执行过程中哪一方面亮起了红灯。公司可及时采取行动解决问题，做出调整，改善状况，这是一个动态、持续的战略执行过程。

3. 树立科学的定量管理思想

树立科学的定量管理思想，正确引导科技投入，进行有效的统计、分析和决策；综合使用运筹学、统计学和电子计算机进行管理决策和提高组织效率，实现系统整体协调发展。

不断引入和运用先进的计算机应用技术手段和高节能设备，如线损管理信息系统、变电站及大用户远抄系统、供电企业经济活动分析与考核管理系统、线损在线监测实时系统等加强管理，在电网的规划建设、降损节能技术改造、经济调度和运行等方面加大新型节能技术和设备的推广运用等。

4. 树立科学的系统、决策和权变管理思想

树立科学的系统、决策和权变管理思想，改封闭为开放的动态发展眼光和旁观者的角度，提升人员素质，密切关注工作实施中出现的新情况、新问题，做到以"备"应变、以"活"应变、以"快"应变，使工作调整既有弹性又有余地，始终保持方案的可行性和工作的持续性。

重视线损文化的制胜管理，以价值观为核心，促进人本管理，实现道本管理，确保企业基业长青，保证企业经营长治久安。

抓好线损文化管理的基础建设，酿造良好的线损管理文化氛围，确立企兴我荣、企衰我耻的工作理念，一心一意为企业的发展勤奋工作。

抓好线损文化管理的日常培训，提高全体员工经营管理的效益意识，强力推进企业高培训率、高技能密度和高人才比例的建设，夯实线损管理团队的凝聚力、战斗力和创新力。

抓好线损文化管理的动态考试和考核，以人为本，形成核心价值观，坚持科学发展观走可持续发展之路，在工作中学习，在学习中工作，团队化管理促和谐，精益化管理促业绩，科学化管理促发展，坚持科学发展观统领全局，企业步入良性循环轨道。

第三节　线损的"七要素"闭环管理

线损管理要把握一个中心"协调"，遵循线损"计划"、"组织"、"领导"、"控制"的闭环管理，实现线损的科学"决策"和行之有效的"创新"，形成线损"七要素"管理。图 5-2 为线损管理"七要素"关系示意图。

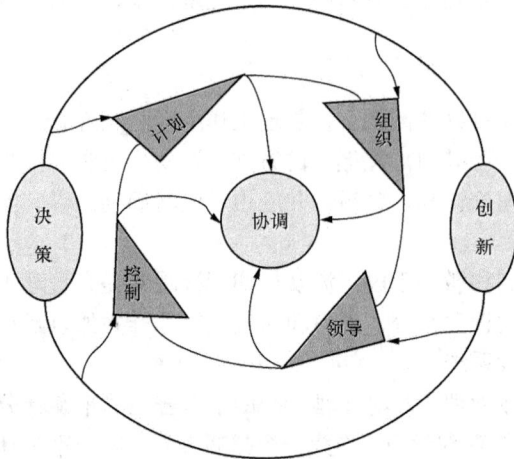

图 5-2　线损管理"七要素"关系示意图

一、线损管理的"协调"作用

线损管理的"协调"应特别重视线损的分析例会制度。坚持电网经济管理、线损信息化、分析制度化运行，便于及时发现问题、解决问题，研究新情况，提出新思路。

坚持线损率指标波动分析制度，按照线损管理职责范围，对指标实行分级、分压、分线、分台区管理控制，制定指标分类、分级控制和考核工作标准，分类标准应包括指标分类、指标标准、控制部门、考核部门、考核周期等。

坚持线损指标波动重点分析原则，对电量大、线损率波动大的线路进行重点分析；坚持线损率指标与线损管理小指标分析并重的原则；坚持线损率指标横向分析的原则，对与电量、售电均价变化等影响关系紧密的其他指标同时进行分析。

线损分析应包括指标完成情况，实际线损与计划、同期及理论线损相比波动情况，线损波动的原因分析，需要采取的降损措施。线损分析报告要求做到分析全面、针对性强，既有定性分析，又有定量分析。

线损分析应信息化，便于数据共享、有效监督、统一思想、监控得当、行动迅速、效果明显。系统分析方法应丰富，体现"七个结合"，即定量与定性分析相结合，宏观与微观分析相结合，纵向与逆向分析相结合，综合与专业分析相结合，计划与对比分析相结合，结构与因素分析相结合，文字与图表分析相结合。

二、线损管理的"计划"作用

线损管理的"计划"应从规划入手。计划支持规划，总结支持计划，有条不紊的开展线损工作。从电网发展、科技创新、人力资源、企业管理、文化发展、电网运行与无功优化、配网自动化和管理信息化、理论线损计算系统、营销与计量管理、新技术应用与管理创新等方面实现线损管理全面计划、全方位实施、全员共同参与，充分体现企业经营的全员性。投入考虑产出，成本考虑效益，年计划有降损实施方案，分解月计划有降损措施，周计划显现落实，每天把降损作为常态工作，注重线损的常态常效。

三、线损管理的"组织"作用

线损管理的"组织"应重视线损的执行效果。应坚持用电营业普查制度化运行，降损坚持"四勤"、"八大封"措施；以大用户为重点，采取定期普查与抽查相结合，坚决消灭无表用电和违章用电。

坚持计量装置制度化运行，加强计量管理，定期轮换，定期效验，提高计量准确性，降低线损。

坚持抄表和核算制度化运行，加强抄表和核算工作，以提高电力网售电准确性。严格抄核收制度，尽力实现分离，防止错抄、漏抄、不抄、少抄、估抄等现象，以提高抄见准确率。对用户的抄表应固定日期，固定路线进行抄录。

坚持电网经济和新技术、新设备运行管理制度，注重降损的随机性和常效性。

坚持电压与无功管理制度，注重无功补偿的合理性与运行的适宜性，考虑降损的最大可能性和有效性。

四、线损管理的"领导"作用

线损管理的"领导"应重视检查。坚持理论线损计算制度，时常明确实际线损与最佳线损的差距，理论线损指标与实际线损指标相结合，制订线损合理的考核指标和激励指标，形成线损"双指标"管理，考核更加科学，激发广大职工降损的积极性，便于制定新的降损措施。

坚持线损抄、管分离制度，对用户的抄表应固定日期、固定路线不同人员进行抄录，坚持电量、电价、电费"三公开"，实行抄表环节的监抄、会抄、轮抄制度，并建立社会监督机制，尽力实现抄管分离。坚持反窃电管理制度化运行，加强反窃电的技术措施和组织实施。

五、线损管理的"控制"作用

线损管理的"控制"应坚持线损考核制度化运行。线损进行"四分"管理，即实行线损分压、分片、分单位、分台区管理，同时实现"四分"核算和考核。

坚持线损组织管理制度，做到网络层次清晰、岗位合理、分工明确、信息沟通流畅、运转高效。

坚持线损指标、小指标管理与节能降损培训管理制度，实现线损以指标管理为核心的全过程管理，强化线损管理人员的新知识应用技能。

坚持线损管理的监督与激励保障制度，应从管理体制、权利配置、程序控制三个环节建立保障防范体系，定期公示或通报指标完成情况，做好用电检查、营业普查和电力稽查工作，设立信息反馈和民主建议信箱，形成上级监督、内部监督和社会监督的线损监督机制，建立风险与利益统一、适应多层次和多渠道需求、公平合理的综合激励机制。

坚持线损管理的全员参与制度，加强教育宣传，建立有效激励机制，每年年初，公司领导班子应研究确定参与线损考核人员当年奖金额或线损节能奖所占总奖金比例，按此金额根据各考核单位供电量、线损考核结果、销售均价等计算分月提奖系数，实现奖金分配的竞技化、合理化、科学化。通过各个方面形成人人关注、支持节能降损，全员参与节能降损的意识和氛围。

六、线损管理的"创新"作用

线损管理的"创新"应重视"四新"的应用。注重管理的创新，重抓线损常态机制，分单位、分压、分级、分台区控制得当、行动迅速，从管理体系、技术体系、保证体系完善提高、克服缺陷做到线损能控、可控、在控，实现线损常态最佳管理。

积极推广应用节能、降损、环保新技术、新设备，实现高耗能变压器淘汰率 100%，推广使用 S11 型以上卷铁芯变压器和非晶合金配电变压器、非晶铁芯电流互感器、调容变压器等，特殊情况灵活使用单相变压器降低铁损。管理创新综合考虑计量装置科学配置以及无功一体化运行方案。

七、线损管理的"决策"作用

线损管理的"决策"应在线损数据客观真实的基础上进行条理化科学决策。线损率指标管理应建立考核和激励双指标管理标准，实行重奖重罚。根据上级部门每年下达的年度指标计划，由线损归口管理部门分电压等级、分部门进行分解，其确定依据是线损理论计算值、历史线损统计值、影响线损率的技术和管理方面的修正因素等，指标编制完成后，由线损归口管理部门报线损管理领导小组批准。

重视信息化管理平台建设，功能应齐全，信息充分共享，基础数据客观真实，尽力实现考核、分析、决策等功能。线损自成信息化体系管理，自用电纳入线损管理，分单位进行考核，通过经济活动分析与考核管理系统促进线损管理，加强电压合格率分析、电量平衡分析、电网无功分析、电网力率分析、线损统计分析、理论线损计算与分析等，线损各项指标管理形成闭环。

远抄、集抄和大用户监控系统应综合考虑线损的实时化管理，考虑母线平衡、电压合格率、供电可靠性的管理，大用户监控考虑反窃电、远程预付费、用户服务等功能。无功电压优化运行集中控制系统考虑电网的经济运行及电容器组的适时投切、无功优化计算、补偿设备巡视、补偿设备实验等。

第四节　线损管理的"5S"活动

开展以整理（Seiri）、整顿（Seiton）、清扫（Seiso）、清洁（Seikeetsu）和素养（Shitsuke）为内容的活动，称为"5S"活动。"5S"活动起源于日本，并在日本企业中广泛推行，它相当于我国企业开展的文明生产活动。

一、1S—整理

定义：区分要与不要的东西，职场除了要用的东西以外，一切都不放置。

办法：清除卡脖子线路，改善供电半径，增大供电线径，改造迂回线路，线路调弯取直、升压简化，清除导线发热点，增强供电能力。

清除高损变压器，配置低损变压器；清除淘汰计量设备，配置新型计量设施。清除运行高介损电容器，净化补偿容量。

清除"三电"现象，清除无表用电用户，包括企业各单位自用电；清除无证线损管理人员，提升线损管理团队素质；清除线损责任单位没有考核，强化线损管理力度，人人有责，人人都管事，事事有人管。

目的：将"空间"腾出来用。

二、2S—整顿

定义：要的东西依规定的定位方法摆放整齐，明确数量，明确标示。

办法：输变配等设备图纸与现场相符，标示清楚，设备管理规范有序。计量设备、计量箱运行封闭完好，使用条形码管理，资产编号、效验日期、安装日期等清楚明了，与台账一一对应。

规章制度健全，执行无误，降损规划得当，计划执行措施对症下药，总结效果明显；微机用户台账与用户实际用电一致，用户名称能够看出应执行的用电性质。"三公开"报表应有用户电能表出厂编号，便于核对。

管理系统运行可靠，实用化程度达到标准要求，信息系统查询方便，分单位、分线路、分电压等级、分配电台区实现统计、考核、分析、决策功能，线损管理高效、规范、科学。

目的：不浪费"时间"找东西。

三、3S—清扫

定义：清除职场内的脏污，并减少污染。

办法：清扫输变配电器具污秽，清扫线路通道障碍，解除超标漏电设备，解除超标介损设备。

停止非经济电网运行方式，调整变压器非经济运行状态；配置足够数量的电压监测仪，采取各种措施改善电压质量，无功补偿设备配置合理，安装、运行、维护、巡视、实验管理到位，清扫过补、欠补情况。

清理线损组织分工不适宜、责任划分不明确现象，线损归口单位与其他单位配合得力，行动有效，解除脱节现象。

清理降损无月、周计划行为，狠抓落实，总结提出新思路，解决问题提出新举措，下期分析应重视上期整改的实效性。

梳理领导监督思路，突重破难，指挥迅速，协调得当，控制合理，激发广大职工的主动性、积极性和创造性。

消除失控现象，做到早发现、早处理、早预防，线损指标宏观控制严密，微观管理精益，杜绝线损过高行为的发生，各条线路线损指标达到最佳。

逐步替代系统运行非节能设备，实施有效的创新，改造电网和设备，增强新技术应用，不断提高管理手段，以适应新的潮流和发展。

消除优柔寡断的决策，提倡决策果断英明，坚决杜绝线损奖罚不兑现，杜绝奖罚不疼不痒，推行信赏必罚、重奖重罚。

目的：消除"脏污"，保持职场干干净净、明明亮亮。

四、4S—清洁

定义：将上面3S实施的做法制度化，规范化，维持其成果。

办法：（1）企业领导重视线损管理工作。企业有降损节能规划并列入企业发展总体规划；主管领导主持线损分析会；听取线损管理工作汇报；协调解决有关问题；支持和保证降损措施落实。企业线损管理体系健全。线损管理领导小组职责落实；归口管理和其他相关部门职责明确；各级专（兼）职线损员素质和实际工作能力能胜任工作。完成上级下达的线损率指标。按照要求，对线损工作实施过程控制、精益管理，降损节能效益显著。企业在线损的管理考核和奖惩过程中未发生任何经济问题。

（2）综合管理。严格执行《国家电网公司电能损耗管理办法》。有完善的线损管理标准、制度，建立了线损管理网并定期活动。有胜任工作的专（兼）职线损员，线损小指标管理有实效，有明确的分工和经济责任制考核。从农网维护管理费等费用中列出线损考核专项资金，用于农网线损考核。定期开展线损理论计算工作。线损理论计算组织严密、实测数据完整，计算方法正确，基础资料齐全。线损理论计算报告完整，有指导性。制订年度降损措施计划，降损措施项目完成率

100%，降损措施项目效益分析报告科学完整。实现线损分级、分压、分线、分台区管理，各类统计分析资料齐全。有站、所用电管理制度并严格落实。领导重视线损管理人员业务素质培训，有年度降损节能线损管理培训计划，培训资料齐全。

（3）营销管理。电能表实抄率 100%，电费差错率≤0.05%；未发生电费重大差错（≤1000元）。功率因数调整电费执行符合国家有关政策规定。加强用电检查工作，按规定周期进行检查，完成率 100%。违章及窃电处理率 100%。

营销管理有关制度健全，并严格落实。建立健全抄、核、收各个环节的内外部监督机制。实行抄、管分离，相关制度健全，电费审计未发现异常。营业普查与经常性检查相结合，营业普查每年至少组织 1 次。营业记录及资料完整。电力营销管理信息系统满足国家电网公司《供电企业营销管理信息系统建设规范》。

（4）电能计量装置管理。电能表周期轮换率（校验率）100%。电能表修调前检验合格率：Ⅰ、Ⅱ类应为 100%，Ⅲ类不少于 98%，Ⅳ类不小于 95%，运行中的Ⅴ类电能表从运行第六年起，每年应进行分批抽样，做修调前检验，以确定整批表是否继续运行。电能表现场检验率应达 100%。电能表现场检验合格率Ⅰ、Ⅱ类电能表≥99%，Ⅲ类电能表≥97%。电压互感器二次回路压降周期受检率应达 100%。计量故障差错率≤1%。

电能计量装置管理制度健全，电能计量技术管理机构符合要求。电能计量技术管理机构和具备鉴定权限的供电所分别有年度"电能计量装置检定、维护、管理计划"并认真落实。对运行中的电能计量装置的管理做到按周期巡视，电能计量装置箱（柜）完好，发现缺陷处理及时，运行档案、资料齐全。

（5）电网经济运行。电网规划设计中将降损节能、电压质量和无功优化配置作为规划设计的重要原则；电网电源点布局科学合理；无功配置符合"分级补偿、就地平衡"的原则；经济运行各项管理制度健全，并认真落实。35kV 及以上主变压器全部采用节能型设备（S11 系列及以上），110kV 及以下主变压器有载调压率达 100%；变电站无功补偿容量达到主变压器容量的 10%以上；大力推广使用节能型配电变压器；对运行中的高耗能设备应制订计划限期改造。定期编制电网年度运行方式方案计划，认真搞好电网经济调度与运行工作；编制主变压器经济运行曲线，并按实际负荷及时调整主变压器运行方式；及时投退变电站无功补偿装置，调整有载调压主变压器分接头。认真做好配电网经济运行，及时停运空载配电变压器，及时调整子母变运行方式，采取有效措施加强配电变压器低压三相负荷不平衡率的测试及调整管理工作。

（6）电压与无功管理。供电综合电压合格率≥96%。高低压客户监测点的电压记录，以自动记录仪记录的数据为准；各变电站监测点的电压记录以调度自动化遥测的数据或已安装的自动记录仪记录的数据为准。35kV 及以上年平均功率因数≥0.95；变电站主变压器低压侧功率因数≥0.90；变电站 10（6）kV 出线功率因数≥0.9；100kVA 以上的用户变压器功率因数≥0.9；公用配电变压器低压侧功率因数≥0.85；农业用户配电变压器低压侧功率因数≥0.85。电容器可用率应≥96%。

建立健全电压无功管理组织和领导小组，有胜任工作的电压无功专责人。健全管理标准和制度，定期开展电压无功专业分析和总结。有明确的责任分工和经济责任制考核，严格实行按电压等级分层指标管理和考核。认真按照国家电网公司《电网电压质量和无功电力管理办法》要求，加强无功补偿装置的优化配置和运行管理工作，按照电网的需要进行合理投切。电压监测点的设置数量、地点、电压合率率的统计分析符合国家电网公司《电网电压质量和无功电力管理办法》规定。

（7）新技术应用与管理创新。应用节能新技术、新设备有可研报告、项目实施计划、结项分析总结，技术资料齐全。有电压合格率分析、电量平衡分析、电网无功分析、电网力率分析、线损统计分析、理论线损计算与分析等功能的信息管理系统。应用远抄、集抄、无功电压优化运行集中控制系统等管理技术手段，效果明显。线损管理创新（管理机制、管理手段、监督激励措施）效果、效益明显。

目的：通过制度化来维持成果。

五、5S—素养

定义：培养文明礼貌习惯，按规定行事，养成良好的工作习惯。

办法：通过线损规范化管理，线损管理制度制度化运行，制度的贯彻、执行，养成良好的线损管理习惯，打造优秀的线损管理理念。思路决定出路，思维决定行为，以高深的文化业务素养和管理哲学素养，灵活应对工作困难，在繁复的头绪里有条不紊；在忙乱的环境中按部就班；在紧急非常的时刻从容不迫；在惊险危难的关头处变不惊。得宠而不惊，遇胜而不骄，遭难而不馁，受辱而不计。不管风吹浪打，胜似闲庭信步；任凭风浪起，稳坐钓鱼船，工作做到游刃有余。

"宝剑锋从磨砺出，梅花香自苦寒来"，在降损实践中励志，千锤百炼方能炉火纯青，虚心听取广大职工的批评意见，积极开展批评与自我批评，谦虚谨慎，戒骄戒躁，发扬艰苦奋斗的作风，始终保持蓬勃朝气、昂扬锐气和浩然正气，努力超越，追求卓越。

目的：提升"人的品质"，成为对任何工作都讲究认真的人。

第五节　线损管理计量装置科学性分析

电能计量是通过电能表、互感器及其二次回路按照规定的接线方式进行组合构成电能计量装置来实现的，每一组成部分都能对计量装置的误差产生重要影响，应按照现行技术规范和标准合理的配置计量装置，确保整套电能计量装置在各种条件下运行的准确性和可靠性。在坚强智能电网中，电能计量装置的数字化和智能化占有重要地位。电能计量技术是横跨在计量技术和电气技术两大专业之上的复合型技术，计量技术主要有计量法规、误差理论、量值传递、实验室认证、计量标准考核、测量不确定度评定、计量人员执业资格认证等；电气技术主要有电气技术规范和标准、电气安全防护、互感器特性和二次回路设计、现场总线和数据传输、工业控制和实时软件分析以及实时数据库和智能功能的实现。电能计量工作应严格遵循"准确、可靠"原则，怎样分析发现计量装置在各种环境下的误差规律，怎样对电能计量装置进行合理科学的配置，从而保证计量公平、公正原则，对准确计量和精益化管理是至关重要的。

一、机械式电能表和硅钢片铁心互感器运行数据分析

（一）运行温度影响

1. 运行温度对机械式电能表误差的影响

机械式电能表是由电磁元件构成的，对温度变化比较敏感，环境温度产生误差的因素可分为两类：①幅值温度误差，即在标定电流功率因数等于 1 时，电能表误差将随温度的升高而变大；②相位角温度误差，在标定电流功率因数等于 0.5（感性）时，误差将随温度的降低而变大。

（1）永久磁铁制动力矩的变化。永久磁铁的制动力矩 M_T 与制动磁通量 ϕ_T 的平方成正比（即 $M_T = K_T \phi_T^2 n$，式中：K_T 为比列系数；ϕ_T 为永久磁铁的磁通量；n 为圆盘切割 ϕ_T 的线速度）。

当温度升高时，其磁分子热运动量加剧，使永久磁铁的磁通量逐步减少，因而使制动力矩减小，电能表的误差将向正的方向变化；当温度降低时，磁性增强、制动力矩增大，其误差向负方向变化。机械式电能表多采用 MT 型钢，温度系数为 0.02～0.04/℃，当温度每升高 10℃，其永久磁铁磁通量 ϕ_D 将减少 0.2%～0.4%，同时制动力矩也减少 0.4%～1.6%，至使圆盘转速增加 0.4%～1.6%，机械式电能表的误差是向正的方向变化 0.4%～1.6%。

也就是说由于制动磁钢的温度系数 α_1 为负值，所以温度升高时，制动磁通将减少，导致电能表的驱动力矩大于制动力矩，使电能表转速变快，即产生正温度误差。反之，当温度降低时，则产生负温度误差。

（2）电压工作磁通的变化。当温度升高时，电压工作磁通磁路上的圆盘的电阻，或电压电磁铁上的相位角调整装置的短路线圈的电阻都会因温度升高而增加，电压工作磁通就会增加，感应电流要减少，使电压工作磁通的磁路损耗减少。另外电压铁芯中的有功损耗也因温度升高而减小，电压工作磁通磁路的磁阻减小。与此同时电压非工作磁通磁路的磁阻也因温度升高而减小，但因非工作磁通不穿过圆盘，所以，磁阻减小的少。这样电压工作磁通和非工作磁通便要重新分布，使电压工作磁通增加。于是驱动力矩增加，使圆盘转速变快，产生正的温度附加误差，当温度降低时，则要产生负的温度附加误差。

（3）电流工作磁通的变化。负载电流 I 一定，当温度升高时，圆盘电阻将增加，铝质圆盘在温度每升高 10℃，其电阻值将增加 4%。电阻增加导致涡流减小。因而电流工作磁通路径上的有功损耗减小，故负载电流中的有功分量与无功分量增加，所以，电流工作磁通要增加，损耗角减小，使内相角 Ψ 增加，所以驱动力矩增加，使电能表误差向正的方向变化，当温度降低时，则使误差向负的方向变化。

（4）相位角温度误差的变化。因为温度升高时，电压线圈的电阻、圆盘的电阻增大，电压线圈中的电流滞后电压的角度 ϕ 减小，ϕ_U 磁路上的有功损耗减小，所以驱动力矩减小，使圆盘转速变慢。于是使电能表误差向正的方向变化，当温度降低时，则使误差向负的方向变化。

2. 运行温度对硅钢片铁心互感器误差的影响

温度对互感器误差的影响，主要源于互感器内阻增大和铁心磁体因温度变化引起的磁滞损耗增加。但是硅钢片和微晶铁心在常温 25℃ 到其最高工作温度 130℃ 之间，磁滞损耗变化并不大，因此影响误差变化的主要因素是前者。对于高安匝产品，温度变化对于误差变化影响很小。以下对 LMZ1-0.5、300/5（300 安匝）和 LZZBJ9-10A、30/5（600 安匝）产品进行不同温度时候误差测试数据（见表 5-2、表 5-3）。但是对于低安匝产品，比如 LMZ1-0.66、75/5 和 100/5（穿心一匝），由于误差性能指标对回路阻抗较为明显，则温度变化对于互感器误差影响也会增大，见表 5-4。

实验原因：对升温后低压电流互感器数据变化的了解

实验条件：75℃ 下 4h

实验型号：LMZ1-0.5　　变比：300/5　　　　精度：0.5S

负荷：5/2.5VA　　　　编号：542288　542289　542294

表 5-2　　　　　　　　　　　　　常 温 下 数 据 记 录

编号	电流 误差	1%	5%	20%	100%	120%	二次负荷
542288	比差	−0.5	−0.02	0.14	0.26	0.27	上限 5VA
	角差	34	17	10	5	4	
	比差		0.06	0.19	0.30		下限 2.5VA
	角差		18	11	5		
542294	比差	−0.81	−0.03	0.12	0.24	0.25	上限 5VA
	角差	36	19	11	6	5	
	比差		0.05	0.17	0.28		下限 2.5VA
	角差		19	13	6		

编号	误差＼电流	1%	5%	20%	100%	120%	二次负荷
542289	比差	−0.51	−0.10	0.06	0.19	0.20	上限 5VA
	角差	27	15	10	4	4	
	比差		−0.01	0.12	0.24		下限 2.5VA
	角差		15	10	5		

表 5-3 75℃数据记录

编号	误差＼电流	1%	5%	20%	100%	120%	二次负荷
542288	比差	−0.55	−0.01	0.16	0.27	0.29	上限 5VA
	角差	24	15	10	5	4	
	比差		0.18	0.31	0.38		下限 2.5VA
	角差		11	8	4		
542294	比差	−0.51	−0.01	0.14	0.26	0.27	上限 5VA
	角差	25	16	11	5	5	
542294	比差		0.20	0.51	0.37		下限 2.5VA
	角差		12	8	5		
542289	比差	−0.60	−0.10	0.08	0.21	0.22	上限 5VA
	角差	25	16	11	5	4	
	比差		0.13	0.26	0.33		下限 2.5VA
	角差		12	8	4		

结论：比差略微偏向正，偏差数值 0.01～0.03

角差略微偏向负，偏差数值 1～3

高压互感器试验加热前环境温度：25℃

加热条件：110℃，4h

LZZBJ9-10A，0.2S/0.5S，其中 0.2S 为微晶铁心，0.5S 为硅钢片铁心。

表 5-4 常温与加热后数据对比

温度情况	负荷	1%	5%	20%	100%	120%
0.2S 常温	10VA	−0.03	−0.04	0.01	0.07	0.06
		7	6	2	1	2
0.2S 加热后		0.00	0.00	0.02	0.08	0.06
		5	7	3	1	3
0.5S 常温	30VA	−2.12	−1.34	−1.00	−0.69	−0.69
		39	21	10	4	3
0.5S 加热后		−1.80	−1.20	−0.92	−0.64	−0.67
		28	19	12	4	4

可以看到，加热前后误差数据无特别明显变化，至于在 1%和 5%点误差变化，应为低电流下

电流采点不精确所致。

3. 对运行中的机械式电能表和硅钢片铁心互感器测试数据分析

（1）现场测试数据分析。现场测试同一组机械式电能表与硅钢铁心电流互感器配置时的综合误差，环境温度为 40℃ 与 25℃ 相比较，误差向正的方向变化，偏差数值 +0.10～+0.50。

（2）试验室测试数据分析。硅钢铁心电流互感器在常温下与温度 75℃ 时对比：比差略微偏正，偏差数值 -0.10～+0.30。角差略微偏负，偏差数值 1～10′。

（二）安装方式影响

因机械式电能表采用机械转动方式工作，对安装位置要求比较高，安装倾斜时会增加电能表的附加误差。产生倾斜影响误差的原因，主要是由于转动元件轴承不够精密，电能表倾斜时，造成转动元件在轴承中发生位移，在转动元件上产生侧压力，影响了驱动力矩和制动力矩之间的平衡关系，使电能表转速发生变化引起误差。经实验表明，电能表倾斜 10° 时，偏差数值 -0.2。

（三）谐波影响分析

机械电表设计制造时只能保证在工频附近很窄的频带范围内且在纯正弦波形下才有最佳的工作性能，但近年来由于电网中大量使用了非线性负载导致电网谐波污染越来越严重，因此人们对机械电表计量误差问题非常关注。谐波对机械电表计量的影响主要表现为谐波功率和谐波电流的影响，电度表的计量误差是这两种影响的叠加。

机械电表计量谐波电能时产生误差的原因主要有：

（1）转盘的阻抗角及阻抗随频率增加而增加；

（2）线圈电流一定时，电流工作磁通随频率增加而减小；

（3）线圈端电压一定时，电压工作磁通和频率的乘积随频率的增加而减小；

（4）电流铁心饱和现象对误差的影响很小，基本可忽略。电压铁心的磁饱和影响主要体现在，它使电压工作磁通存在附加 3 次谐波电压磁通。附加 3 次谐波电压磁通和外加 3 次谐波电压磁通叠加，会增加或减小误差，这取决于外加 3 次谐波电压的相位。

计量误差和谐波功率的大小、功角以及谐波次数有关，由于本文以计量基波电能为标准，谐波次数越大，误差越小。此外，谐波电流会改变基波电流工作磁通的大小和损耗角（当基波功率因数接近 1 时，可忽略损耗角的变化），不过由该原因产生的误差一般很小，可忽略。只有当谐波电流比较显著（谐波电流含有率大于 20%）且负载电流大于标定电流时，该误差才较明显。

当频率改变时，互感器铁心的磁密也随着改变，如果铁心不饱和，且一次绕组的漏抗很小，则电压互感器在负荷接近空载的情况下，频率改变对其误差影响不大。对于电流互感器而言，频率影响造成的误差和互感器绕组的漏抗与分布电容有关。

（四）灵敏度分析

机械表的摩擦阻力是原理性的问题，目前无法克服，特别是在低转速时，机械摩擦力接近静态摩擦力，数值明显提高，长时间工作后尤其如此。例如长时间运行后的机械表对 10W 以下的节能灯就无法反应。

（五）稳定性

机械表因采用机械转动方式工作，摩擦力不稳定，因此稳定性与电子表相比有差距，经运输后准确度可能超差，在安装之前必须重新调校。安装运行后的表由于上述原因，稳定性又会逐渐变差。

（六）精度

机械表因为采用磁路结构非线性失真大，一致性差，因此要采用各种补偿机构，采用补偿机构又降低了稳定性，也不利于生产中的调校，因此要生产精度高的机械电能表难度相当大。

（七）线性动态范围与计量准确度

机械表的线性动态范围小，原因是非线性因素太多，如小电流低转速时受制与摩擦力上升、磁阻上升等因素，大电流时磁路容易产生磁路饱和，因此当用电量变化很大时计量精度将受到很大影响。

（八）功耗

机械表的功耗每月约为 0.8～1kWh。

（九）电压变化对硅钢片铁心电压互感器影响分析

硅钢片铁心电流互感器误差曲线不够平滑，负误差区间比较大。其磁导率和损耗角都不是常数，即使电压互感器在正常电压范围运行，如电压升高，铁心磁密将增大，则磁导率和损耗角均增大。空载比值差和空载相位差先随着一次电压的增加而减小，然后再随着电压的继续增加而增大。

（十）电流变化对硅钢片铁心电流互感器影响分析

当电流增大时，铁心的磁密也随着按比例增大，这时磁导率和损耗角也随着增大，磁导率增大互感器的误差会随着减小，比值差减得少，相位差减得多些。

（十一）互感器剩磁影响

硅钢片铁心互感器剩磁对误差影响较大，校验需进行退磁。退磁前后的比差向正的方向变化，偏差数值一般在 0.10～0.80。

（十二）互感器误差曲线分析

硅钢片铁心电流互感器特性不太好，误差曲线不够平滑，负误差区间比较大。图 5-3 为互感器硅钢片铁心和微晶铁心误差曲线图。

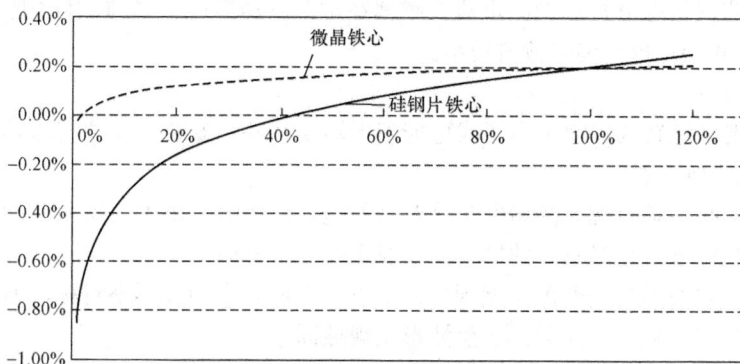

图 5-3 互感器硅钢片铁心和微晶铁心误差曲线图

硅钢片互感器在运行时直流分量、涌流、二次开路等故障会对互感器造成冲击破坏，当线路恢复正常时精度会有所降低。

二、计量装置综合误差科学性分析

电能计量装置同其他计量器具一样，不可能完全无误地将电能值记录下来，总会存在一定的偏差，这种偏差叫电能计量装置的综合误差或叫整体误差。电能计量装置的综合误差包括电能表的误差、互感器合成误差以及二次回路压降引起的误差，即

$$e = e_b + e_h + e_d$$

$$e_h = \frac{P_2 k_I k_U - P_1}{P_1} \times 100\%$$

式中 e_b ——电能表误差；

e_h——互感器合成误差；

e_d——电压二次回路压降引起的误差；

P_1——一次侧功率真实值；

P_2——二次侧功率测量值；

k_I——电流互感器额定变比；

k_U——电压互感器额定变比。

三、电子式电能表和超微晶铁心互感器运行数据分析

1. 运行温度影响

（1）电子表的误差来源主要分布在电流采样器、电压采样器和模拟/数字乘法器三个部分，下面从这三个部分讨论温度对误差的影响。

由于电子表电流采样所用的锰铜分流器有极好的温度特性，所以采样部分的温度影响可忽略不计。在电路中电流和电压输入回路采用相互补偿技术，因此表计整体的温度特性比较好。

电子表分压器一般选用 1% 精度的金属膜电阻，其温度系数 $\alpha \leqslant 50 \times 10^{-6}$，故对于 0.5 级以下精度的电表，其误差随温度变化可以忽略不计。

乘法器有运算放大器和大规模集成电路实现，温度在（$-40 \sim 85^\circ\text{C}$）范围内，误差变化基本可以忽略不计。

由以上分析可以看出，温度对电子式电能表的计量误差的影响很小。

（2）现场测试数据分析。现场测试同一组电子式电能表与非晶电流互感器配置时的综合误差，环境温度为 40°C 与 20°C 相比较,误差变化较小，偏差数值$+0.01 \sim +0.10$。

（3）试验室测试数据分析。微晶电流互感器在常温下与温度 75°C 时对比:比差略微偏正，偏差数值$-0.01 \sim +0.10$。角差偏差数值较小。

2. 安装方式影响

对安装条件要求比较低，由于电子式电能表无转动元件，安装不受位置影响。

3. 运行负载影响分析

运行负载的影响主要表现在冲击性负荷对误差造成的影响，由于这种负荷的特点是起停快、持续时间短、随机性强，它对系统的影响主要表现在三个方面：

（1）一个周期内波形畸变严重、无规律，上下半个周期内的波形不对称，而且不同周期内的波形存在幅值、相位、频率的波动，甚至波形出现截断；

（2）谐波中的频谱除离散频谱外，还含有连续频谱分量，说明不仅含有整数次的谐波，还含有非整数次的次谐波及间谐波；

（3）由于功率变化迅速，容易造成系统的电压闪变，即电压波形上一种快速的上升及下降，具体表现为波形的毛刺及间断。

以上因素交织在一起，使得此类负荷下电子表误差的随机性极强，同一只电子表在不同的时间针对同一冲击性负荷，或针对不同的冲击性负荷，其误差及计量电量都可能有很大的差别。闪变的随机性使采样电压是否包含闪变的情况不确定，采样速率高的电子表，采样电压包含闪变的概率大，误差受闪变的影响也大，反之则小。

4. 灵敏度

电子表的电子线路本身灵敏度极高，可比机械表高一个数量级，而且可以长时间保持这种高灵敏度。

5. 稳定性

电子表采用锰铜等高稳定性材料制作电流采样元件，高质量的电路做运算处理元件，误差调

整机构采用固定电阻网络，无可动器件，在工艺上采用抗老化措施，因此，总体的稳定性很好。用户在安装前可以实现免调，工作中的调校周期也可以大大延长，从而节省了人工。

6. 精度

电子表电路中的 A/D 变换器的精度可达 2^{-14} 以上，因此分辨力和精度很高，可以设计 0.5 级以上的高精度电能表。因此，电网管理中的计量精度可大大提高，线损统计也可以更为准确。

7. 线性动态范围与计量准确度

由于电子表的采样元件、A/D 变换元件、放大电路等的线性好，使得电子表的线性动态范围较大，适应性很强，特别适合于用电量变化大的地方，能保证大小电流时计量精度不变。

8. 功耗

由于电子表采用的 CMOS 元件自身功耗很小，电流回路的分流电阻只有几百微欧，可以忽略。电压回路功耗 0.5W 左右，远小于感应式电能表的 1.2W 左右，是节能型仪表，对于降低线损很有好处。

9. 谐波影响分析

如果电子式电能表的频带足够宽，电子式电能表可以把基波功率和所有的谐波功率一同计量。电子式电能表在谐波下的计量误差，主要取决于选用的乘法器的种类，同时也与低通滤波器的选取有关。

10. 防窃电效果

防窃电功能强，由于电流回路的分流器只有几百微欧，小于一般导线电阻，更小于导线接触电阻，因此在机械表上常用的外部短路方式窃电对电子电能表没什么效果。另外电子电能表采取双向计度原理，通过反接倒转的窃电方式无效。因而在不必外加措施的情况下，表计本身就具有一定的防窃电能力。

11. 过载能力

电子式电能表过载能力强，测量范围宽。由于电流回路使用锰铜电阻，阻值很小，内部电路取的是一个小电压信号，即使外部大电流通过，取样电阻不会产生很大功耗，不会烧表。

12. 管理流程简便

可以帮助改变原来的检修、管理流程。由于电子式电能表不用清洗、调整、维修，故可以根据形势需要，改革现有的检修流程，拿出精力搞好校验和定期抽检，改变原来的轮换方式。

13. 剩磁影响

超微晶铁心具有很低的矫顽力，制作出的互感器剩磁可以忽略不计，对互感器的误差影响非常小，在线路中有过流、二次开路这样的故障发生后，互感器误差基本保持不变，这样互感器在线路上长期运行，不用进行退磁，也不会对计量结果产生影响。

另外，由于剩磁小，互感器可以无需退磁，直接进行校验，节约校验时间，提高工作效率。

14. 互感器误差曲线分析

超微晶铁心具有极高的初始磁导率，且磁导率随磁通密度的变化非常小，磁芯损耗极低，从前面的两种铁心误差曲线图对比可以很明显地看出微晶铁心制作的互感器，其误差曲线平滑，在正常工作电流范围内从 1% 到 120% 的误差几乎就是一条直线，对互感器测量精度影响较大的有铁心、一次绕组、二次绕组等，最有效地减小误差的方式就是选择具有高磁导率的材料制造铁心。提高铁心的磁性能也是缩小测量用电流互感器尺寸的主要途径，电流互感器准确级越高，其越加显得重要。超微晶铁心和硅钢片磁性能比较如表 5-5 所示。从磁导率上看，超微晶铁心比硅钢高一个数量级。

表 5-5　　　　　　　　　　超微晶铁心和硅钢片磁性能比较

基 本 参 数	超微晶铁心	硅钢铁心
饱和磁感应强度 Bs（T）	1.25	2.0
初始磁导率（Gs/Oe）	4000～80000	1000
最大磁导率（Gs/Oe）	>200000	40000

15. 直流分量影响

在线路运行时不怕直流分量，涌流、二次开路等故障对互感器造成的冲击破坏，当线路恢复正常时会精度如初。

四、计量装置综合对比分析

通过以上分析可以看出，在温度、安装方式、灵敏度等因素对计量误差的影响上，电子式电能表要比机械电表更精准。

电流互感器的误差与铁心的磁导率成反比。实际上对于同样准确级的电流互感器，如果铁心材料的磁导率增大，不但可以缩小铁心的尺寸而且可以提高铁心的磁导率。电压互感器的空载误差与励磁导纳成正比，与铁心的磁导率成反比。铁心材料的磁导率越高，空载误差越小。所以电子式电能表和超微晶电流互感器的组合计量更精准。

在计量装置配置选用时，应特别注意现场环境的影响，注意了解和观察用户负荷特性对计量装置配置的要求，严禁超负载运行，如超微晶电流互感器在负荷超 120%时，误差曲线急剧变化，造成计量失准。

电表和互感器在各种条件的误差分析应详细掌握，便于根据用户现场情况，科学地配置计量装置，防止错计、漏计、不计、少计、偏差等情况的发生，同时计量装置应与箱体配合完美，反窃电措施齐全，有效防范高科技窃电的发生。

加强对计量装置现场的测量，注重现场数据的变化，及时发现问题，解决疑难杂症，实现计量装置科学性的配置和高准确的运行，确保运行计量装置的精度。

第六节　线损无功智能一体化管理

进入 21 世纪以来，发展低碳经济、建设生态文明、实现可持续发展，成为人类社会的普遍共识。发展清洁能源、保障能源安全、解决环保问题、应对气候变化，是本轮能源革命的核心内容。积极开展创新性的探讨和实践，建设以信息化、自动化、互动化为特征的坚强智能电网，同时对电网无功补偿装置进行智能一体化测量、控制、管理，提升电压质量，降低电网损耗，是清洁能源发展、节能减排、能源布局优化和结构调整的战略选择。

一、无功补偿技术配置

无功负荷补偿设备配置的基本原则是"分级补偿、就地平衡"，即按电力网的电压等级，从负荷侧向电源侧逐级进行补偿，达到无功负荷就地补偿、无功功率消耗就地平衡。

1. 总体平衡与局部平衡相结合

总体平衡就是全区域无功功率平衡。局部平衡指各变电站、各线路和各用户的无功功率平衡。如果某一部分不平衡，就会造成分区之间的无功电源输送和交换，增加电网损耗。

全区域无功功率平衡就是指全电网无功电源总和等于全电网无功功率总负荷加上全电网的无功功率总损耗。无功电力平衡的基本算式为：

$$\Sigma Q_F + \Sigma Q_S + \Sigma Q_C + \Sigma Q_B = \Sigma Q_{FH} + \Sigma \Delta Q_B + \Sigma \Delta Q_L$$

式中　ΣQ_F——网内所有发电机的可发无功功率，kvar；

　　　ΣQ_S——从大电网输入的无功功率，kvar；

　　　ΣQ_C——网内 35kV 以上输电线路的充电功率，kvar；

　　　ΣQ_B——网内现有并联电容器等补偿设备的容量，kvar；

　　　ΣQ_{FH}——网内所有主变压器二次侧用户的无功功率总负荷，kvar；

　　　$\Sigma \Delta Q_B$——网内所有主变压器和配电变压器的无功功率总损耗，kvar；

　　　$\Sigma \Delta Q_L$——网内所有输配电线路的无功功率总损耗，kvar。

2. 分散补偿与集中补偿相结合

变电站集中补偿主要是用来补偿主变压器的无功损耗和上一级供电线路的无功功率损耗，如果无线路分散补偿，线路消耗的无功就要由变电站输送，这样会在配电线路中造成很大功率损耗，同时，使得变电站的无功平衡受到破坏。

3. 电力部门补偿与用户补偿相结合

用户消耗的无功功率占电力网无功功率损耗的一半以上，因此，用户的无功补偿至关重要，只有两者相结合，才能使电网的无功平衡达到好的效果。

4. 降损与调压相结合

无功补偿的主要目的是为了达到无功电力的就地平衡，减少网络中输送无功的损耗，同时，并联电容的投切还影响电压的升降，这是它的辅助作用。

5. 变电站集中补偿

（1）无功优化补偿目标：

1）主变压器高压侧功率因数最大负荷时应不低于 0.95，低谷负荷时不高于 0.95；二次侧功率因数不低于 0.9。

2）35kV 及以上用户供电电压正负偏差绝对值之和不超过标称系统电压的 10%。

3）谐波治理符合 GB/T 14549—1993《电能质量　公用电网谐波》规定的要求，电压正弦波畸变率，110（66）kV 不大于 1.5%，35kV 不大于 3%。

（2）无功优化补偿容量配置原则：

1）35～110kV 变电站无功补偿以补偿变压器无功损耗为主，适当兼顾负荷侧无功功率不足部分，补偿容量一般在主变压器容量的 10%～30% 之间选择。

2）110kV 变电站单台主变压器容量超过 40MVA 时，每台主变压器应配置不少于两组的无功补偿容量。

3）110kV 变电站单组无功补偿容量不宜大于 6Mvar，35kV 变电站单组无功补偿容量不宜大于 3Mvar，同时单组无功补偿容量的选择还应考虑变电站负荷较小时无功补偿的需要。

（3）无功优化补偿装置配置原则：

1）枢纽及相对重要的变电站，宜采用动态连续调节的自动无功补偿装置。

2）已安装固定电容器组进行无功补偿的变电站，其补偿容量如果在高峰负荷时处于欠补偿状态或低谷负荷时处于过补偿状态，可以根据负荷情况，加装一定容量的动态无功调节单元进行调控。

3）已安装自动投切无功补偿装置的变电站，其无功补偿容量如果已满足高峰负荷需求，可直接加装动态无功调节单元，实现无功补偿容量的动态连续调控。

4）新建或扩建变电站，条件允许时可直接装设动态平滑调节无功补偿设备，条件不允许时可装设自动投切无功补偿装置或固定电容器进行无功补偿。

5）无功补偿容量配置不合理、补偿容量不能够随负荷波动自动调节或高、低压配电网无功补偿容量存在"倒置"现象的变电站，应对其无功补偿装置进行改造，使无功容量配置趋于合理化。

6. 线路分散补偿

主要补偿线路上感性电抗所消耗的无功功率和配电变压器励磁无功功率损耗，还可提高线路末端电压，适用于功率因数低、负荷重的长线路。

（1）负荷均匀分布的线路。对于公用配电变压器线路和农村电网无大支线的配电线路，均可视为负荷近似均匀分布的线路。按照最大限度地降低线损的原则确定的最优补偿容量和最佳安装位置如下：

1）最优补偿容量。电容器的容量为

$$Q_{CN}=nQ_C=2n/（2n+1）Q$$
$$Q_C=2/（2n+1）Q$$

式中　Q——通过线路的平均无功负荷，kvar；

Q_{CN}——补偿电容器的总容量，kvar；

Q_C——补偿电容器的单组容量，kvar；

n——电容器组数，$n=1$，2，3…，N。

2）最佳安装位置

$$L_C=2n/（2n+1）L$$

式中　L_C——第 n 组电容器的装设位置，km；

L——线路的总长度，km。

配电线路安装1～3组电容器时，其最优补偿容量和最佳安装位置如表：

组　数	最优补偿容量			
	第一组	第二组	第三组	总容量
1	2/3Q			2/3Q
2	2/5Q	2/5Q		4/5Q
3	2/7Q	2/7Q	2/7Q	6/7Q

上表：最优补偿热量表

组　数	在线路总长度中的位置		
	第一组	第二组	第三组
1	2/3L		
2	2/5L	4/5L	
3	2/7L	4/7L	6/7L

上表：最佳安装位置表

（2）负荷非均匀分布的线路。由于负荷分布无一定规律，目前的计算方法比较复杂，这里介绍一种简便实用的计算方法——分支线路补偿法。分支线路补偿法的含义：基本原则是以分支线路的无功功率平衡为主，对分支线路的无功消耗进行补偿，尽可能减少分支线路向主干线索取无功，从而减少无功损耗。

1）以分支线路所带配电变压器的空载无功损耗来确定分组补偿容量。

2）选择负荷较大的分支线确定补偿点。

3）对于小分支和个别的配电变压器，可视为主干线上的近似均匀分布负荷，可按需要确定补偿点和补偿容量。

4）所有配电变压器的负载无功损耗均以用户自主补偿为主，如果用户未进行补偿或补偿容量不足，仍需向主干线索取无功。

从以上可见，线路的补偿容量是按配电变压器的空载无功损耗来确定的。带上负载以后，如果用户补偿设备投入不足，线路就会处于欠补偿状态。这虽然不是最佳补偿方式，但可以达到补偿无功需求量的70%左右。

（3）负荷集中于末端的线路。负荷集中于线路末端的，多为专用供电线路的用户，供电性质比较重要，供电负荷也较大，其最优补偿方式具有多种形式，可对电力用户的无功进行低压补偿。

概括地说，配电线路安装电容器进行无功补偿，不仅降损节能效果显著，而且具有投资省、安装简单、维护量少、投运时间长等优点，因此，在国内外得到了广泛的应用。

7. 低压配电网无功优化补偿

低压配电网无功优化补偿主要采用配电变压器低压侧集中补偿，配电变压器低压侧集中补偿主要补偿配电变压器无功功率损耗和低压无功基荷，实现低压电网无功就地平衡。

（1）低压配电网无功优化补偿目标：

1）315kVA及以上的10kV配电变压器二次侧功率因数不低于0.92；100kVA及以上的10kV配电变压器最大负荷时高压侧功率因数应不低于0.95，二次侧功率因数不低于0.9；农业排灌配电变压器低压侧功率因数应在0.85及以上，其他电力用户功率因数不宜低于0.9。

2）10kV三相供电电压允许偏差为标称系统电压的-7%～+7%。

3）10kV电压正弦波畸变率应小于等于4%。

（2）低压配电网无功优化补偿计算原则：

1）以采集到的低压配电网各节点运行电压、无功功率和有功功率实时运行数据以及电网实际运行状态为无功优化计算的依据。

2）低压配电网以台区为单位，根据负荷状况（最大负荷、一般负荷、最小负荷或指定负荷）进行无功优化计算。

3）以无功、电压不越限，无功补偿装置动作次数不越限，功率因数在合格范围内为无功优化计算的约束条件。

4）以提高功率因数、减少系统有功损耗、减少年运行费用或减少年支出费用等来确定无功优化计算函数。

5）采取成熟规范的无功优化计算方法或计算软件进行无功优化计算。

（3）低压配电网无功优化补偿方式主要采用以配电变压器低压侧集中补偿（随器补偿）。

（4）低压配电网无功优化补偿容量配置原则：

1）10kV配电变压器低压侧集中补偿可按照配电变压器最大负荷率为75%、负荷自然功率因数为0.85的状况进行无功优化计算后确定，一般在配电变压器容量的20%～40%之间选择，配电变压器分组补偿电容器容量保证最小一块容量不大于配电变压器额定容量的1/14，固定投入配电变压器低压侧，当低压用电负荷增加时，应及时投切其他并联电容器，100kVA及以上的变压器自动投切装置应长期投入，使配电变压器高压侧功率因数在重负荷时达到0.95以上。

另外随着"农田机井通电"工程的逐步展开，针对平原地带季节灌溉特点，这类台区无功负荷较小、分散、现象均衡，根据"分级补偿、就地平衡"的补偿原则考虑采用简单的"分散随机三相共补偿"方式。把电容器直接并接在水泵上，使用自动开关或三相隔离开关投切，不需要在变压器低压侧进行集中补偿，其补偿容量按照水泵电机满负荷情况下（自然功率因数约为0.88）

额定功率的 60%～70%配置。实现变压器低压侧功率因数接近 1。

2）低压线路补偿作为变压器随器补偿和随机补偿的辅助手段，补偿容量不宜过大，可通过低压配电网无功优化计算分析后确定。

（5）低压配电网无功优化补偿装置配置原则：

1）50kVA 及以上的配电变压器应安装低压电容器组，100kVA 及以上的配电变压器应采用自动投切无功补偿装置，电容器组安装在配电箱内。

2）负荷较重、供电半径较长（>500m）且供电电压质量及功率因数水平较低的低压线路，可适当装设自动投切无功补偿装置进行补偿。

8. 低压用户端无功优化补偿

低压用户端无功优化补偿主要有电动机随机补偿和配电室集中补偿方式。

（1）低压用户端无功优化补偿目标：

1）380V 三相供电电压允许偏差为标称系统电压的－7%～＋7%，220V 单相供电电压允许偏差为标称系统电压的－10%～＋7%。

2）电压正弦波畸变率应不大于 5%。

（2）低压用户端无功优化补偿计算原则：

1）以低压用户端设备负荷率和功率因数为无功优化计算依据。

2）以用户端功率因数和供电电压质量为约束条件。

3）采用成熟规范的无功优化计算方法或软件进行无功优化计算。

（3）低压用户端无功优化补偿容量配置原则：

1）低压用户电动机随机无功补偿容量应以电动机负载大小、负载特性、满载功率因数的高低为条件进行确定，应以不向电网反送无功或在电网负荷高峰时不从或少从电网吸收无功为原则。

2）所带机械负荷轴惯性较大的电动机，如排灌机等，补偿容量可大于电动机的空载无功功率，但要小于其额定无功功率。

3）输出惯性小的电动机，如风机等，补偿容量可按 0.9 倍电动机空载无功功率配置。

（4）低压用户端无功优化补偿装置配置原则：

1）远离配电房的水泵和风机、距供电设备距离在 100m 以上连续运行、功率在 5kW 及以上以及启动电压不足的电动机适宜采用随机补偿方式。

2）车间、工厂安装的异步电动机，如就地补偿困难时可在动力配电室采用自动投切无功补偿装置进行补偿。

3）对于频繁启动或经常正反向运转，以及运行环境中存在易燃、易爆和腐蚀性气体的电动机，为安全考虑不宜采取随机补偿方式。

二、无功补偿运行管理

1. 手工操作进行电容器组的投切

九区图是变电站电压、无功综合控制装置检测和识别变电站运行状态的一种方法，人工控制电压、无功的值班员同样可以使用它。所谓九区图就是将电压和功率因数（或无功功率）作为状态变量，把变电站的运行状态划分为九个区域，如图 5-4 所示。

图中纵坐标为电压 U，横坐标为功率因数 $\cos\varphi$。U_0 为变电站二次母线额定电

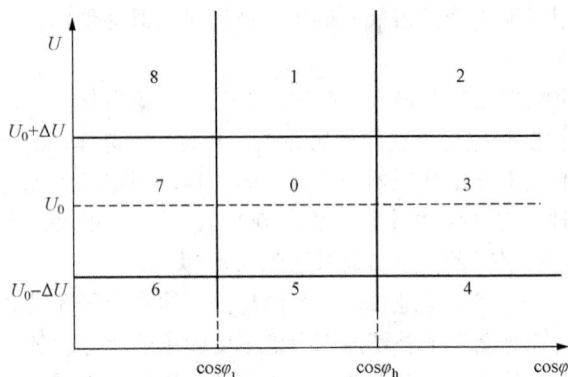

图 5-4 变电站运行状态

压，$U_0+\Delta U$ 为电压上限，$U_0-\Delta U$ 为电压下限，当电压处于 $U_0+\Delta U$ 和 $U_0-\Delta U$ 之间时不进行调压，只有当电压超出这个范围时才进行调压。$\cos\varphi_1$ 为功率因数下限，$\cos\varphi_h$ 为功率因数上限，当实际的功率因数处于上下限之间时不进行调节，只有当功率因数超出这个范围时才进行调节。

在这个九区域的运行状态中，0 区为电压和功率因数均合格区，其余八个区均为不合格区。现简单介绍如下：

（1）简单越限情况：

1）当变电站运行于 1 区域时，电压超过上限而功率因数合格，此时应调整变压器分接头使电压降低。如单独调整变压器分接头无法满足要求时，可考虑强行切除电容器组。

2）当变电站运行于 3 区域时，功率因数超过上限而电压合格，此时应切除电容器组直至功率因数合格。

3）当变电站运行于 5 区域时，电压低于下限而功率因数合格，此时应调整变压器分接头使电压升高，直至分接头无法调整（次数限制或挡位限制）。

4）当变电站运行于 7 区域时，功率因数低于下限而电压合格，此时应投入电容器组直至功率因数合格。

（2）双参数越限情况：

1）当变电站运行于 2 区域时，电压和功率因数同时超过上限，此时如先调整变压器分接头降压，则无功会更加过剩。因此应先切除电容器组，待功率因数合格后若电压仍越限再调整变压器分接头使电压降低。

2）当变电站运行于 4 区域时，电压低于下限而功率因数超过上限，此时如先切除电容器组，则电压会进一步下降。因此应先调整变压器分接头使电压升高，待电压合格后若功率因数仍越限再切除电容器组。

3）当变电站运行于 6 区域时，电压和功率因数同时低于下限，此时如先调整变压器分接头升压，则无功会更加缺乏。因此应先投入电容器组，待功率因数合格后若电压越限再调整变压器分接头使电压升高。

4）当变电站运行于 8 区域时，电压高于上限而功率因数低于下限，此时如先投入电容器组，则电压会进一步上升。因此先调整变压器分接头使电压降低，待电压合格后若功率因数仍越限再投入电容器组。

2. 自动控制无功补偿装置

根据电容器组的安装场所分别采用以下六种自动控制方式：

（1）按无功功率控制——用于配电网及用户。

（2）按昼夜时间控制——用于配电网及二次系统。

（3）按功率因数控制——多用于用户。

（4）按电流控制——用于单供负荷。

（5）按电压控制——用于配电线路某端。

（6）由电子计算机按电压、无功功率潮流等因素进行控制——用于一次变电站大容量的电容器组。

三、电容器的巡视、检查、检修

（1）定期巡视，变电站每班检查一次，线路电容器组每半月检查一次，停电检查，每年不少于两次。巡视检查内容为：

1）电流电压有无异常变化（变电站）；

2）保护熔丝是否动作；

3）油箱外壳是否膨胀，油箱各部是否漏油；

4）套管是否完整、清洁，有无裂纹、放电痕迹；

5）油箱表面的温度指示情况；

6）引线连接各处有无松动、腐蚀、脱落、烧伤或断线；

7）各连接点是否有发热变色现象；

8）避雷器、接地线、支持绝缘子等有关设备是否完整、清洁。

（2）电容器检修前电容器的放电时间应不少于 5s，然后用绝缘杆支持金属导体将各电容器出线端进行短路放电，并可靠地挂上接地线才能作业。电容器常见故障有：

1）渗漏油；

2）外壳膨胀；

3）电容器爆炸；

4）温度过高；

5）瓷绝缘表面闪络；

6）异常响声，发现其一应将电容器退出运行。

四、降损无功优化监控一体化系统的特点

目前存在制约无功补偿效果正常发挥和无功补偿装置安全可靠运行的瓶颈。研发线路降损无功优化监控一体化系统有助于打破这一瓶颈的制约，主要体现在以下几点：

（1）对无功补偿设备的配置，提供简便有效的整体规划和论证技术手段。

（2）能够对在网运行的无功补偿设备进行有效的维护管理。

（3）无功补偿装置的补偿方式和保护功能对使用现场有着极强的针对性。

（4）为环网运行的组网形式提供最佳经济运行方式。

五、降损无功优化监控系统一体化的创新及意义

近几年来，对电力系统中低压线路的无功构成及补偿方法进行研究，开发研制降损无功优化监控一体化系统，其创新之处体现在以下几点：

（1）率先提出以线路为单元的补偿模式（0.4kV 低压集中补偿与 10kV 高压线路补偿相结合），从根本上改变无功补偿与降损不结合的现状，真正实现了降损和改善电压质量相结合，并以降损为主的无功补偿应用目标。

（2）特有的无功优化数学模型，全面分析无功构成及交换特性，从而实现高低压补偿容量的优化配置，既利于减少投资，又利于降低线损。

（3）先进的系统设计，不仅能够监测电容器的质量变化与工况，也能够全面监测补偿设备的运行状态并及时报警，使得管理维护不再是句空话。

（4）全面系统的线损分析，包括变压器运行及三相不平衡损失计算，为线损的管理提供了高效平台，大大缩短了线损的考核周期。管理线损通过并行计算可及时发现窃电行为，并可动态监测管理线损的变化。

（5）高度灵活的系统架构、简捷的通信方式（可采用专用电台、GPRS 或光纤通信）、动态监测系统工况、功能全面的后台管理系统，可为配电管理提供大量科学依据及辅助决策。如因需要线路改板或增加变压器，或增大配电变压器负荷，后台系统可通过数据分析及时提出线路补偿结构调整方案，使整条线路始终保持优化的补偿状态。

（6）基于系统平台的技术支持，系统终端（10kV/0.4kV 无功补偿装置）电容器容量结构配置合理，并能确保自动寻优投切，为环网运行的组网形式提供最佳经济运行方式。

（7）可实现无功补偿投退的自动化、无功补偿管理的互动化、无功补偿设计的科学化。

六、线损无功智能一体化管理的经济效益和社会效益

通过智能化的无功补偿一体化管理降低线路损失，加强无功管理，提升供电服务质量。先试点线路运行后整体推动，使用 GIS 平台对变电站侧到低压用户侧的无功补偿智能化管理，实现无功补偿装置一体联动，降低线路线损率，提高电能质量，减少企业损失，提升企业服务能力。

第六章

线损标准化管理系统的研发

第一节　线损标准化管理系统简介

实际工作中越来越多的企业开始重视利用信息系统开展线损分析，这些企业有相对固定的部门和人员定期进行线损分析，取得了较好的效果。然而，这些分析活动多数缺乏系统性，主要是针对生产、销售方面比较直观的指标进行分析，深层次的分析甚少；缺乏专用的软件支持，使用的工具软件往往是 Word 和 Excel，分析得出的结论多以文字的定性描述为主，数字和图表为辅。

线损分析面临的经济环境是多变的，需要的数据是多样的，经济指标间的关系往往是错综复杂的，仅仅依靠人工计算、汇总、处理的分析方式很难解决深层次和复杂问题，无法及时、准确、全面、深入地完成线损分析，这种繁杂而低效的处理有时还会得出不切实际的分析结果，直接影响决策，进而带来经济损失。利用计算机和现代信息技术构建人机交互的线损标准化管理建设系统可以对线损分析工作产生极大的推动作用。

线损标准化管理系统是一个以人为主导，利用计算机硬件、软件、网络通信设备以及其他办公设备，进行线损数据的收集、传输、加工、储存，支持相关人员进行分析决策的集成化人机系统。

第二节　线损标准化管理系统的组成

一、线损标准化管理系统的组成要素

作为一个人机交互的系统，线损标准化管理系统是一个以经济利益为驱动、以人为核心、以数据为依据、以计算机和信息技术为平台的信息系统。在线损标准化管理系统中，人处于主导地位，人的积极性、专业能力直接决定线损标准化管理系统的实施效果。计算机和信息技术处于辅助地位，可以极大地提高线损分析的水平。企业、行业及社会经济数据是分析的依据，是企业的重要财富。

二、线损标准化管理系统的数据逻辑结构

线损分析中，数据是一切分析的依据，数据对企业的重要性不言而喻，现在和今后一段时间内的线损标准化管理系统将采用图 6-1 所示的数据逻辑结构。

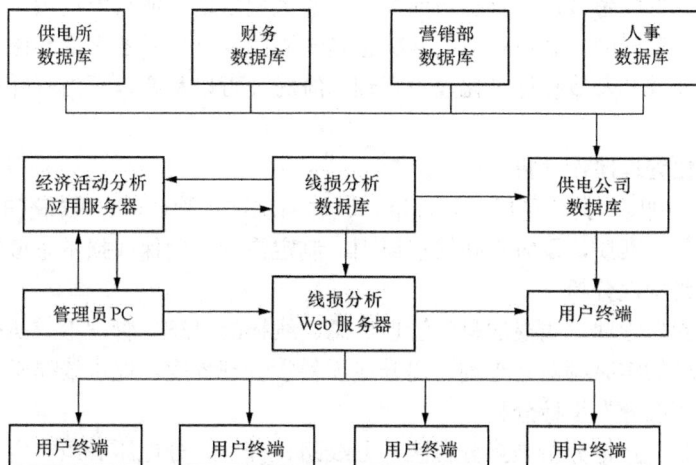

图 6-1　系统数据及逻辑结构图

第三节　线损标准化管理系统的功能模块

线损标准化管理系统作为支持相关人员进行分析决策的人机系统，其功能来源于企业对线损分析决策的需求，很大程度上可以这样说：有什么样的需求就会产生什么样的线损标准化管理系统。目前供电企业线损标准化管理系统主要包括的分析功能和管理功能如图 6-2 所示。

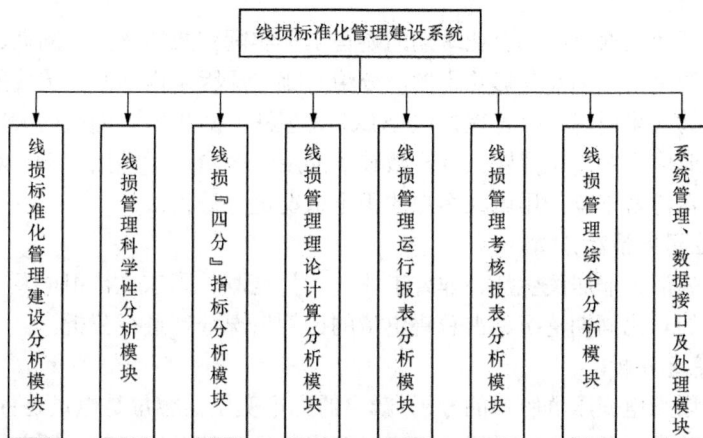

图 6-2　线损管理系统功能图

管理系统首先提供各部门相关线损数据窗口（包括与设定标杆对比异常提示窗口），其次提供应分析项目及分析结果窗口，再次提供应对措施和线损分析报告窗口。数据来源于基础台账、监控终端及其他信息系统，按单位、全公司进行汇总，汇总数据和分单位详细数据应查找方便、层次清晰，便于分析具体原因。通过各口径的同期、计划进行比较，比率分析，经营分析同期时间达到月、累计月份进行对比，活动分析报表同期时间达到季、累计月份进行对比，各种对比结果与设定指标相比出现异常时，或同期对比异常时，及时进行提示，便于快速采取措施，挽回相应的经济损失。着重选择或填入分析结果可能出现的原因，自动查找应对措施，自动形成线损分析报告，针对经济数据形成考核，进行有效的激励，极大程度地方便科学决策。

由于需求是不断发展的，企业自身的情况也是不同的，这里对各个功能做一个简单的介绍，各个供电企业在选择或开发线损标准化建设管理系统时，可以参照以下内容并根据自身情况做出合理的取舍和增补。

一、线损标准化管理建设分析

线损管理战略、制度、文化形成各种标准，通过系统进行管理，实现标准的实时刷新、查询，帮助工作人员提高业务素质，及时查找线损原因，制定措施，确保线损常态最佳运行。

二、线损管理科学性分析

线损的"七要素"管理、线损的科学管理思想、线损的"5S"管理形成执行标准，通过系统进行管理，实现标准的实时刷新、查询，提升线损科学管理程度，促进线损常态运行。

三、线损管理"四分"指标分析

线损管理"四分"指标分析是指分台区、分线路、分片、分电压等级制定不同的线损指标，管理系统充分体现并实现相应指标设定、修改、查询、分析等功能。

线损标准化建设管理系统可以在有相关数据（电力行业相关数据、其他社会经济发展的相关统计数据、本企业历史数据）支持的条件下，对以下方面进行必要的分析。

1. 全社会用电量分析

全社会用电量分析的目的是了解供电企业在当地的市场占有率。全社会用电量主要包括购电网电量、地方公用电厂发电量、企业自备电厂电量。在分析时应首先对指标完成情况进行分析和比较，与同期和计划进行比较，和其他供电企业比较，分析指标值变化的主要原因，特别应该对市场占有率进行重点分析。

2. 购销电量分析

分析的重点包括两大部分：①企业本期的购售电量实际完成情况，与同期、计划进行比较，找出影响电量增减的主要原因及其影响程度，分清有哪些原因是内部原因造成的，有哪些原因是外部原因造成的；②（采用现代化管理方法 ABC 管理法）对供电范围内的大用电客户电量进行分析，每个供电企业应当对用电量较大且户数较少的用电客户进行重点分析，对用电量在前若干位或用电量增值率在前若干位的用电大客户的用电情况进行分析。

3. 分类分行业用电情况分析

主要包括居民生活、非居民生活、非普工业、农村灌溉、国家优待用电及其他用电的分析，应对每部分用电量的对比同期情况、占总售电量的比例情况分别进行分析。

4. 报装接电情况分析

主要是针对新增配电变压器容量的分析，新增的配电变压器容量是电量是否增长的重要因素，增容量关系到今后的供电负荷和电量增长幅度以及当地经济的发展趋势，因此供电企业应将增容量列为重点分析对象，分析内容包括：本期增容量与同期比较情况，各行业新增容量所占的比例，新增配电变压器容量的特点，新增容量比同期增减的主要原因，新增客户的负荷利用率。

5. 线损率

分析电网综合线损率、高压综合线损率、低压综合线损率的实际完成情况；按电压等级分别分析与同期比的增减情况、变化趋势及技术原因和管理原因；对线损较高的线路要进行重点分析。

6. 计量管理部门应实施以下管理职能

（1）实现对用户计量的统一管理。

（2）计量管理信息系统包括高压计量管理及低压计量统一管理功能，主要为变电站表计、配电变压器表计、低压用户表计的管理。

（3）完成计量资产从新购入库、运行、检修、报废的全过程管理。包括资产管理、运行管理、计划管理。

（4）校验台软件与服务器接轨软件。

（5）实现校验台校表数据向服务器实时传输以完成计量软件对校验数据的查询管理。

7. 农村低压线损管理系统

实现指定配电变压器管理电工、计算配电变压器低压线损指标，完成统一数据方便对电工低压线损当月的考核计算。

8. 供电所用电营业管理

实现以各配电变压器低压用户为单位的抄表、核算、收费及分析。根据配电变压器低压线损指标对电工进行追补考核，定期查询分析农村低压用户汇总配电变压器数据库表以及低压用户计量信息等，定期查询分析本供电所各级线损信息，以进行本月抄表及查询各户台账、电价、电量、电费、低压线损、农电管理费、电工工资及奖金等情况。工作单的传递过程，采用计算机无纸化办公。

（1）用户档案：①高压用户档案信息的查询，变压器基础信息的浏览；②低压用户台账的管理，如开户、立户、消户、暂停、迁移、调整抄表顺序号以及各台账的查询。

（2）低压用户计量管理。低压用户计量台账的录入以及计量台账的查询。

（3）电量电费管理。低压用户电量电费的抄表、审核、计算电费及报表分析打印。

（4）线损管理。实现台区线损饼图、柱图、曲线图、报表的查询。

（5）业扩报装。按照业扩规定流程完成新增用户建档的整个过程。

四、线损管理理论计算分析

1. 电网规模

电网规模分析的目的是为了及时了解电网的供电能力，发现"瓶颈"现象，找出薄弱环节，有针对性地采取措施。分析时，应按现状对各电压等级的输配电线路长度、变电站主变压器容量进行统计，对变电站主变压器容量和配电变压器容量进行比较，分析是否存在"瓶颈"现象或者部分供电区域存在"瓶颈"现象，对电网结构存在的薄弱环节进行重点分析，对今后的安全供电会发生多大的影响进行预测。参见图 6-3 所示界面。

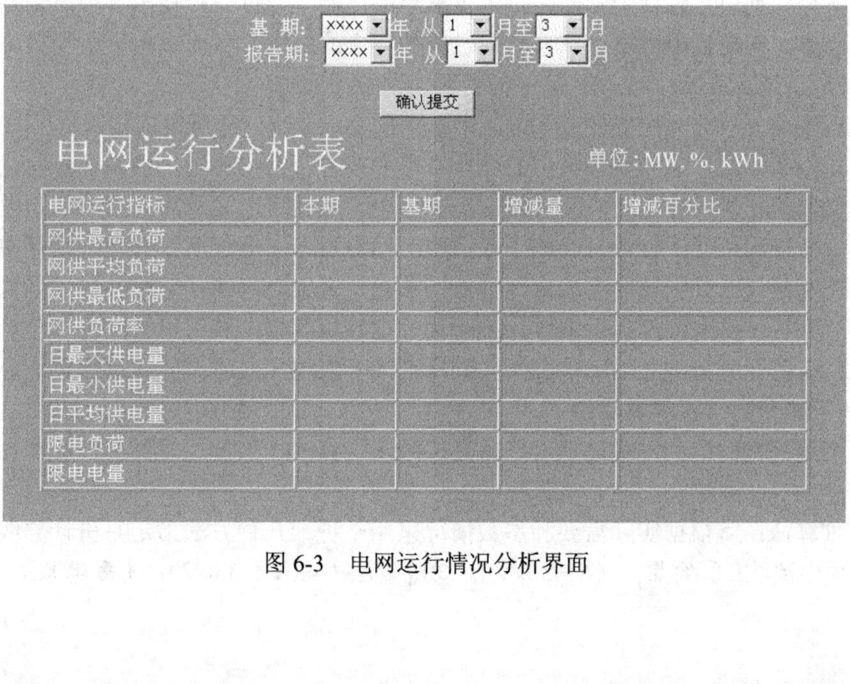

图 6-3　电网运行情况分析界面

2. 负荷情况

负荷情况分析的目的是为了了解本区域的供电负荷大小，预测今后的负荷增长趋势，确定电网是否存在"瓶颈"现象，确定电力建设是否超前当地的经济发展水平。分析本期的负荷最大值和最小值、发生时间、最大负荷发生的原因，分析负荷比去年同期、比上期增降的原因，同时结合前期的增容情况和当地经济发展，预测今后的负荷，如图 6-4 所示。

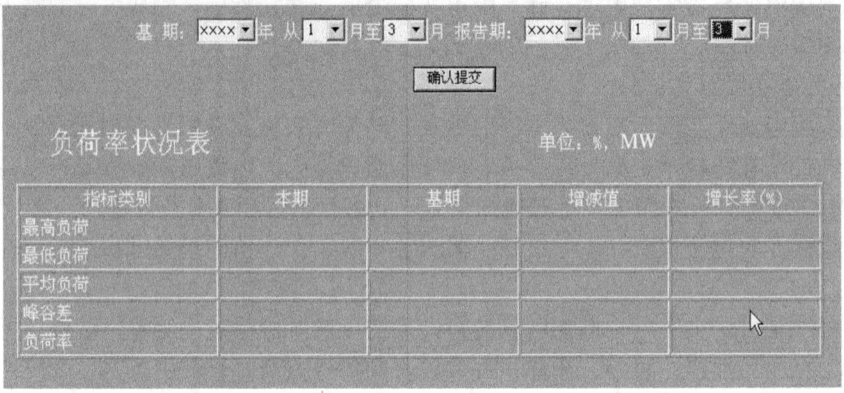

图 6-4　负荷率状况分析界面

3. 计划或无计划停电少供电量

此部分分析的主要目的是为了了解由于电网检修或故障处理、新上配电变压器接火停电造成的少供电量，找出停电过程中存在的问题，便于今后解决。分析时应按停电线路的停电时间和日常的供电负荷进行计算，将本期内少供电量进行分析统计（采取表格的形式），同时对停电过程中存在的问题进行分析，如无计划停电次数较多、延长计划停电时间、应实行 10kV 带电作业而未实行、负荷高峰时停电等。

4. 供电可靠性分析

此部分分析的内容包括供电可靠性指标完成情况及原因分析，与同期、与其他月、与行业内先进企业指标进行比较，影响供电可靠性高低的因素按计划停电、事故停电、临时停电、系统限电、外部影响分别列出，各种因素影响供电可靠率的比例。通过分析找出哪种因素是影响供电可靠率的主要因素，同时找出供电可靠性管理过程中存在的问题，从而提出解决的措施。

5. 无功电压情况分析

无功电压情况分析分为两部分：①电压合格率的完成情况，分析时应按 A、B、C、D 四类分别进行，对合格率较低未达到要求类型的电压合格率要进行重点分析，特别是要细化到每个监测点，是主变压器的分接头或主变压器有载调压的原因、还是用电客户的原因，还是电网结构的原因，原因要分析准确，便于有针对性地采取措施。同时找出在电压质量管理方面存在的问题，提出解决的措施和建议。②无功的完成情况分析，按电压等级对各级功率因数的高低情况与上月、同期分别进行分析，对变电站和用电客户的无功补偿装机容量的利用率情况进行分析，各级电压的无功缺额情况进行分析，对功率因数未达到标准的各级电压线路要分线进行重点分析。

6. 采用可视化的绘图编辑功能

系统采用可视化的绘图方式进行线路信息的录入、修改、维护，提供元件标注，线段分割与焊接缩放、移动等图形编辑功能。

提供 4 种算法：可根据实际需要和参数情况采用一种或几种方法指定月份计算线路的理论线损。①均方根电流法；②容量法（6～35kV）；③电量法（400V～35kV）；④多电源法（6～35kV）。

计算结果包括：①理论线损电量/率；②实际线损电量/率；③铜铁损电量；④线路等值电阻、配电变压器等值电阻；⑤最佳线损率和经济电流负荷等优化指标；⑥建议应采取的降损措施。

五、线损管理运行报表分析

此部分分析内容主要包括本期的实际完成情况，与同期、计划进行比较增减情况，增减的原因是售电量和售电平均电价的变化。

实现公司对外报表的统一管理，系统除对用电、营业、农电、计量报表查询外，还应增添各种图形查询及提供统计报表和分析。

实现对变电站主变压器、出口线路的统一抄表、审核、计算。完成对 110kV 及以上、35kV 及 10kV 线路线损、营销线损的当月计算及考核，考核结果＝理论值＋管理值－实际值，线损考核实现"奖一罚二"的原则对考核人员当月兑现，系统实现以下报表及分析：

（1）变电站抄表台账；

（2）变电站 10kV 及以上母线损考核情况；

（3）变电站供电所自用电考核情况；

（4）供电所低压线损统计表；

（5）供电所营销线损考核表；

（6）供电所各级线损通知单；

（7）10kV 线路线损考核表；

（8）35kV 及以上线路线损考核表；

（9）综合线损考核表；

（10）供电所 400V 线损同期对比表；

（11）供电所线路线损同期对比表；

（12）供电所及公司营销线损对比表；

（13）变电站供电量及母线损对比表；

（14）公司各级线损同期对比表；

（15）配电变压器负载率查询；

（16）配电变压器无功容量的确定；

（17）线路负荷统计；

（18）线路降损措施及对策。

例如，表 6-1 所示的供电公司线损情况分析界面及其报表样本。

表 6-1　　　　　　　　　供电公司 10kV 线损情况分析

单位：	供电公司				2011 年 6 月					刷新		
营销线损情况分析		110kV 线损情况分析		35kV 线损情况分析			10kV 线损情况分析			400V 线损情况分析		
单位	本　期　情　况						累　计　情　况					
	购电量	售电量	线损率(%)	同比(%)	计划指标(%)	计划比(%)	名次	购电量	售电量	线损率(%)	同比(%)	计划指标(%)	计划比(%)	名次

六、线损管理考核报表分析

实现对变电站主变压器、出口线路的统一抄表、审核、计算。完成对 10kV 及以上线路线损当月计算及考核，营销线损的当月计算及考核，考核结果＝理论值＋管理值－实际值，线损考核实现“奖一罚二”的原则对考核人员当月兑现，系统实现多方面报表及强大分析功能。

七、综合分析

结合以上的分析过程和分析结果，对影响线损的各个重要指标进行因素分析和敏感性分析。如表 6-2 所示。

表 6-2 综合线损考核情况

编制单位： 供电公司 2011 年 6 月

10kV			35kV			110kV		400V		考核结果（%）	奖罚电量	奖罚金额
编号	单位名称	供电量（kWh）	售电量（kWh）	线损电量（kWh）		线损率（%）						
				理论	实际	理论值	实际值	管理值	指标			
01												
02												
03												
04												
05												

八、系统管理和数据处理功能

作为一个人机交互的系统，必然要有系统管理功能和数据处理功能，完成数据初始化，实现数据录入、修改、删除，系统权限设定和用户管理，数据接口，数据备份、恢复，数据导入、导出等功能。如图 6-5、图 6-6 所示。

系统功能模块定义

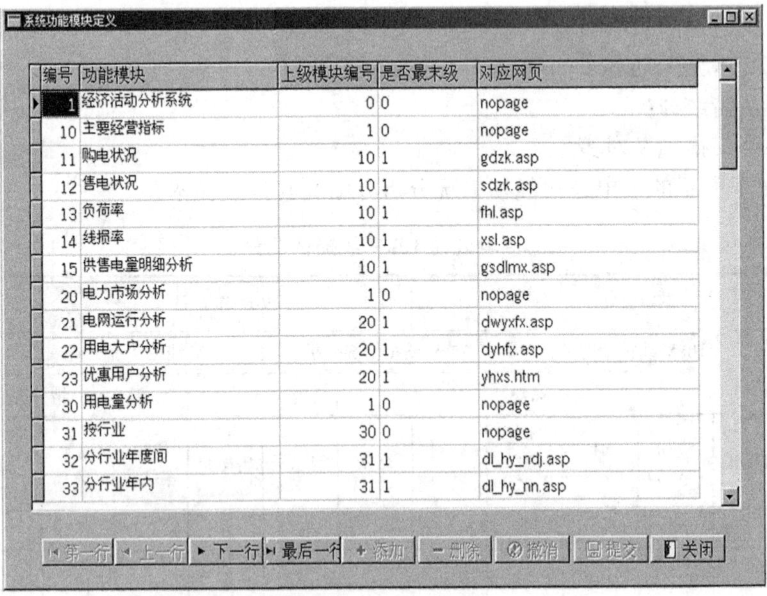

编号	功能模块	上级模块编号	是否最末级	对应网页
1	经济活动分析系统	0	0	nopage
10	主要经营指标	1	0	nopage
11	购电状况	10	1	gdzk.asp
12	售电状况	10	1	sdzk.asp
13	负荷率	10	1	fhl.asp
14	线损率	10	1	xsl.asp
15	供售电量明细分析	10	1	gsdlmx.asp
20	电力市场分析	1	0	nopage
21	电网运行分析	20	1	dwyxfx.asp
22	用电大户分析	20	1	dyhfx.asp
23	优惠用户分析	20	1	yhxs.htm
30	用电量分析	1	0	nopage
31	按行业	30	0	nopage
32	分行业年度间	31	1	dl_hy_ndj.asp
33	分行业年内	31	1	dl_hy_nn.asp

第一行 上一行 下一行 最后一行 添加 删除 撤消 提交 关闭

图 6-5 系统功能模块定义

图 6-6　用户/角色权限定义

第四节　系统的技术特性

系统采用当前流行的 B/S 架构（Hibernate+Spring+Struts 的轻量级 J2EE 框架，表示层用 Struts，业务层用 Spring，而持久层则用 Hibernate）。

（1）全局性的一体化管理平台。线损分析管理目标的实现，需要计划合理、沟通顺畅、措施得力、考核到位。系统充分考虑到了这些要求，全盘考虑公司、部门、下级单位，构成全局一体化的线损分析与考核平台。

（2）简单实用的软件平台。系统采用当前流行的 B/S 架构，软件界面友好，使用方便，操作便捷，在最大限度上降低了用户的使用门槛，夯实了系统推广的基础。

（3）方便的组织机构建模。系统可以方便地建立组织机构，建立部门之间的隶属关系，提高了系统的适应能力。

（4）易于定制的权限体系。系统权限围绕"人员—部门—数据"、"人员—角色—功能"两条主线进行权限设定，即一人至少隶属一个部门，该部门人员对本部门数据具有操作权限；同时，一个人至少有一种角色，一种角色可以拥有该角色的所有权限。二者结合，即可决定一个人的操作权限。

个人权限可以随着需求变化作出调整，易于理解，便于操作，增强了系统对环境变化的适应能力。

（5）高度可靠运行的安全网络审计功能。管理系统本身各级密钥健全，任何数据及内容的修改留有记录并必须通过严格审计督察。

（6）拥有指标和工作质量最优设计模型。指标对照和工作分析时充分借助智能模型判别诊断，帮助分析原因和采取必要措施，便于进行科学决策，提升工作绩效。

第五节　系统的创新点

一、完整的线损分析功能

系统能够实现信息通报、沟通理解、查找问题、制定措施、责任分解、考核兑现整个线损分析功能。

二、分析方法丰富

考虑到供电企业在分析方法应用的行业特点及习惯，系统应体现"七个结合"，即定量与定性分析相结合、宏观与微观分析相结合、纵向与逆向分析相结合、综合与专业分析相结合、计划与对比分析相结合、结构与因素分析相结合、文字与图表分析相结合。

经过深入分析，根据分析对象及分析方法的共性和差异性，并将不同分析对象的分析方法格式化，形成 4 种分析格式，即记录分析模板、基础分析模板、标准分析模板和深度分析模板。

1. 记录分析

对分析对象进行按月、季、年的频度，以单位（部门）形式进行原始记录的查询和统计，用表格的形式体现出来，主要显示分析对象的现状。可导出分析结果到 Excel 文档中。

2. 基础分析

在记录分析的基础上，对分析对象进行按月、季、年的频度，以单位（部门）形式进行本期、同期和计划的分析对比，记录分析原因和整改措施，能够浏览查询这些信息，并能够在单位线损分析报告中按单位分析模板形式展现出来。可导出分析结果到 Excel 文档中。

3. 标准分析

在基础分析的基础上，可以以表格或图形方式显示历史变化情况，查看分析原因和整改措施的执行效果，是持续改进思想在分析过程具体提现。可导出分析结果到 Excel 文档中。

4. 深度分析

在标准分析的基础上，按同业对标的方法进行分析。即在纵向比较分析改进以后，再横向比较查看分析对象，即借助别人分析自己，并可导出分析结果到 Excel 文档中。

三、建立部门分析报告模板

按月、季、年为部门和公司生成分析报告，可导出分析结果到 Word 文档中。

四、分析内容准确、深刻

分析内容做到内容详实、数字准确、口径一致、资料完整、信息及时。分析对象和内容应达到广度要求，避免局限性和片面性，能够综合、全面、连续、系统地反映企业经济活动过程及其结果，能够显示企业经营的内在关系。

五、提供数据超限报警提示

系统对分析对象数据进行超限提示，并用醒目的颜色表现出来，提示可能不正常的数据的进入。同时可以避免分析原因和整改措施重复录入，方便系统的维护。

六、与 office 办公软件结合紧密

分析结果图文并茂，分析对象可以导出 Excel 文档，分析报告可以导出到 Word 文档。

参 考 文 献

［1］贾学法．供电企业营销管理标准化手册．北京：中国电力出版社，2010

［2］赫睿，刘正波，冯乃宽．县供电企业线损规范管理辅导．北京：中国电力出版社，2006

［3］王凤彬．管理学．北京：中国人民大学出版社，2004

［4］余凯成．人力资源管理．大连：大连理工大学出版社，2006

［5］魏杰．企业战略选择．北京：中国发展出版社，2003

［6］魏杰．企业制度安排．北京：中国发展出版社，2002

［7］魏杰．企业文化塑造．北京：中国发展出版社，2003

［8］甘应爱．运筹学．北京：清华大学出版社，2005